X.media.press

Joachim Böhringer (Jahrgang 1949): Studium der Druck- und Medientechnik sowie Geschichte in Stuttgart und Darmstadt, anschließend Referendariat. Danach Lehrer für Drucktechnik an der Berufsfachschule Druck und Medientechnik in Reutlingen. Mitbegründer und Leiter der Fachschule für Informationsdesign FIND in Reutlingen. Mitgliedschaft und Mitarbeit u.a. in der Lehrplankommission für Mediengestalter und Drucker, in der Zentralen Projektgruppe Multimedia am Landesinstitut für Schulentwicklung Stuttgart sowie im Zentral-Fachausschuss für Druck und Medien.

Peter Bühler (Jahrgang 1954): Lehre als Chemigraf, Studium der Druck- und Reproduktionstechnik an der FH für Druck, Stuttgart. Gewerbelehrerstudium für Drucktechnik und Geschichte an der TH Darmstadt. Seit 1984 Lehrer an der Johannes-Gutenberg-Schule, Stuttgart, im Bereich Druckvorstufe und Computertechnik Fachberater für Druck- und Medientechnik am Oberschulamt sowie am Seminar für Schulpädagogik, Stuttgart. Mitgliedschaft und Mitarbeit u.a. in der Lehrplankommissionen Mediengestalter für Digital- und Printmedien sowie Bild und Ton, in IHK-Prüfungsausschüssen, der Zentralen Projektgruppe Multimedia am Landesinstitut für Schulentwicklung Stuttgart sowie im Zentral-Fachausschuss für Druck und Medien.

Patrick Schlaich (Jahrgang 1966): Studium der Elektrotechnik an der Universität Karlsruhe; Abschluss 1992 als Diplom-Ingenieur, danach Referendariat an der Gewerblichen Schulen Lahr, zweites Staatsexamen 1995. Seither Tätigkeit als Lehrer im Bereich Informationstechnik und Digitale Medien, Mitarbeit u.a. in den Lehrplankommissionen Mediengestalter und Medienfachwirt, Mitgliedschaft in der Zentralen Projektgruppe Multimedia am Landesinstitut für Schulentwicklung Stuttgart sowie im Zentral-Fachausschuss für Druck und Medien.

J. Böhringer · P. Bühler · P. Schlaich

Präsentieren

in Schule, Studium und Beruf

Mit 150 Abbildungen und CD-ROM

 Springer

Dipl.-Wirt.-Ing. Joachim Böhringer
Pfullingen

Dipl.-Ing. Peter Bühler
Affalterbach

Dipl.-Ing. Patrick Schlaich
Seelbach

Bibliografische Information der Deutschen Nationalbibliothek
Die Deutsche Nationalbibliothek verzeichnet diese Publikation in der Deutschen
Nationalbibliografie; detaillierte bibliografische Daten sind im Internet über
http://dnb.d-nb.de abrufbar.

ISSN 1439-3107
ISBN 978-3-540-45704-6 Springer Berlin Heidelberg New York

Springer ist ein Unternehmen von Springer Science+Business Media

springer.de

© Springer-Verlag Berlin Heidelberg 2007

Satz und Herstellung: LE-TeX, Jelonek, Schmidt & Vöckler GbR, Leipzig
Umschlaggestaltung: KünkelLopka Werbeagentur, Heidelberg
Gedruckt auf säurefreiem Papier   33/3180 YL – 5 4 3 2 1 0

Wenn Sie bei Amazon das Stichwort „Präsentation"
eingeben, dann listet Ihnen der weltgrößte Online-
Buchhandel etwa 600 Treffer auf.

Wozu also das 601. Buch über Präsentation? Nach
unseren Beobachtungen lassen sich die meisten Bücher über Präsentation in zwei Kategorien unterteilen:

Die erste Gruppe setzt sich sehr allgemein und wenig konkret mit dem Thema auseinander. Mit Aussagen
wie „Wählen Sie eine geeignete Schriftgröße!" oder
„Schreiben Sie leserlich!" ist wenig anzufangen, denn
Ihre Fragen lautet doch: Wie groß muss eine Schrift
sein, damit sie optimal lesbar ist? Wie schreibt man
leserlich?

Die zweite Gruppe an Präsentationsbüchern be-
schäftigt sich sehr detailliert mit einem *speziellen*
Aspekt des Präsentierens. So ergibt allein das Stichwort
„PowerPoint" über 300 Suchergebnisse bei Amazon.
Dabei brauchen Sie für Ihre Präsentation überhaupt
kein PowerPoint. Und wenn Sie ehrlich sind: Die vielen
(schlechten) PowerPoint-Präsentationen kann doch kein
Mensch mehr sehen.

Die große Anzahl an Büchern über das Präsentieren unterstreicht aber auch die große Bedeutung des
Themas. Präsentieren ist quer durch alle Schultypen
und -stufen Thema des Unterrichts und fast immer auch
der Abschlussprüfungen. Ob in der Ausbildung oder im
Studium – das professionelle Aufbereiten und Darstellen von Information ist eine berufliche Kernkompetenz.
Denn in der Arbeitswelt müssen Sie sowohl betriebsin-
tern als auch im Kontakt mit den Kunden präsentieren.
Spätestens dann können Sie fehlende Kenntnisse teuer
zu stehen kommen.

Mit dem vorliegenden Buch haben wir versucht,
alle Aspekte des Präsentierens zur Sprache zu bringen.
Dabei war unser primäres Ziel, möglichst konkret und
anschaulich zu bleiben und Ihnen „Kochrezepte" an
die Hand zu geben, die das Planen und Umsetzen Ihrer
Präsentationen ermöglichen. Aus langer Erfahrung in
Schulen und in der Lehrerausbildung ist uns bekannt,
wo die typischen Schwierigkeiten und „Stolpersteine"
liegen.

Ein weiteres Ziel des Buches war es, dass die Software zur Erstellung von Präsentationen nichts kosten darf. Denn insbesondere für Schüler und Studenten ist die private Investition in Software nicht zumutbar. Ohne Programme kann jedoch nicht geübt werden, und wie überall gilt auch beim Präsentieren: Übung macht den Meister!

Aus diesem Grund stellen wir Ihnen in diesem Buch nicht nur die Standardsoftware PowerPoint vor, sondern eine Reihe von „Open-Source"-Programmen. Diese sind kostenlos und dürfen frei genutzt werden, ermöglichen aber ein ebenso professionelles Arbeiten wie ihre kommerziellen Alternativen. Testen Sie diese Programme – sie befinden sich auf der Begleit-CD zum Buch. Alternativ können Sie die Programme, wenn neuere Versionen verfügbar sind, kostenlos im Internet herunterladen. Sie werden staunen, wie gut diese Programme funktionieren!

Zum Schluss geht unser herzliches Dankeschön an Herrn Engesser und sein Team vom Springer-Verlag – sie haben uns wieder einmal den notwendigen kreativen Freiraum gelassen. Vielen Dank auch an Sigrid, Christel und Michaela, die etliche Abende und Wochenenden ohne ihre Männer verbringen mussten.

Nun hoffen wir, dass Sie Spaß an der Lektüre dieses Buches haben, und wünschen Ihnen guten Erfolg bei Ihren Präsentationen.

Heidelberg, im Frühjahr 2007

Joachim Böhringer
Peter Bühler
Patrick Schlaich

Handling

Struktur des Buches

Bevor Sie mit dem eigentlichen Inhalt beginnen, sollten Sie einige Minuten investieren, um die Struktur des Buches kennenzulernen.

Das Buch ist in vier Teile gegliedert, wobei jedem Teil eine Kennfarbe zugeordnet wurde:

Basics

Im ersten Teil lernen Sie die theoretischen und gestalterischen Grundlagen des Präsentierens kennen. Hierzu gehören neben den Grundbegriffen der Kommunikation und Rhetorik auch der Einsatz Ihrer Sprache und Körpersprache und nicht zuletzt Tipps gegen Lampenfieber.

Die gestalterischen Grundlagen beschäftigen sich mit dem gezielten Einsatz von Schrift, Farbe und Bildern sowie dem Layouten Ihrer Präsentationen.

Basics

Medien

Während die Grundlagen noch weitgehend unabhängig von einem bestimmten Präsentationsmedium sind, werden diese im zweiten Teil vorgestellt.

Glauben Sie nicht den weit verbreiteten Irrtum, dass Präsentieren und PowerPoint das Gleiche meint. Es gibt zahlreiche andere Möglichkeiten des Präsentierens: OH-Projektor, Plakat, Flipchart, Metaplan, Tafel,..

Medien

Software

Im dritten Teil des Buches wird die Software vorgestellt, die Sie zur Erstellung Ihrer Präsentationen benötigen. Sämtliche nichtkommerzielle Software befindet sich auf der CD-ROM zum Buch. Im einführenden Kapitel 12 wird beschrieben, wie Sie die Programme installieren. Es handelt sich, mit Ausnahme von PowerPoint und MindManager, um kostenlose Vollversionen, die Sie uneingeschränkt nutzen dürfen.

Software

Checklisten

Zur Arbeitserleichterung und um Ihnen ein schnelles und kompaktes Nachlesen zu ermöglichen, sind die wichtigsten Themen des Buches in Form von Checklisten zusammengefasst.

Sie finden alle Checklisten auch in digitaler Form auf CD-ROM. Sie können ausgedruckt und zur Vorbereitung Ihrer Präsentationen genutzt werden.

Checklisten

Bedienungshilfen

Um Ihnen die Orientierung im Buch zu erleichtern, werden einige grafischen Icons mit folgender Bedeutung verwendet:

 Hinweis auf Übungsdateien, die Sie im jeweiligen Ordner auf CD-ROM finden.

 Ein Hinweis oder Tipp hebt besonders wichtige Textstellen hervor.

 Der Bleistift symbolisiert eine Übung auf Papier oder am Computer.

 Der Zeigefinger verweist Sie auf eine andere Textstelle, deren Seitenzahl angegeben ist.

Die Verwendung von Tastenkürzeln statt Maus spart einiges an Zeit. Einige wichtige Tastenkombinationen, die in allen Programmen gleich sind, finden Sie hier in der Zusammenfassung:

Strg	S	*Datei > Speichern*
Strg	P	*Datei > Drucken*
Strg	W	*Datei > Schließen*
Strg	A	*Bearbeiten > Alles auswählen* (markieren)
Strg	C	*Bearbeiten > Kopieren* (in die Zwischenablage)
Strg	X	*Bearbeiten > Ausschneiden*
Strg	V	*Bearbeiten > Einfügen* (aus Zwischenablage)
	F1	*Hilfe* (Online-Hilfe zum Programm)

Das passende Präsentationsmedium

Die Auswahl des für Ihre Präsentation optimalen Präsentationsmediums soll Ihnen mit Hilfe dieser Checkliste erleichtert werden.

Kurzanleitung

1. Drucken Sie die Checkliste „Medienwahl.pdf" auf der CD-ROM aus.

2. Gehen Sie die Checkliste durch und kreuzen Sie an, welche Aussagen für Ihre Präsentation zutreffen und welche nicht.

3. Streichen Sie alle Zeilen, in denen Sie „trifft nicht zu" angekreuzt haben.

4. Zählen Sie nun senkrecht für jedes Medium die erreichten Punkte zusammen.

Ergebnis: Das Medium mit den meisten Punkten ist für Ihre Präsentation am besten geeignet.

Anwendungsbeispiel

Nehmen Sie an, Ihre Aufgabe besteht darin, eine Zwischenpräsentation einer Projektarbeit vor zehn Mitschülern und dem Lehrer zu halten. Im Anschluss soll der weitere Projektverlauf im Team besprochen werden.

Rechts sehen Sie ein mögliches Ergebnis. Natürlich ist immer auch eine Kombination mehrerer Medien sinnvoll: So könnten Sie Metaplan durch Plakate und/oder Flipchart ergänzen.

	trifft zu	trifft nicht zu	Beamer	OH-Projektor	Metaplan	Plakat	Flipchart	Whiteboard/Tafel
Mein Publikum besteht aus max. 15 Personen.	X		4	4	4	4	4	4
Im Publikum sind bis zu 50 Personen.		X	4	4	1	1	1	4
Im Publikum sind über 100 Personen.		X	4	4	0	0	0	1
Professionelle Gestaltung ist mir wichtig.		X	4	4	0	2	2	1
Ich lege Wert auf farbige Grafiken und Bilder.	X		4	3	1	2	2	1
Das Handling soll möglichst einfach sein.	X		3	3	1	4	3	3
Die Präsentation muss flexibel (transportabel) sein.		X	3	2	1	4	1	0
Meine Präsentation enthält viele Informationen.	X		4	3	4	1	1	1
Meine technischen Kenntnisse sind gering.		X	4	4	4	4	1	4
Ich will die Zuschauer möglichst stark einbeziehen.	X		0	3	4	2	3	3
Ich bereite mich bevorzugt am Computer vor.		X	4	4	0	3	2	0
Meine Zuschauer sollen ein „Handout" erhalten.		X	4	4	4	4	4	4
Abläufe will ich mit Animationen veranschaulichen.		X	4	2	0	0	0	0
Ich möchte eher moderieren als präsentieren.		X	0	1	4	1	3	3
Die Informationen sollen die ganze Zeit sichtbar sein.		X	0	0	4	4	1	2
Ich habe wenig Zeit zur Vorbereitung.	X		1	1	4	2	2	3
Die Präsentation muss mehrfach wiederholt werden.		X	4	4	0	4	0	0
Zur Vorbereitung nutze ich Dateien (Text, Bilder,...).	X		4	4	0	3	2	0
Ich will meine Präsentation spontan ergänzen.	X		0	3	4	2	3	4
Sound/Video sollen meine Präsentation ergänzen.		X	4	0	0	0	0	0
Ich will die Präsentation optimal planen/vorbereiten.	X		4	4	1	4	2	1
Summen:			**16**	**22**	**(26)**	**24**	**23**	**23**

	trifft zu	trifft nicht zu	Beamer	OH-Projektor	Metaplan	Plakat	Flipchart	Whiteboard/Tafel
Mein Publikum besteht aus max. 15 Personen.			4	4	4	4	4	4
Im Publikum sind bis zu 50 Personen.			4	4	0	1	1	3
Im Publikum sind über 100 Personen.			4	4	0	0	0	1
Professionelle Gestaltung ist mir wichtig.			4	4	0	2	2	1
Ich lege Wert auf farbige Grafiken und Bilder.			4	3	1	2	2	1
Das Handling soll möglichst einfach sein.			3	3	1	4	3	3
Die Präsentation muss flexibel (transportabel) sein.			3	2	1	4	2	0
Meine Präsentation enthält viele Informationen.			4	3	0	1	1	0
Meine technischen Kenntnisse sind gering.			0	3	4	4	4	4
Ich will die Zuschauer möglichst stark einbeziehen.			0	3	4	2	3	3
Ich bereite mich bevorzugt am Computer vor.			4	4	0	2	2	0
Meine Zuschauer sollen ein „Handout" erhalten.			4	4	1	1	1	1
Abläufe will ich mit Animationen veranschaulichen.			4	2	0	0	0	0
Ich möchte eher moderieren als präsentieren.			0	1	4	1	3	3
Die Informationen sollen die ganze Zeit sichtbar sein.			0	0	4	4	1	2
Ich habe wenig Zeit zur Vorbereitung.			1	1	4	2	2	3
Die Präsentation muss mehrfach wiederholt werden.			4	4	0	4	2	0
Zur Vorbereitung nutze ich Dateien (Text, Bilder,...).			4	4	0	3	2	0
Ich will meine Präsentation spontan ergänzen.			0	3	4	2	3	4
Sound/Video sollen meine Präsentation ergänzen.			4	0	0	0	0	0
Ich will die Präsentation optimal planen/vorbereiten.			4	4	0	4	2	1
Summen:								

Platz für Ihre Notizen:

Software

Wenn Sie bisher in der „Microsoft-Welt" gelebt haben, werden Ihnen die neuen Namen und Programme zunächst unbekannt sein.

Die Grafik hilft Ihnen bei der Beantwortung der Frage: Welche Software benötige ich für welchen Zweck?

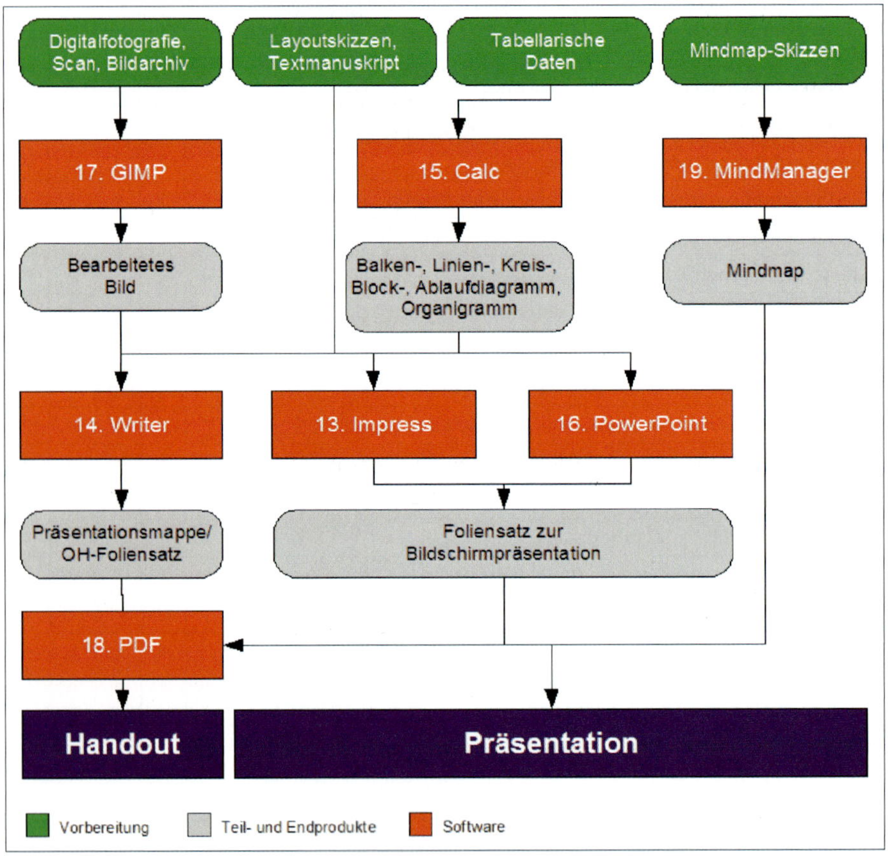

```
Digitalfotografie,          Layoutskizzen,        Tabellarische        Mindmap-Skizzen
Scan, Bildarchiv            Textmanuskript        Daten

17. GIMP                    15. Calc                                   19. MindManager

Bearbeitetes                Balken-, Linien-, Kreis-,                  Mindmap
Bild                        Block-, Ablaufdiagramm,
                            Organigramm

14. Writer                  13. Impress           16. PowerPoint

Präsentationsmappe/         Foliensatz zur
OH-Foliensatz               Bildschirmpräsentation

18. PDF

Handout                     Präsentation
```

| ■ Vorbereitung | ■ Teil- und Endprodukte | ■ Software |

Erläuterungen

- Bei GIMP, Calc, Impress und Writer handelt es sich um so genannte Open-Source-Programme. Diese sind als Vollversionen kostenlos verfügbar und befinden sich auf der CD-ROM. Lesen Sie in Kapitel 12.2 und 12.4, wie Sie die Programme installieren.

- PowerPoint ist ein kommerzielles Programm, das wir Ihnen aus diesem Grund auf CD-ROM nicht zur Verfügung stellen können. Für PowerPoint können Sie als Schüler(in), Student(in) oder Lehrer(in) eine relativ kostengünstige SSL-Lizenz erwerben. Diese beinhaltet neben PowerPoint auch Word und Excel. Weitere Informationen finden Sie in Kapitel 12.3.

- Auch beim MindManager handelt es sich um kommerzielle Software. Auf CD befindet sich eine Demoversion des MindManagers, die Sie drei Wochen lang testen können. Eine uneingeschränkte Vollversion muss käuflich erworben werden.

- PDF-Dateien können (ohne zusätzliche Software) direkt aus Writer, Calc oder Impress erzeugt werden. Aus PowerPoint ist dies bislang nicht möglich. Zum Öffnen von PDF-Dateien ist der kostenlose Adobe Reader erforderlich. Auch dieses Programm befindet sich auf der CD-ROM.

- Die Grafik links könnte den Eindruck erwecken, dass ein Handout nur im PDF-Format ausgedruckt werden kann. Dies ist so nicht richtig, da Sie aus jedem der genannten Programme auch direkt drucken können. Der Weg über das PDF ist allerdings zu empfehlen, wenn Sie das Handout an Ihr Publikum in digitaler Form weitergeben. Insbesondere für den Versand per E-Mail bietet sich die Verwendung des geschlossenen und kompakten PDF-Formats an.

Inhalt

Basics   1

Medien 133

Basics

1. Kommunikation

1.1 Was ist Kommunikation?

Das Wort Kommunikation hat seinen Ursprung in der lateinischen Sprache: communicatio - Mitteilung, communicare - teilhaben, communis - gemeinsam. Kommunikation bedeutet also Verbindung, Austausch und Verständigung zwischen Menschen.

Die Kommunikationskompetenz ist ein wichtiger Teil der Sozialkompetenz. Sie beschreibt neben der Dialogfähigkeit und dem schriftlichen und mündlichen Ausdrucksvermögen, Ihre Fähigkeit zu präsentieren und zu visualisieren.

Kommunikations-kompetenz

1.2 Kommunikationsziele

Natürlich möchten Sie mit Ihrem Vortrag, mit Ihrer Präsentation bestimmte Ziele erreichen. Bevor Sie aber ein Ziel formulieren, müssen Sie zunächst Ihren eigenen Standpunkt bestimmen. Erst dann können Sie das Ziel und den Weg zum Erreichen des Ziels festlegen.

Die folgenden Fragen sollen Ihnen bei der Analyse und zielorientierten Vorbereitung helfen.

Fragen zur Analyse und Bestimmung der Kommunikationsziele

- Wer ist mein Publikum?
- Welche Ideen und Inhalte möchte ich vermitteln?
- Welche Verhalten und Handlungen möchte ich auslösen?
- Warum sollte mein Publikum meinen Vortrag hören?
- Welche Kommunikationsmittel und -medien kann ich einsetzen?
- Wie viel Zeit habe ich?
- Bietet die Präsentation etwas Neues?
- Kann/muss ich mein Publikum aktiv beteiligen?
- Ist mein Ziel realistisch?

Formulieren Sie nach der Analyse – und bevor Sie mit der Erstellung Ihrer Präsentation beginnen – Ihr Kommunikationsziel in einem Satz. Sie sind dadurch gezwungen, es auf das Wesentliche zu reduzieren. Überprüfen Sie nach Ihrer Präsentation, ob Sie Ihr Ziel ereicht haben.

1.3 Kommunikationsmodelle

1.3.1 Modell von Claude Shannon & Warren Weaver

Das informationstheoretische Kommunikationsmodell von Shannon und Weaver aus dem Jahre 1949 ist grundlegend für viele nachfolgende Kommunikationsmodelle. Es besitzt heute noch Gültigkeit für die naturwissenschaftlich-mathematische Seite der Informationsübertragung, d.h. die technische Kommunikation. Inhalte, deren Bedeutung oder Sinn spielen in diesem Modell keine Rolle. Shannon sagt sogar ausdrücklich: Information hat keine Bedeutung. Betrachten wir als Beispiel die Übertragung einer E-Mail. Sie schreiben in Ihrem E-Mail-Programm eine E-Mail. Nachdem Sie als Sender den Senden-Button angeklickt haben, codiert die Software Ihre E-Mail und schickt sie über das Internet zum E-Mail-Provider, z.B. GMX oder T-Online. Der Adressat als Empfänger kann jetzt, falls es bei der Übertragung keine technischen Störungen gegeben hat, Ihre Mail mit seinem E-Mail-Programm beim Provider abrufen und auf seinen Computer laden. Nach der Decodierung durch die Software kann der Empfänger die Mail lesen. Der Inhalt Ihrer E-Mail spielt bei dieser Übertragung keine Rolle.

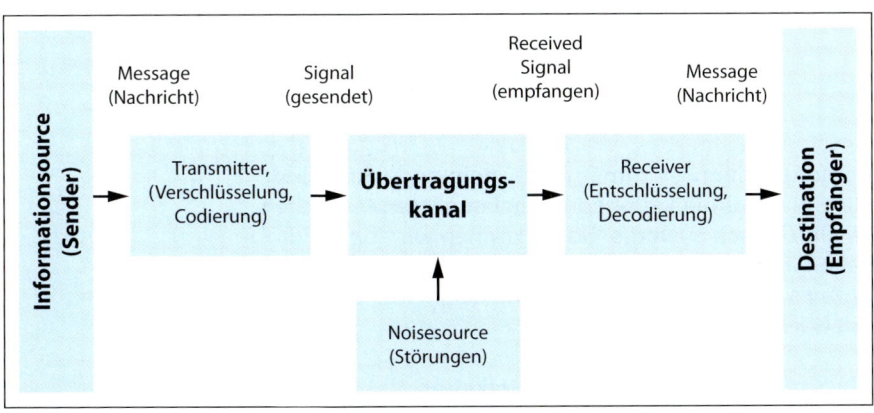

Kommunikationsmodell
Linear gerichtete Informationsübertragung ohne Rückkopplung vom Sender zum Empfänger

Zwischenmenschliche Kommunikationsprozesse sind mehr als die technische Informationsübertragung zwischen Sender und Empfänger. Es wurden deshalb weitere Kommunikationsmodelle entwickelt, die vor allem die menschlichen Beziehungen als Kommunikationsfaktor einbeziehen.

1.3.2 Modell von Paul Watzlawick

Paul Watzlawick, ein in den USA lebender Österreicher, entwickelte in seinem 1969 erstmals erschienenen Buch „Menschliche Kommunikation – Formen, Störungen, Paradoxien" ein Kommunikationsmodell mit pragmatischen Regeln der Kommunikation. Watzlawick teilt das Gebiet der menschlichen Kommunikation in drei Bereiche ein. Der Bereich der Syntaktik befasst sich mit den technischen Problemen der Nachrichtenübertragung. Die Syntaktik entspricht in etwa dem Kommunikationsmodell von Shannon & Weaver. Der zweite Bereich der Kommunikation ist die Semantik. Sie befasst sich mit der Bedeutung der verwendeten Zeichen und Symbole. Der dritte Bereich ist die Pragmatik. Der pragmatische Aspekt beschreibt das Verhalten der am Kommunikationsprozess beteiligten Personen.

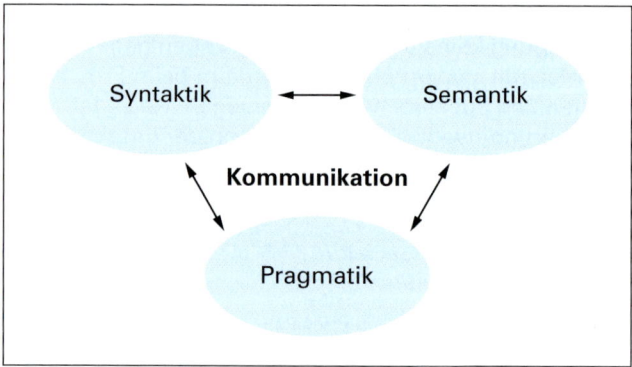

**Kommunikations-
modell**
- Syntaktik:
  Technik der Über-
  mittlung
- Semantik:
  Bedeutung der
  Nachricht
- Pragmatik:
  Beziehung und
  Verhalten der Teil-
  nehmer

Kommunikation ist immer ein System und damit sind alle am Kommunikationsprozess beteiligten Menschen ein Teil dieses Systems. Somit können wir Kommunikation auch nicht mehr als einen linear ablaufenden Prozess verstehen, sondern als ein zirkuläres System mit Rückkopplung, d.h. Feedback.

Die fünf Grundsätze der Kommunikation

1. *Man kann nicht nicht kommunizieren.*

   „Handeln oder Nichthandeln, Worte oder Schweigen haben alle Mitteilungscharakter: Sie beeinflussen andere, und diese anderen können ihrerseits nicht *nicht* auf diese Kommunikation reagieren und kommunizieren damit selbst." (Watzlawick 2003, S. 51)

Ihre Zuhörer nehmen außer dem Inhalt Ihrer Rede viele verschiedene Informationen wahr. Sie registrieren beispielsweise Ihr Sprechtempo und die Lautstärke, aber natürlich auch die Aspekte Ihrer Körpersprache wie Mimik, Gestik und Körperhaltung. Das Publikum reagiert auf Ihre Signale, Sie wiederum reagieren auf die Reaktion des Publikums. Sie sehen, Kommunikation ist ein dynamischer Prozess.

2. *Jede Kommunikation hat einen Inhalts- und einen Beziehungsaspekt.*

Der Inhaltsaspekt beschreibt das *Was* einer Nachricht. Ebenso wichtig für eine gelungene Kommunikation ist der Beziehungsaspekt, das *Wie* einer Nachricht. Wie möchten Sie als Sender vom Empfänger wahrgenommen und verstanden werden bzw. wie nimmt der Empfänger Sie wahr und wie versteht er die Nachricht. Durch eine Störung des Beziehungsaspektes wird der Inhaltsaspekt entwertet. Erst der menschliche Faktor macht Vorträge erfolgreich. Nur wenn sich Redner und Zuhörer „mögen", kann Kommunikation erfolgreich sein.

3. *Die Natur einer Beziehung ist durch die Interpunktion der Kommunikationsabläufe seitens der Partner bestimmt.*

Kommunikation kennt keinen Anfang und kein Ende, sondern verläuft kreisförmig. Zu jeder Situation gibt es eine vorhergehende und eine darauf folgende Situation. Wir müssen deshalb diesen Kreisprozess der Kommunikation in einzelne unterscheidbare Abschnitte gliedern. Watzlawick nennt dies die Interpunktion von Ereignisfolgen.

Die Partner müssen einen Kommunikationsprozess strukturieren. Dies geschieht analog zur Strukturierung eines Textes durch Satzzeichen. In einer vom Referenten dominierten Präsentation wird die Gliederung vor allem vom Vortragenden vorgegeben. Je stärker Sie Ihr Publikum mit einbeziehen, desto höher wird sein Anteil an der Interpunktion der Kommunikation.

4. *Menschliche Kommunikation bedient sich analoger und digitaler Modalitäten.*

Sie können Objekte auf zwei unterschiedliche Arten darstellen, in einer Analogie, z.B. in einer Zeichnung, oder mittels der verbalen Benennung durch einen Namen. Mit den analogen Kommunikationsformen werden die nonverbale Kommunikation und der Beziehungsaspekt der Kommunikation beschrieben. Teil der analogen Kommunikation sind alle Aspekte der Körpersprache wie die Mimik und die Gestik sowie z.B. der Tonfall eines Menschen. Die Visualisierung eines Inhalts durch ein Bild oder eine Grafik entspricht ebenfalls dem analogen Modus. Der digitale Modus der Kommunikation betrifft die Sprache als System von Zeichen, die einem bestimmten Objekt zugeordnet sind. Wenn Sie im Radio eine fremdsprachige Sendung hören, werden Sie vermutlich die Nachricht nicht entschlüsseln können. Dieses einfache Beispiel zeigt, dass die digitale Kommunikationsform der Sprache einen gemeinsamen Zeichenvorrat von Sender und Empfänger bedingt.

Beide Kommunkationsformen, die analoge und die digitale Kommmunikation, ergänzen sich in einer erfolgreichen Kommunikation gegenseitig.

5. *Kommunikation ist symmetrisch oder komplementär.*

Die Kommunikation zwischen Menschen wird durch ihre soziale Position bestimmt. Die gleiche Position führt zu einer symmetrischen Kommunikation. Eine unterschiedliche Position bedingt eine komplementäre Kommunikation.

Symmetrisch bedeutet spiegelbildlich oder spiegelgleich. Für die Kommunikation heißt dies, dass die Partner einer symmetrischen Kommunikation gleichberechtigt sind. Die Präsentation vor Mitschülern oder Kollegen ist ein Beispiel für eine symmetrische Kommunikationssituation.

Komplementär bedeutet ergänzend. Die ungleichen Kommunikationspartner ergänzen durch ihr unterschiedliches Verhalten die Kommunikation zu einer Gesamtheit. Wenn Sie vor Kunden, Vorgesetzten oder Lehrern präsentieren, dann ist dies ein komplementärer Kommunikationsprozess.

1.3.3 Modell von Friedemann Schulz von Thun

Friedemann Schulz von Thun ist Professor für Psycho-
logie an der Universität Hamburg. 1981 hat er sein
Kommunikationsmodell vorgestellt. Schulz von Thun
unterscheidet bei der Kommunikation vier verschiedene
Aspekte. Er stellt die vier Seiten einer Äußerung als
Quadrat dar. Dem Sender ordnet er dementsprechend
„vier Schnäbel" und dem Empfänger „vier Ohren"
(Vier-Ohren-Modell) zu. An der Kommunikation sind
immer vier Schnäbel und vier Ohren beteiligt. Sie über-
mitteln und empfangen damit immer vier Botschaften
gleichzeitig.

**Das Kommunikations-
quadrat**
Abb.:
www.schulz-von-thun.
de

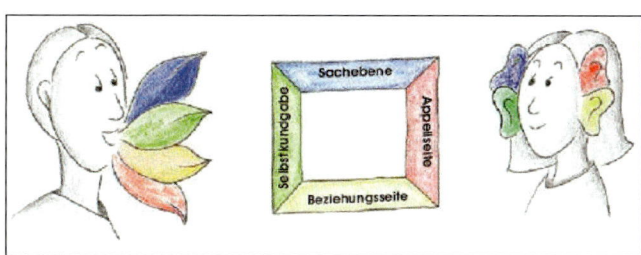

Sachinhalt – „Worüber ich informiere."
Mit Ihrer Präsentation vermitteln Sie Ihrem Publikum
einen bestimmten Inhalt.

Selbstkundgabe – „Was ich von mir zu erkennen gebe."
Mit Ihrem Vortrag geben Sie auch ein Stück von sich
preis. Die Zuhörer merken, ob Sie hinter Ihrer Sache
stehen oder nur Theater spielen. Seien Sie natürlich und
authentisch.

**Beziehung – „Was ich von dir halte und wie ich zu dir
stehe."**
Der Beziehungsaspekt ist sicherlich der am schwierigs-
ten erfassbare. Trotzdem hat er entscheidenden Einfluss
auf das Gelingen des Kommunikationsprozesses. Auf
der Beziehungsebene werden Ich-Botschaften und Du-
Wir-Botschaften gesendet.

Appell – „Was ich bei dir erreichen möchte."
Mit jeder Aussage appellieren Sie an Ihre Zuhörer, eine
geistige oder körperliche Handlung durchzuführen. Die
Appelle können offen, unterschwellig, manipulativ,...
sein.

Verständlichkeit
Schulz von Thun nennt vier Merkmale für eine verständliche Aussage:

- *Einfachheit*
  Der Sachinhalt sollte einfach, richtig und ansprechend dargestellt werden. Wenn Sie kurze Sätze bilden und unnötige Fremdwörter vermeiden, steigern Sie ebenfalls den Erfolg Ihrer Botschaften.
- *Gliederung*
  In Ihrem Text muss ein roter Faden erkennbar sein. Gliedern Sie den Inhalt folgerichtig, trennen Sie unwichtige von wichtigen Informationen.
- *Kürze und Prägnanz*
  Ihr Text muss auf das Kommunikationsziel ausgerichtet sein. Vermitteln Sie eine klare Botschaft.
- *Stimulans*
  Gestalten Sie Ihren Text, Ihre Präsentation spannend und abwechslungsreich.

1.4   Arbeits- und Zeitplanung

Der Termin Ihrer Präsentation ist noch ganz weit weg – und plötzlich ist er da, überraschend wie Weihnachten. Damit Sie nicht überrascht werden und Ihre Präsentation professionell erarbeiten und durchführen können, müssen Sie mit einer gründlichen Arbeitsplanung beginnen.

- Wann ist der Präsentationstermin?
- Wie viel Zeit bleibt bis dahin?
- Wie viel Zeit kann ich aufwenden?
- Arbeite ich alleine oder im Team?
- Habe ich Unterstützung von anderen Personen?
- Welche Möglichkeiten der Recherche und Materialerarbeitung habe ich?
- Welche Arbeitsschritte muss ich bis zur Präsentation erledigen?
- Welche Präsentationsmedien stehen mir zur Verfügung?
- Welche Medien muss ich mir technisch erarbeiten?
- Wie umfangreich muss meine Präsentation sein?
- Welchen Anspruch habe ich an meine Präsentation?

Die Antworten auf diese Fragen werden zu sich widersprechenden Zielen führen. Sie möchten eine optimale Präsentation halten, haben aber nur beschränkte Vorbereitungszeit und Ressourcen, z.B. zur Materialbeschaffung, zur Verfügung.

Magisches Dreieck

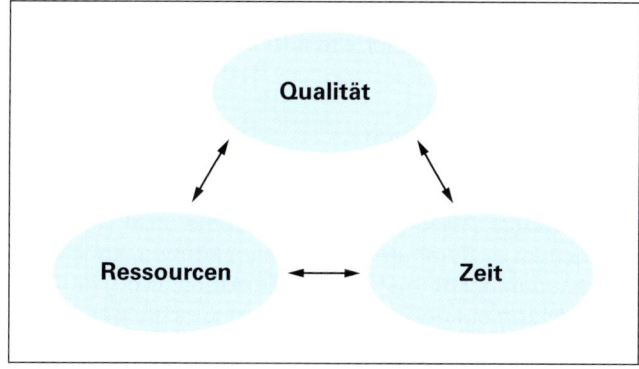

Aus der angestrebten Balance dieser drei sich widersprechenden Ziele entwickeln Sie Ihren Arbeits- und Zeitplan, gegliedert nach den Arbeitsschritten, die Sie erledigen müssen. Planen Sie Pufferzeiten ein. Meist braucht man doch länger oder es kommt noch Unvorhergesehenes dazu. Schätzen Sie Ihren Zeitbedarf und die Ihnen tatsächlich zur Verfügung stehende Zeit realistisch ein.

Arbeits- und Zeitplan
Die Differenz zwischen der minimalen und der maximalen Zeit ist Ihr Puffer für unvorhersehbare Ereignisse.
    Der Termin bezeichnet den Endtermin für den jeweiligen Arbeitsschritt.

Arbeitsschritte	Zeit (h)		Termin
	minimal	maximal	
Themenfindung			
Recherche			
Erarbeitung			
Gliederung			
Ausarbeitung			
Probelauf			
Überarbeitung			
Präsentation			
Summe			

1.5   Erarbeitung der Inhalte

Nach dem Sie die Arbeits- und Zeitplanung erstellt
haben, geht es nun um die praktische Erarbeitung der
Inhalte Ihrer Präsentation.

- Wie erarbeite ich Inhalte?
- Wie bringe ich die Inhalte auf den Punkt?

1.5.1   Themenfindung

Zu Beginn Ihrer Arbeit steht die exakte Formulierung
Ihres Themas. Auch wenn Sie das Thema nicht selbst
als Fach- oder Seminararbeit wählen können, sondern
vorgegeben bekommen, ist die Konkretisierung der The-
menstellung ein notwendiger Schritt. Erschließen Sie
sich das Thema mit den Antworten auf folgende Fragen.
Machen Sie das Thema zu Ihrem Thema.

- Interessiert mich das Thema?
- Was will ich wissen?
- Warum will ich das wissen?
- Habe ich schon Material zu diesem Thema?
- Wo finde ich Material?
- Kann ich das Thema bewältigen oder überwältigt
  mich das Thema?
- Wie viel Zeit habe ich zur Erarbeitung?
- ...

1.5.2   Stoffsammlung

Brainstorming
Schreiben Sie in Stichworten alles auf, was Ihnen zu
Ihrem Thema einfällt. Bewerten sich noch nichts und
sortieren Sie noch nichts aus. Es geht in dieser Arbeitsphase nur darum, sich dem Thema zu nähern und sich
einen Überblick zu verschaffen.

Recherche
Auf der Basis Ihres Brainstormings ermitteln Sie Ihren
Informationsbedarf und entwickeln eine Suchstrategie
zur Recherche in Büchern, Zeitungen, Zeitschriften und
natürlich dem Internet. Berücksichtigen Sie dabei das
Verhältnis von Aufwand und Ertrag. Wie viel Zeit haben

Sie für diesen Schritt in Ihrer Arbeitsplanung vorgesehen?

Wichtig bei der Recherche, egal ob gezielt oder nach dem Schneeballsystem, ist, dass Sie die Ergebnisse zusammen mit den Quellen fixieren. Sie können dies klassisch auf Karteikärtchen oder elektronisch z.B. in einer Datenbank auf dem Computer machen. Für die weitere Arbeit ist es sinnvoll, nicht nur zu kopieren, sondern gleich Exzerpte anzulegen. Exzerpte sind auf Ihr Thema bezogene Textauszüge. Alles, was für das Thema unwichtig ist, wird weggelassen. Exzerptieren heißt also auswählen und leistet damit schon eine erste Vorarbeit für die Gliederung. Falls Sie die Ergebnisse Ihrer Recherche zu einem späteren Zeitpunkt noch einmal brauchen, dann legen Sie hier gleich ein Ordnungssystem mit Schlagworten an.

Exzerpte
sind themenbezogene
Textauszüge

1.5.3 Stofferarbeitung

Präsentieren Sie nur
Inhalte, die Sie selbst
verstanden haben.

Sammeln alleine reicht nicht. Sie müssen den Stoff auch verstanden haben. Sprechen Sie schon in dieser Phase der Vorbereitung mit anderen über Ihr Thema. Im Gespräch werden Ihnen die Inhalte und Zusammenhänge klarer und Sie merken, woran Sie noch arbeiten müssen.

Als Grundsatz gilt: „Ich präsentiere nur Inhalte, die ich selbst verstanden haben."

1.5.4 Stoffauswahl

Reduktionsmethode
Mit Hilfe der Reduktionsmethode beschränken Sie Ihren Stoff auf das Wesentliche.

- *Kürzen*
  Kürzen heißt vor allem, Überflüssiges, Schmückendes und Doppelungen wegzulassen. Gebrauchen Sie eine klare Sprache ohne Füllwörter oder lange Schachtelsätze.
- *Verdichten*
  Erhöhen Sie die Informationsdichte Ihrer Aussagen durch die Auflösung ganzer Sätze in kurze Teilsätze oder Schlagworte. Das Ergebnis können Sie oft direkt für Ihre Folien verwenden.

A-B-C-Analyse

Meist haben Sie unendlich viel Inhalte und nur endlich viel Zeit. Die A-B-C-Analyse hilft Ihnen bei der Auswahl und Gewichtung der Inhalte Ihrer Präsentation.

- *A-Inhalte*
  Alle Inhalte, die präsentiert werden *müssen*
- *B-Inhalte*
  Alle Inhalte, die präsentiert werden *sollten*
- *C-Inhalte*
  Alle Inhalte, die präsentiert werden *könnten*, wenn genügend Zeit bleibt

Ordnen Sie alle Inhalte einer dieser drei Kategorien zu. Bedenken Sie dabei immer, auswählen heißt vor allem weglassen. Durch die Überprüfung werden Ihnen die Inhalte noch mal bewusster und es ergibt sich meist schon die Grundlage für eine Gliederung.

1.6   Rhetorik

Die Rhetorik umfasst die Theorie und die Praxis der mündlichen Kommunikation. Nach der Themenfindung, der Sammlung und Erarbeitung der Inhalte befassen wir uns jetzt mit der Umsetzung in Ihrer Präsentation.

- Wie gliedere ich Inhalte?
- Wie präsentiere ich Inhalte?

1.6.1   Die fünf Schritte der Rhetorik

Die klassischen fünf Arbeitsschritte zur Vorbereitung einer Rede, eines Vortrags oder einer Präsentation haben seit der Antike Gültigkeit.

Stoffsammlung, inventio

Beginnen Sie mit einer ungeordneten Stoffsammlung (Brainstorming) und tragen Sie alle Ideen, Gesichtspunkte und Inhalte zusammen, die Ihnen spontan zu Ihrem Thema einfallen. Orientieren Sie sich dabei an den journalistischen W-Fragen: Wer, was, wo, wodurch, warum, wie, wann?

Gliederung, dispositio
Gliedern Sie Ihr gefundenes Material. Strukturieren Sie
Ihren Vortrag nach einem logischen kohärenten Schema
in Einleitung, Hauptteil und Schluss. Arbeiten Sie die
Kernaussagen Ihres Vortrages heraus.

Formulierung, elocutio
In diesem Produktionsschritt bringen Sie Ihren Vortrag,
Ihre Präsentation in eine Form. Die Versprachlichung
und Visualisierung müssen auf Ihre Kommunikationsziele bezogen sein und der Zielgruppe entsprechen.

Einprägung, memoria
Prägen Sie sich Ihren Vortrag ein. Sie müssen Ihn nicht
auswendig lernen, aber sie sollten im Wesentlichen frei
sprechen können. Wir kennen alle diese unsäglichen
Präsentationen, bei denen der Vortragende mit dem Rücken zum Publikum seine Folien vorliest. Erst durch die
freie Rede, die Ergänzung der Medien mit neuen Inhalten wird Ihr Vortrag lebendig und fesselt Ihre Zuhörer.

Vortrag, pronuntiatio, actio
Jetzt kommt der große Moment, hier zeigt sich, ob sich
die Vorarbeit gelohnt hat. Sie werden sehen, sie hat
sich gelohnt. Sie sind gut vorbereitet und vom Inhalt
Ihrer Präsentation erfüllt. Unterstützen Sie die positive
Wirkung Ihres Vortrags durch angemessene Mimik und
Gestik, halten Sie Blickkontakt.

1.6.2   Grundsätzlicher Aufbau eines Vortrages

Ein Vortrag oder eine Präsentation gliedert sich in vier
Teile. Nach der persönlichen Kontaktaufnahme mit dem
Publikum folgen die aus dem Schulaufsatz bekannten
Gliederungsteile Einleitung, Hauptteil und Schluss.

Begrüßung und Vorstellung
Nachdem Sie Ihr Publikum begrüßt haben, stellen Sie
sich kurz vor. Danach nennen Sie Ihr Thema und erläutern dessen Bedeutung für Ihr Publikum.

Einleitung
Eine gelungene Einleitung ist der Schlüssel zum Erfolg
Ihres Vortrages. Sie ziehen die Zuhörer in Ihren Bann
und begeistern sie für das Thema. Stellen Sie die

Agenda und das Ziel Ihres Vortrages vor. Machen Sie Ihr Publikum neugierig.

Hauptteil
Im Hauptteil präsentieren Sie die Inhalte. Für die Zuhörer muss die Struktur, der berühmte rote Faden, immer erkennbar sein.

Schluss
Der Schluss eines Vortrages muss ebenso gut wie die ersten Teile vorbereitet sein. Hier schließt sich der Kreis. Sie fassen die Kernaussagen zusammen, ziehen ein Resümee oder enden mit einem feurigen Appell. Bei Bedarf können Sie Ihr Publikum zur Diskussion einladen und noch offene Fragen klären. Beenden Sie Ihren Vortrag mit einem Dank an Ihre Zuhörer und einem Abschiedsgruß.

1.6.3 Argumentationstechniken

In diesem Abschnitt werden wir uns mit der Technik zum Aufbau eines Argumentationsgerüstes einer Rede beschäftigen. Sie geben damit Ihrem Publikum den berühmten roten Faden zur Orientierung.

Planen Sie Ihre Argumentation immer vom Ende her. Sie kennen das Ziel und konzipieren dann die Schritte zum Ziel.

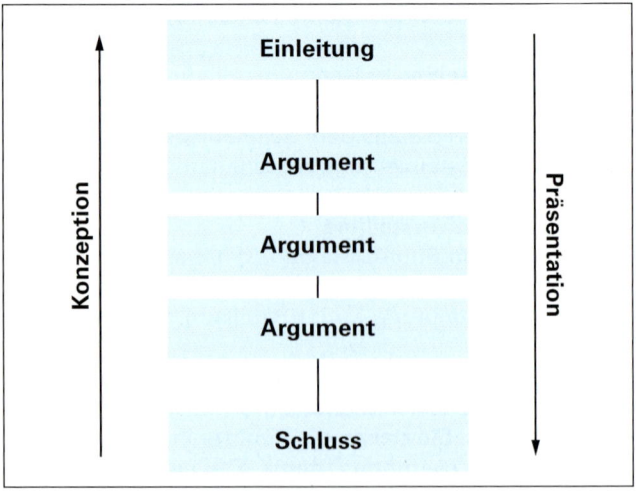

Argumentationsgerüst
Vom Ende her konzipieren, vom Anfang aus präsentieren.

Fünfsatztechnik

1. Einleitung – 1. Satz

Beginnen Sie mit einer zielgerichteten, das Thema der Präsentation darstellenden Einleitung. Ihr Publikum muss neugierig auf den weiteren Vortrag werden.
- Die Ergebnisse unserer Arbeit der letzten ...
- Diese Technologie gewinnt immer größere Bedeutung ...
- Wir müssen etwas tun für ...
- Stelle ich neue Aspekte ...
- ...

2. Hauptteil – 2. bis 4. Satz

Sie entwickeln Ihren Gedankenweg logisch in drei argumentativen Schritten. Je nach Modell ergeben sich verschiedene Argumentationsverläufe.

Kettenmodell
- Zurzeit ist ...
- Dies hat folgende Ursachen ...
- Wir können mit folgenden Maßnahmen ...

Dialektisches Modell
- Einerseits ergibt sich ...
- Andererseits müssen wir aber auch berücksichtigen ...
- Nach der Bewertung beider Argumente liegt die Lösung ...

3. Schluss – 5. Satz

Schließen Sie Ihre Präsentation mit einer Kernausage, einer Schlussfolgerung oder einem Handlungsaufruf.
- Deshalb sollten wir ...
- Darum ist ...
- Ich rufe Sie auf ...
- Möchte ich zusammenfassend ...
- ...

Variieren Sie je nach Thema und Situation die Struktur. Ihre Präsentationen und Vorträge werden durch den guten Aufbau Ihrer Argumente zielorientiert, klar gegliedert, prägnant und dadurch erfolgreich.

AIDA

Das AIDA-Prinzip ist aus der Werbung und dem Marketing bekannt. AIDA wird aber ebenfalls in der Rhetorik als Gliederungsprinzip eines Vortrags genutzt.

AIDA gliedert sich in vier Schritte:

1. *Attention, Aufmerksamkeit*

Sie gewinnen mit Ihrer Einleitung die Aufmerksamkeit Ihres Publikums.

- Die neuesten Umfragewerte …
- Ich zeige Ihnen heute …
- Kennen Sie schon …
- …

2. *Interest, Interesse*

Nachdem Sie die Aufmerksamkeit Ihres Publikums gewonnen haben, vertiefen Sie die Beziehung und wecken das Interesse Ihrer Zuhörer.

- … können auch Sie …
- Wie können wir noch effektiver …
- Wie haben wir …
- …

3. *Desire, Verlangen*

Aus dem Interesse an Ihrer Botschaft wird idealerweise das Verlangen nach der von Ihnen vorgetragenen Lösung.

- … haben Sie den Vorteil …
- Können Sie Ihre … steigern …
- … wissen Sie, wie man …
- …

4. *Action, Handeln*

- Deshalb sollten Sie jetzt …
- Machen wir …
- Ist es notwendig, zukünftig …
- …

1.6.4 Stichwortkärtchen

Stichwortkärtchen, z.B. Karteikarten im Format A6 oder
A7, dienen Ihnen nicht nur als Gedächtnisstütze. Sie
müssen sich bei der Erstellung nochmals Gedanken
über die Gliederung und Abfolge machen. Die Inhalte
werden auf die wesentlichen Punkte reduziert, Zahlen
und Fakten notiert. Die Stichwortkärtchen haben also
eine vergleichbare Funktion wie ein gut gemachter
Spickzettel für eine Klassenarbeit oder eine Klausur.
Außerdem haben Sie mit den Kärtchen etwas in der
Hand, an dem Sie sich festhalten können. Ihre Hände
kommen zur Ruhe und unterstützen trotzdem Ihre Worte
mit angemessener Gestik.

1.7 Körpersprache

Die Körpersprache ist
Ihr wichtigstes non-
verbales Kommunika-
tionsmittel.

Die Körperhaltung, die Gestik und Mimik, Ihre Bewegung im Raum und die Blickrichtung gehören zu Ihrer
Körpersprache. Neben der Kleidung, der Stimme und
Ihrem Styling ist die Körpersprache Ihr wichtigstes
nonverbales Kommunikationsmittel. Die Körpersprache
offenbart Ihre Gedanken, Ihre Motivation und Einstellungen. Wir verstehen die Signale des Köpers intuitiv.
Es ist deshalb viel schwerer, in der Körpersprache zu
lügen als in der Wortsprache. Die Signale der Körpersprache sind allerdings nicht eindeutig. Wir können
zwar unsere Wahrnehmung schulen und damit die Körpersprache unseres Gegenübers besser verstehen, aber
nicht immer bedeutet ein Kratzen am Kopf Unsicherheit
und das Verschränken der Arme Verschlossenheit. Trotzdem ist das gezielte Beobachten und Wahrnehmen von

**Aktive Wahrnehmung
der Körpersprache**
• Wahrnehmen der
  Körper-
  signale
• Verstehen der
  wahrgenommenen
  Signale
• Reaktion auf die
  Körper-
  signale
• Wahrnehmen der
  neuen veränderten
  Situation

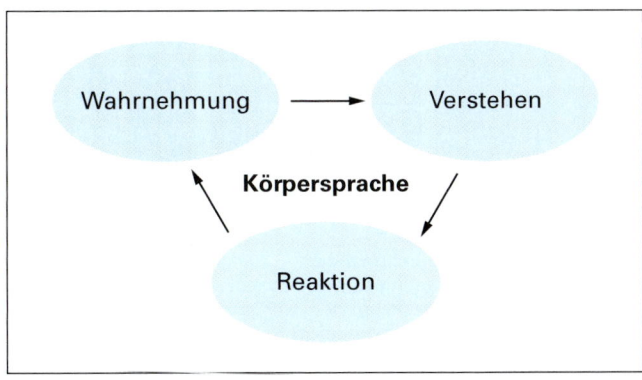

Köpersignalen wichtig für das Verstehen Ihres Kommu-
nikationspartners. Darüber hinaus können Sie durch
Reflexion Ihren eigenen körperlichen Ausdruck bewusster entfalten und verbessern.

Auftritt
Ihre Präsentation beginnt mit dem Gang zum Rednerpult. Bewegen Sie sich normal, zielbewusst, aber nicht
übertrieben dynamisch. Atmen Sie ruhig und regelmäßig. Wenn Sie an Ihrem Platz angekommen sind,
nehmen Sie sich die Zeit, noch einmal durchzuatmen.

Stand
Sie sind angekommen. Finden Sie Ihren Stand. Zum
sicheren Stand zu Beginn eines Vortrags stellen Sie die
Beine in hüftbreitem Abstand. Belasten Sie beide Beine
gleichmäßig. Sie haben dadurch guten Bodenkontakt
und einen festen Stand – so leicht wirft Sie jetzt nichts
um. Während des Vortrags wirkt diese Körperhaltung
aber steif und statisch. Sie können die Statik auflösen,
indem Sie sich ein oder zwei Schritte bewegen, aber
bitte nicht aufgeregt hin- und herlaufen. Die zweite Variante heißt Spielbein und Standbein. Sie belasten das
Standbein mit mehr Körpergewicht, das Spielbein wird
entlastet. Wechseln Sie immer mal Spiel- und Standbein. Auch hier gilt, bewegen Sie sich angemessen und
geraten Sie nicht ins Schaukeln.

Der sichere Stand
- Die Beine stehen hüftbreit
- Die Knie sind nicht durchgestreckt
- Der Rücken ist gerade, nicht im Hohlkreuz
- Die Hände sind locker neben dem Körper
- Die Schultern sind entspannt, nicht nach
  oben gezogen

Standbein und Spielbein
- Das Körpergewicht ruht auf einem Bein.
- Spielbein und Standbein wechseln sich
  ab, natürlich nicht in einer Pendelbewe-
  gung!
- Die Hände sind locker neben dem Körper
- Die Schultern sind entspannt

Körperhaltung

Ihre innere Haltung bestimmt Ihre Körperhaltung – Ihre
äußere Haltung bestimmt Ihre innere Haltung. Probieren Sie es einmal aus: Sprechen Sie den Satz: „Mir geht
es gut, ich fühle mich wohl" in verschiedenen Körper-
haltungen, aufrecht, zusammengesunken, überspannt,
in der Hocke ... Sie werden feststellen, dass Sie den
Satz immer anders sprechen. Nur eine angenehme,
gelassene und aufrechte Haltung vermittelt Ihnen und
Ihren Zuhörern eine positive Botschaft.

Unterspannte Körper- **haltung**	**Überspannte Körper-** **haltung**	**Offene Körperhaltung**	**Geschlossene Körper-** **haltung**
• gleichgültig	• angespannt	• freundlich	• gebeugt
• bequem	• feindlich	• aufmerksam	• misstrauisch
• initiativlos	• nervös	• souverän	• zurückgezogen
• schlaff	• ängstlich	• neugierig	• alleine

Gestik

Mit der Bewegung Ihrer Hände und Arme unterstützen
Sie Ihre Worte. Dies klappt aber nur, wenn die Gestik
auch genau das zeigt, was Sie mit Worten gerade sagen.

• positiv	• dozierend	• geschlossen	• offen
• auffordernd	• ermahnend	• abwartend	• positiv
• anbietend	• negativ	• nachdenklich	• zupackend
• überzeugend	• abweisend	• ironisch	• dynamisch

Gesten oberhalb der Gürtellinie wirken meist positiv. Hängende Arme, hinter dem Körper verschränkte Hände oder in Taschen verschwundene Hände sollten Sie vermeiden. Die beste Position Ihrer Hände ist bei leicht gebeugten Armen etwas oberhalb der Gürtellinie. Der ideale Ausgangspunkt für Gesten, die Ihre Ausführungen unterstützen.

Die beste Position Ihrer Hände ist bei leicht gebeugten Armen etwas oberhalb der Gürtellinie.

Mimik
Die Mimik ist die Sprache Ihres Gesichts. Ihr Mienenspiel zeigt Freude, Angst, Unsicherheit, Stolz, Wut, Offenheit ... Mit einem Lächeln gewinnen Sie Ihre Zuhörer.

  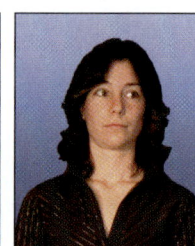 

• skeptisch	• offen	• unsicher	• freundlich
• abweisend	• freundlich	• freundlich	• aufmerksam
• negativ	• direkt	• zurückhaltend	• direkt
• abwertend	• positiv	• abwesend	• zurückhaltend

Blick
Blicken Sie zu Beginn Ihres Vortrages in die Runde. Ihr Blick ist die beste Möglichkeit mit Ihren Zuhörern Kontakt aufzunehmen. Halten Sie auch während des Vortrages Blickkontakt zu Ihrem Publikum. Sie signalisieren damit, dass Sie Ihr Gegenüber wahrnehmen und an ihm Interesse haben.

Abgang
Beenden Sie Ihren Vortrag bewusst. Nehmen Sie sich die Zeit, noch einmal in die Runde zu blicken, und verabschieden Sie sich damit von Ihrem Publikum. Ihre Präsentation endet mit dem Gang vom Rednerpult. Bewegen Sie sich normal, zielbewusst aber nicht übertrieben dynamisch. Atmen Sie ruhig und regelmäßig.

Zum Schluss
Seien Sie authentisch, versuchen Sie nicht, die Körpersprache anderer zu imitieren.

1.8 Stimme und Sprache

Der Ton macht die Musik. Ihre Stimme ist ebenso wie Ihre Körpersprache ein gewichtiger Faktor der Kommunikation. Nach verschiedenen Untersuchungen ist der Erfolg von Kommunikation zu ca. 40 % von der Stimme und Sprache abhängig. Die Wirkung Ihrer Stimme wird durch verschiedene Parameter wie Lautstärke, Stimmhöhe, Rhythmus, Sprechtempo, Deutlichkeit und Betonung bestimmt. Gestalten Sie Ihren Vortrag lebendig durch die Variation dieser Parameter. Sie lassen durch Ihre Stimme im Zuhörer Emotionen und innere Bilder entstehen, Sie berühren, begeistern und überzeugen.

Lautstärke, Stimmhöhe, Rhythmus, Sprechtempo, Deutlichkeit und Betonung

1.9 Zeitplanung

Der Zeitrahmen Ihrer Präsentation wird Ihnen im Allgemeinen vorgegeben. Es ist schwierig, schon in der Vorbereitung abschätzen zu können, ob Ihre Präsentation im Zeitrahmen bleibt, zu kurz oder gar viel zu lange dauert. Sie müssen deshalb durch gezieltes Üben ein Zeitgefühl für Vorträge erwerben. Lesen Sie einen Text leise durch. Schätzen Sie die Zeit, die Sie für ein lautes Lesen brauchen würden. Starten Sie dann die Stoppuhr und vergleichen Sie Ihre Vorgabe mit der tatsächlich benötigten Zeit. Tragen Sie den Text nun nach gleichem Muster frei vor. Nehmen Sie sich vor, den Text in einer bestimmten Zeitdauer, z.B. drei Minuten, vorzutragen. Achten Sie bei Präsentationen und Vorträgen, die Sie als Zuhörer erleben, neben dem Inhalt auch auf die Zeiteinteilung. Wenn Sie diese Übungen regelmäßig machen, werden Sie ein gutes Zeitgefühl entwickeln.

Sie haben eine optimale Zeitplanung erreicht, wenn Sie den gegebenen Zeitrahmen leicht unterschreiten. Planen Sie immer ca. 10 % Puffer für Zwischenfragen, Diskussion oder einen Exkurs ein.

Eine optimale Zeitplanung unterschreitet knapp den Zeitrahmen.

1.10   Lampenfieber

Jeder kennt Lampenfieber – jeder hat Lampenfieber!
Es ist völlig normal, vor einer Präsentation, einem
Vortrag oder dem Halten eines Referates aufgeregt zu
sein. Die Hände werden feucht, der Atem geht schneller, die Stimme wirkt belegt … Der Hypothalamus im
Gehirn löst eine Sympathicusreaktion aus. Dies bewirkt,
dass die Nebennierenrinde Adrenalin und Noradrenalin
produziert. Eine natürliche biologische Reaktion des
Körpers auf Stress. Sie sind jetzt bereit zum Angriff
oder zur Flucht. Manch einem ist vor einer Präsentation
eher nach Flucht. Wenn Sie aber lernen, mit Ihrem Lampenfieber positiv umzugehen, dann gibt es Ihnen die
Kraft und Spannung für eine erfolgreiche Präsentation.
Es gibt viele Tipps und Tricks, mit Lampenfieber
positiv umzugehen, Sie müssen Ihre Methode finden.
Suchen Sie sich aus den folgenden Tipps und Techniken
die aus, die Sie ansprechen, probieren Sie sie aus und
üben Sie die verschiedenen Methoden.

Lampenfieber gibt
Ihnen Kraft und
Spannung für eine
erfolgreiche Präsen-
tation.

Tipps und Techniken gegen Lampenfieber

- Bereiten Sie sich gut vor.
- Üben Sie.
- Schlafen Sie ausreichend.
- Trinken Sie keinen Alkohol.
- Nehmen Sie keine Beruhigungsmittel.
- Vermeiden Sie Zeitdruck.
- Machen Sie sich ausführlich mit den Räumlichkeiten
  und der technischen Ausstattung vertraut.
- Achten Sie auf angemessene und bequeme Klei-
  dung.
- Überprüfen Sie Ihr Styling.
- Fühlen Sie sich wohl.
- Bewegen Sie sich vor Ihrem Auftritt.
- Machen Sie Entspannungsübungen.
- Treten Sie bewusst auf.
- Nehmen Sie Blickkontakt mit Ihrem Publikum auf.
- Kommunizieren Sie mit Ihrem Publikum.
- Atmen Sie tief und ruhig.
- Andere haben auch Lampenfieber.
- Sie dürfen Fehler machen.
- Verknüpfen Sie Ihre Präsentation mit positiven Situ-
  ationen.
- Ihre Zuhörer sind Ihnen wohlgesonnen.
- Seien Sie Sie selbst!

1.11 Entspannungstechniken

Entspannen Sie sich. Entspannen hilft gegen Stress,
Ängste und Lampenfieber. Die folgenden Entspan-
nungstechniken können Sie einfach erlernen und ohne
Hilfsmittel in 90 Sekunden vor Ihrer Präsentation prak-
tizieren. Sie werden ruhig, schöpfen positive Energie
und können so Ihre Präsentation ohne Stress und Angst
durchführen.

90 Sekunden Entspan-
nung

Atemübungen
Stehen Sie im lockeren Stand. Die Knie sind leicht
gebeugt. Die Füße stehen hüftbreit parallel. Die Arme
sind entspannt seitlich am Körper. Ihre Augen bleiben
geöffnet.

* Beim Einatmen heben Sie die Arme langsam und
  gleichmäßig nach vorne bis auf Schulterhöhe, kurz
  halten und beim Ausatmen wieder absenken.
* Beim Einatmen heben Sie die Arme langsam und
  gleichmäßig seitlich bis auf Schulterhöhe, kurz halten und beim Ausatmen wieder absenken. Ihr Atem
  folgt den Armbewegungen wie die Schwingen eines
  Vogels.

Phantasiereise
Sitzen Sie breitbeinig und aufrecht. Suchen Sie mit
leichten Bewegungen des Oberkörpers eine lockere und
entspannte Haltung. Ihre Augen sind geschlossen.
     Gehen Sie in Ihrer Phantasie auf Reisen. Sie sitzen
auf einer Mole und schauen auf Segelboote im Abend-
licht ...

Gehen Sie mit auf
eine Phantasiereise

Strecken Sie zum Abschluss mit dem Einatmen beide Arme nach oben und führen Sie sie mit dem Ausatmen seitlich nach unten. Öffnen Sie dabei die Augen. Welcome back!

1.12 Unterlagen – Handout

Ob Sie Ihrem Publikum Unterlagen oder, wie man heute sagt, ein Handout an die Hand geben, ist eine Entscheidung, die Sie schon in der Konzeptionsphase Ihrer Präsentation treffen müssen. Wenn Sie sich für Unterlagen entschieden haben, dann stehen die nächsten Fragen an: Möchten Sie, dass sich Ihr Publikum Notizen macht? Geben Sie die Unterlagen vor oder nach der Präsentation aus? In welcher Form geben Sie sie aus?

Manuskript
Viele Präsentationsprogramme haben heute als Funktion, die Zusammenstellung der Folien als Manuskript auszudrucken. Dabei können Sie mehrere Folien auf einem Blatt zusammenfassen. Achten Sie dabei vor allem auf die Lesbarkeit. Man sieht immer wieder Manuskripte mit acht Folien auf einer Seite, auf denen Sie die Inhalte kaum erkennen können. Der Platz, um sich Notizen zu machen, fehlt natürlich dann ebenfalls.

Thesenpapier
Fassen Sie die wesentlichen Inhalte Ihrer Präsentation auf einer Seite zusammen. Ein Thesenpapier ist, auch wenn Sie es später nicht ausgeben und nur für sich selbst erstellen, ein wertvolles Hilfsmittel bei der Erstellung der Präsentation.

Muster
Zeigen Sie Ihrem Publikum nicht nur das Bild eines Elefanten, sondern bringen Sie den Elefanten mit. Die reale Anschauung und das Begreifen kann durch keine Folie ersetzt werden. Nun mit Elefanten wird es vermutlich schwierig, aber meist sind die präsentierten Dinge ja handlicher.

Wenn Sie die Möglichkeit haben, zeigen Sie die Druckmuster, Dübel oder Schrauben … nicht nur, sondern geben Sie sie als Muster Ihren Zuhörern mit. Ihr Publikum wird Ihre Präsentation in bleibender Erinnerung behalten.

1.13   Selbsteinschätzung und Üben

- Wie schätzen Sie Ihre rhetorischen Fähigkeiten ein?
- Prüfen Sie für sich selbstkritisch jedes Kriterium.
- Was kann ich schon gut?
- Woran muss ich noch arbeiten?

Tragen Sie Ihre Einschätzung in das unten abgebildete Netzdiagramm ein. Der eingezeichnete Rahmen markiert den allgemeinen Durchschnitt. Üben Sie vor allem Bereiche, in denen Sie unter oder nur im Durchschnitt liegen. Wiederholen Sie den Selbsttest von Zeit zu Zeit. Sie werden feststellen, wie sich Ihre Fähigkeiten kontinuierlich verbessern.

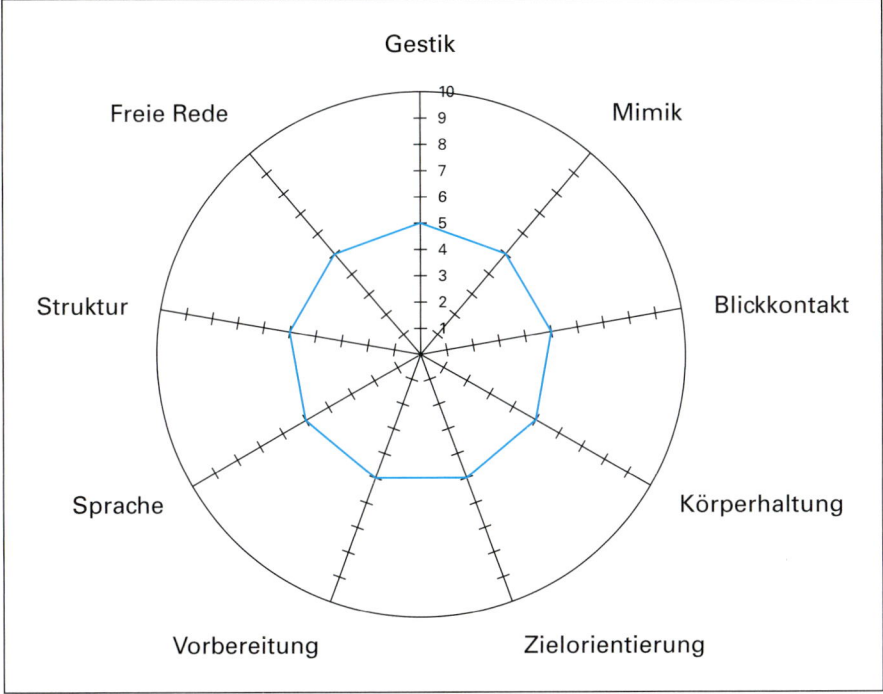

Netzdiagramm zur
Selbsteinschätzung
Ihrer rhetorischen
Fähigkeiten

2. Farbe

2.1 Farbwirkung

Betrachten Sie die Farbe auf der linken Seite. Lassen Sie sich auf die Farbe ein, versuchen Sie die Emotionen, die die Farbe in Ihnen auslöst, mit Worten zu beschreiben.

Farben lösen immer Empfindungen und Gefühle in uns aus. Diese Wirkung der Farben ist aber nicht angeboren, sondern sie wird durch unsere Erfahrungen und unser kulturelles Umfeld bestimmt.

Welche Farbe hat die Liebe? Welche Farbe hat die Gefahr? Welche Farbe hat der Sommer?

Viele Menschen werden auf alle drei Fragen gleich antworten: ROT. Wie kann es sein, dass eine Farbe mit so unterschiedlichen Dingen assoziiert wird? Es gibt eben nicht die Farbe zu der bestimmten Emotion. Wir verbinden mit jeder Farbe viele unterschiedliche Erfahrungen und damit auch Empfindungen. Welche Wirkung eine Farbe in einer konkreten Situation hat, wird immer durch den Kontext, durch die sie umgebenden Farben bestimmt.

- Welche Farbe hat die Liebe?
- Welche Farbe hat die Gefahr?
- Welche Farbe hat der Sommer?

Das Rot des oberen Balkens entwickelt in jeweils unterschiedlicher Kombination eine andere Wirkung.

Farben machen das Design Ihrer Präsentation visuell interessanter. Sie gliedern und geben den Inhalten unterschiedliche Bedeutung. Ein roter Text inmitten von schwarzen Buchstaben gewinnt die Aufmerksamkeit des Betrachters sicherlich stärker als Text in Dunkelblau.

Die Farben sind in Ihrer Präsentation also nicht Selbstzweck, sondern gestalterisches Mittel, Ihre Botschaft dem Publikum besser verständlich zu machen. Aber wie viele und welche Farben setzen Sie ein? Im Folgenden wollen wir versuchen, Ihnen darauf eine Antwort zu geben.

2.2 Farbpalette – Farbschema

Verwenden Sie Farben sparsam. Der Betrachter kann
nur maximal fünf Farben auf einmal erfassen. Verwenden Sie besser drei oder vier Farben. Diese genügen
vollkommen, um in Ihrer Präsentation die farblichen
Akzente zu setzen.

Der Einsatz der Farben und damit die Hervorhebung
einzelner Bereiche erfolgt nach der Wertigkeit. Wählen
Sie für wichtige Teile des Designs, z.B. Überschriften,
eine auffallende Farbe. Für weniger wichtige Bereiche
oder große Flächen nehmen Sie eine hellere meist weniger gesättigte Farbe oder ein neutrales helleres Grau.
Große weiße Flächen mit Schrift oder Grafik sind in der
Projektion für den Leser sehr anstrengend.

Wechseln Sie in Ihrer Präsentation nicht die Farbe
für ein Element. Der Hintergrund bleibt grau, die Überschrift bleibt z.B. rot. Sie sollten die interessanten Inhalte Ihrer Präsentation nicht durch ein sich änderndes
Farbenspiel überlagern. Bleiben Sie bei dem gewählten
Farbschema. Sie verbessern damit die Orientierung des
Publikums.

2.3 Harmonie und Spannung

Gleichabständige Farbkombinationen
Harmonische und zugleich spannende Farbkombinationen erzielen Sie durch die Wahl gleichabständiger
Farben aus dem Farbkreis. Sie können aus einem
zwölfteiligen Farbkreis harmonische Drei- oder Vier-
klänge auswählen. Für Kombinationen mit mehr Farben
müssen Sie den Farbkreis weiter unterteilen.

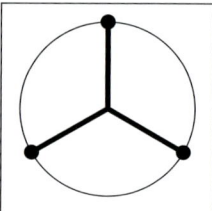

Nebeneinanderliegende Farbkombinationen
Im Farbkreis nebeneinanderliegende Farben ergeben
ein Ton-in-Ton-Farbschema. Achten Sie darauf, dass die
Farben vom Betrachter visuell klar unterscheidbar sind.
Nur so erfüllen die Farben den Zweck der Gliederung
und Hervorhebung einzelner Designbereiche.

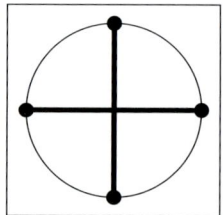

Wärmere Farben, Gelb, Orange und Rot, wirken
freundlich und vermitteln Nähe. Kältere Farben aus dem
blauen Teil des Farbkreises wirken sachlich und distan-
ziert. Setzen Sie die dunkleren Farben Ihres Farbsche-
mas zur Hervorhebung ein. Die helleren unterstützen
den Inhalt.

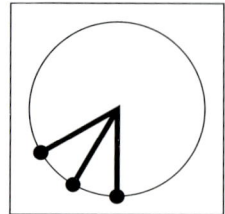

Farbdreiklänge
Die Auswahl der Farben erfolgt gleichabständig (drei Farben dazwischen) im 12-teiligen Farbkreis.

12-teiliger Farbkreis
Die Anordnung der Farben folgt den Regeln der additiven bzw. der subtraktiven Farbmischung.

Farbvierklänge
Die Auswahl der Farben erfolgt gleichabständig (zwei Farben dazwischen) im 12-teiligen Farbkreis.

**Nebeneinanderlie-
gende Farbharmonien**
Eine Auswahl der
Farben des gleichen
Farbtonbereichs im
12-teiligen Farbkreis

12-teiliger Farbkreis
Die Sättigung der Far-
ben nimmt von außen
nach innen ab.

**Variation der Sätti-
gung und Helligkeit
eines Farbtons**
Auswahl verschie-
dener Sättigungs-
bzw. Helligkeitsstufen
eines Farbtons im
12-teiligen Farbkreis

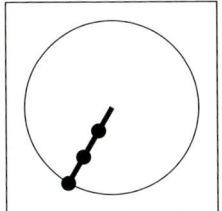

Variation der Sättigung und Helligkeit eines Farbtons
Die Aufmerksamkeit des Betrachters gewinnen Sie mit gesättigten Farben. Diese haben einen starken Signalcharakter, überlagern damit aber häufig den eigentlichen Inhalt. Setzen Sie deshalb im sachlichen inhaltsbezogenen Design Ihrer Präsentation gesättigte Farben nur sehr sparsam als Akzent ein. Weniger gesättigte und helle Farben wirken freundlich und professionell.

2.4 Farbkontraste

Farben wirken nie für sich, sondern immer in Beziehung zu ihrer Umgebung. Diese Beziehung der Farben nennt man Farbkontraste. Die drei bedeutendsten Kontraste sind der Komplementärkontrast, der Simultankontrast und der Warm-kalt-Kontrast. Gerade für die Lesbarkeit von Schrift sind Farbkontraste von großer Bedeutung.

Komplementärkontrast
Komplementärfarben sind Farbenpaare, die in der Mischung Unbunt ergeben.
- Guter Kontrast:
  3 und 6
- Schlechter Kontrast:
  1,2,4 und 5

Simultankontrast
Die Farben verändern durch die Umgebungsfarbe subjektiv Ihre Farbwahrnehmung.
- Guter Kontrast:
  4,5 und 6
- Schlechter Kontrast:
  1,2 und 3

Warm-kalt-Kontrast
Die Farben von Gelb bis Rot gelten als warme Farben, die Farben von Grün bis Blau als kalte Farben.
- Guter Kontrast:
  1,2,3 und 6
- Schlechter Kontrast:
  4 und 5

2.5. Farben bewerten und auswählen

Die Farben Ihrer Präsentation sind für deren Erfolg von großer Bedeutung. Beachten Sie deshalb bei der Auswahl folgende Punkte:

- Kommunikationsziele
- Zielgruppe
- Inhalt
- Medien

Die Bewertung von Farben als Grundlage für die Farbwahl können Sie ganz einfach mit einem Polaritätsprofil durchführen. Natürlich ist unser Beispiel nicht vollständig. Passen Sie die Auswahl und die Anzahl der Begriffe an Ihre Bedürfnisse an.

	2	1	0	1	2	
sachlich						verspielt
dynamisch						statisch
eng						weit
jung						alt
aktiv						passiv
modern						altmodisch
angemessen						unpassend
fröhlich						traurig
agressiv						entspannt
ruhig						aufgeregt
emotional						sachlich
warm						kalt

Polaritätsprofil zur Bewertung und Auswahl von Farben

2.6 Technische Farbe

Bei der technischen Umsetzung von Farben unterscheiden wir zwischen der additiven und der subtraktiven Farbmischung. Beide Farbmischungen beruhen auf dem Prinzip des menschlichen Farbensehens.

2.6.1 Additive Farbmischung

Die additive Farbmischung beschreibt die Mischung von Lichtfarben. Auf dem Monitor oder auf der Leinwand einer Beamerpräsentation mischen sich die Anteile der Grundfarben Rot, Grün und Blau durch Überlagerung, d.h. Addition, zu der Farbe, die wir sehen. Die Darstellung der Farben ist u.a. von der eingesetzten Grafikkarte und weiteren Hardwarekomponenten abhängig. Dadurch können sich die Farben Ihrer Präsentation in der Monitordarstellung und der Beamerprojektion teilweise stark unterscheiden.

Additive Farbmischung
Die additiven Grundfarben Rot, Grün und Blau mischen sich sekundär zu Cyan, Magenta und Gelb. In der tertiären Mischung ergeben sie Weiß.

2.6.2 Subtraktive Farbmischung

In der subtraktiven Farbmischung werden Körperfarben gemischt. Körperfarben sind alle Farben, die nicht selbst leuchten, sondern erst durch die Beleuchtung mit Licht sichtbar werden.

Alle Druckverfahren, Laserdrucker und Tintenstrahldrucker arbeiten nach dem Prinzip der subtraktiven Farbmischung. Die Grundfarben der subtraktiven Farbmischung sind Cyan, Gelb und Magenta. Zur Verbesserung des Kontrastes und zur Textdarstellung wird zusätzlich noch Schwarz als vierte Farbe gedruckt. Es gibt Tintenstrahldrucker, die noch mit weiteren Farben arbeiten. Dadurch wird die Zahl der druckbaren Farben und Farbnuancen erhöht.

Subtraktive Farbmischung
Die subtraktiven Grundfarben Cyan, Magenta und Gelb mischen sich sekundär zu Rot, Grün und Blau. In der tertiären Mischung ergeben sie Schwarz.

Die Farbwirkung einer Körperfarbe ist von den Farbpigmenten und der Art der Beleuchtung abhängig. Dies kann dazu führen, dass die Farben des Ausdrucks Ihrer Präsentationsunterlagen oder Farbfolien sich je nach verwendetem Drucker unterscheiden.

2.6.3 Farbmodus – Farbwerte

Unter Farbmodus versteht man das technische Farbmodell, nach dem in einer Datei die Farben gemischt werden. Es wird grundsätzlich zwischen Graustufen-, RGB- und CMYK-Modus unterschieden. Sie können immer im RGB-Modus arbeiten, da die Treibersoftware Ihres Druckers beim Ausdruck automatisch eine optimierte Moduswandlung von RGB nach CMYK durchführt.

☞ 294

Abhängig vom Farbmodus Ihres Dokuments können Sie die Farben Ihrer Präsentation als RGB-Werte oder als CMYK-Werte definieren. Die Farbfelder zeigen die Farben des 12-teiligen Farbkreises in drei Sättigungs- bzw. Helligkeitsstufen mit ihren Farbwerten.

Notieren Sie sich für Ihr Farbschema die jeweiligen RGB- bzw. CMYK-Werte, damit Sie immer die exakt gleichen Farben verwenden. Auch leichte Farbschwankungen fallen dem Betrachter auf und wirken unprofessionell.

Farbfelder des 12-teiligen Farbkreises mit Farbwerten

R 255	R 255	R 255	R 255	R 255	R 128
G 255	G 128	G 0	G 0	G 0	G 0
B 0	B 0	B 0	B 128	B 255	B 255
C 0	C 0	C 0	C 0	C 0	C 50
M 0	M 50	M 100	M 100	M 100	M 100
Y 100	Y 100	Y 100	Y 50	Y 0	Y 0
K 0	K 0	K 0	K 0	K 0	K 0

R 0	R 0	R 0	R 0	R 0	R 128
G 0	G 128	G 255	G 255	G 255	G 255
B 255	B 255	B 255	B 128	B 0	B 0
C 100	C 100	C 100	C 100	C 100	C 50
M 100	M 50	M 0	M 0	M 0	M 0
Y 0	Y 0	Y 0	Y 50	Y 100	Y 100
K 0	K 0	K 0	K 0	K 0	K 0

R 255	R 255	R 255	R 255	R 255	R 170
G 255	G 170	G 85	G 85	G 85	G 85
B 85	B 85	B 85	B 170	B 255	B 255
C 0	C 0	C 0	C 0	C 0	C 33
M 0	M 33	M 66	M 66	M 66	M 66
Y 66	Y 66	Y 66	Y 33	Y 0	Y 0
K 0	K 0	K 0	K 0	K 0	K 0

R 85	R 85	R 85	R 85	R 85	R 170
G 85	G 170	G 255	G 255	G 255	G 255
B 255	B 255	B 255	B 170	B 85	B 85
C 66	C 66	C 66	C 66	C 66	C 33
M 66	M 33	M 0	M 0	M 0	M 0
Y 0	Y 0	Y 0	Y 33	Y 66	Y 66
K 0	K 0	K 0	K 0	K 0	K 0

R 255	R 255	R 255	R 255	R 255	R 200
G 255	G 200	G 140	G 140	G 140	G 140
B 140	B 140	B 140	B 200	B 255	B 255
C 0	C 0	C 0	C 0	C 0	C 22
M 0	M 22	M 45	M 45	M 45	M 45
Y 45	Y 45	Y 45	Y 22	Y 0	Y 0
K 0	K 0	K 0	K 0	K 0	K 0

R 140	R 140	R 140	R 140	R 140	R 200
G 140	G 200	G 255	G 255	G 255	G 255
B 255	B 255	B 255	B 200	B 140	B 140
C 45	C 45	C 45	C 45	C 45	C 22
M 45	M 22	M 0	M 0	M 0	M 0
Y 0	Y 0	Y 0	Y 22	Y 45	Y 45
K 0	K 0	K 0	K 0	K 0	K 0

Graustufen mit Farb-werten

R 0	R 51	R 102	R 153	R 204	R 230
G 0	G 51	G 102	G 153	G 204	G 230
B 0	B 51	B 102	B 153	B 204	B 230
K 100	K 80	K 60	K 40	K 20	K 10

3. Schrift

3.1 Schrift und Präsentation

Wirkungsvolle Präsentationen weisen in der Regel folgende Merkmale auf:

- Gut lesbare Schrift
- Klare Struktur in der Schriftanwendung
- Schriftmischungen nach typografischen Regeln
- Klares und leseförderndes Layout

Damit Sie diese Merkmale für Ihre Präsentationen nutzen und für Ihre Zuhörer umsetzen können, müssen Sie dieses grundlegende Kapitel in aller Ruhe durcharbeiten, um es bei Ihren Präsentationen anzuwenden.

Informationsaufbereitung ist der Schlüssel zur erfolgreichen Kommunikation.

3.1.1 Schrift – Grundlage visueller Kommunikation

Wir alle lesen – meistens unbeschwert und mehr oder weniger schnell. Ihre persönliche Lesegeschwindigkeit ist abhängig davon, wie geübt Sie im Lesen sind und wie gut das Medienprodukt, das Sie gerade lesen, gestaltet ist. Ihre beim Lesen stattfindende Informationsaufnahme erfolgt weitgehend unbewusst, je nach Ihrer Lesekompetenz und nach Aufbereitung der Textinformation ist sie nicht immer gleich effektiv.

Woran kann es nun liegen, dass Informationen von Lesern unterschiedlich wahrgenommen werden und die Informationsaufnahme sehr verschieden ausfällt. Hier ist in erster Linie die Gestaltung und die Schriftwahl zu nennen. Gut gestaltete Informationen führen zu einer erfolgreichen Wissensvermittlung – wenn die Informationsaufbereitung wenig professionell durchgeführt wurde, verliert der Leser die Lust am Lesen und damit oft auch am Lernen. Vielleicht kennen Sie dieses Phänomen aus eigener Erfahrung. Trösten Sie sich: Wenn Sie keine Lust zum Lesen eines Schulbuchs haben, liegt es vielleicht auch an der Gestaltung, nicht nur am Thema...

3.1.2 Charakter einer Schriftwahl

Grundlage eines jeden Kommunikationsdesigns ist die Schrift und ihre Aussage. Durch ihre Formensprache und dem sich daraus ergebenden Erscheinungsbild drückt jede Schrift bereits etwas aus, gibt unbemerkt

Einstellungen, wie z.B. Modernität oder Rückständigkeit, neben den Informationen zum Thema weiter.

Wie die Schrift eines Plakates, einer Präsentation oder einer Vortragsfolie wirkt, hängt oftmals damit zusammen, wie Sie als Gestalter es schaffen, die Bedeutung eines Wortes, eines Namens oder eines ganzen Textes gestalterisch mitzuteilen.

3.1.3 Schrift polarisiert

Die möglichst schnelle Identifikation mit einer Darstellung, einer Präsentation oder einem Produkt erfolgt über mehrere Faktoren. Einer der wichtigsten ist die psychologische Schriftwirkung auf den Betrachter. Daher ist für sie wichtig zu wissen, welche Stimmungen oder Empfindungen durch Lesen einer Schrift beim Leser unbewusst entstehen.

Identifikation mit einem Medienprodukt

Die psychologische Wirkung einer Schrift auf einen Betrachter lässt sich mit Hilfe eines Polaritätsprofils ermitteln. Aus den Aussagen des Polaritätsprofils kann man den Ausdruck und die Wirkung einer Schrift ableiten und damit deren Verwendungsmöglichkeiten in Medienprodukten und bei Präsentationen.

Auf der nächsten Seite ist ein derartiges Polaritätsprofil dargestellt. Aus dieser Darstellung heraus lässt sich ableiten, dass Schriften eine facettenreiche und zum Teil heftige unbewusste emotionale Ausstrahlung auf uns Leser ausüben.

3.1.4 Polaritätsprofile von Schriften

Die drei farbigen Kurven auf der nächsten Seite zeigen die Anmutungsprofile für die drei im Profil genannten Schriften Times, Helvetica und Arial. Diese Schriften

Verschiedene Schriften, die unterschiedliche Wirkungen beim Betrachter auslösen.

Schrift Schrift Schrift Schrift SCHRIFT

Schrift SCHRIFT Schrift *Schrift*

SCHRIFT *Schrift* Schrift Schrift

SCHRIFT, Schrift, *Schrift*...

sind auf allen PCs als Standardschrift installiert und können von Ihnen jederzeit für Präsentationen verwendet werden.

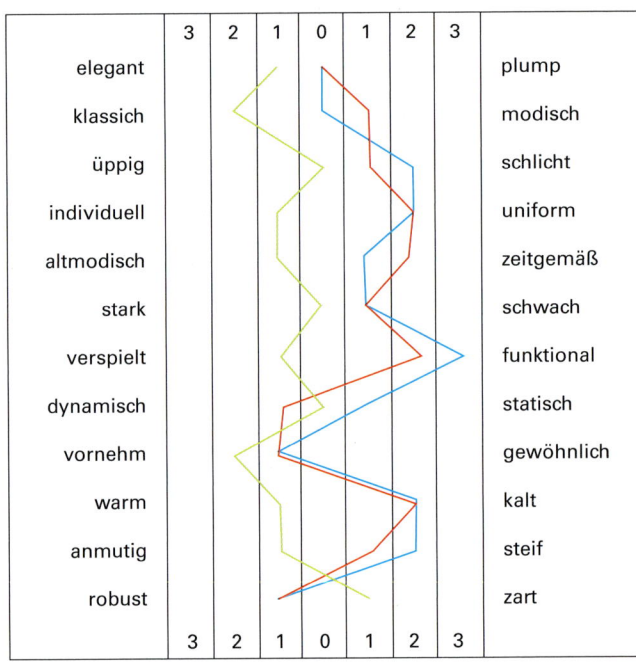

	3	2	1	0	1	2	3	
elegant								plump
klassich								modisch
üppig								schlicht
individuell								uniform
altmodisch								zeitgemäß
stark								schwach
verspielt								funktional
dynamisch								statisch
vornehm								gewöhnlich
warm								kalt
anmutig								steif
robust								zart
	3	2	1	0	1	2	3	

Ausprägungsgrade innerhalb eines Polaritätsprofils für die Bewertung der Emotionalität von Schriften

0 = Weder noch
1 = Mäßig
2 = Deutlich
3 = Besonders

Die Kurven verdeutlichen die Wirkung auf Versuchspersonen. Interessant ist, dass die Schrift Times hauptsächlich die linke Diagrammhälfte besetzt, während Helvetica und Arial überwiegend in der rechten Diagrammhälfte bewertet wurden. Die serifenlosen Schriften wirken also deutlich anders als die Times.

3.1.5 Schrift und Emotionen

43

Wie Sie im vorhergehenden Kapitel gesehen haben, wird mit der Wahl einer Schrift, aber auch mit Schriftgröße und -mischung die Wirkung einer Präsentation festgelegt. Die emotionale Wirkung eines Schriftbildes wird vom Leser unbewusst wahrgenommen. Durch die Emotionalität einer Schrift werden Gedanken, Assoziationen und Emotionen beim Leser ausgelöst. Da Schrift Emotionen auslöst, können Sie dies für jede Präsentation und der damit verbundenen Absicht und Zielsetzung professionell verwenden.

3.1.6 Schrift und Inhalt

Allgemein gilt, dass die Beziehung der Schriftform zum Inhalt des Textes vorhanden sein muss. Diese Beziehung zwischen Inhalt und Form kann sehr unterschiedlich sein. Dazu folgende Beispiele, bei denen Inhalt und Schrift einen zeitlich und stilistisch gemeinsamen Ursprung aufweisen.

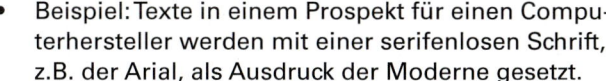

- Beispiel: Goethes klassische Gedichte werden mit einer Antiquaschrift wie z.B. der Times dargestellt.

- Beispiel: Texte in einem Prospekt für einen Computerhersteller werden mit einer serifenlosen Schrift, z.B. der Arial, als Ausdruck der Moderne gesetzt.

- Beispiel: Für die Präsentation einer Burg werden für Headlines gebrochene Schriften z.B. Gotik verwendet, die Lesetexte werden mit der Helvetica gesetzt, um das Lesen zu erleichtern.

Die gewählte Schrift, die daraus resultierende Emotionalität und die erzielte Wirkung kann sehr verschiedenartig sein, sie kann klar übereinstimmen, kann nur andeutend korrespondieren oder Schrift und Wirkung können völlig gegensätzlich sein. Es ist möglich, einen Schriftcharakter so zu wählen, dass der Text dem Autor im Stil verwandt ist, z.B. durch die Entstehungszeit verbunden. Oder die Schriftanmutung hilft, einen Text zu interpretieren und Aussagen optisch zu unterstützen.

Eine Schriftwahl kann auch, losgelöst von solchen Beziehungen, allein die Funktion des Medienproduktes berücksichtigen. Dies ist beispielsweise bei Internetauftritten so, da nur die Systemschriften der PCs die Darstellung einer Website unterstützen.

Außerdem kann die Schriftauswahl für eine Präsentation oder ein Medienprodukt, je nach Alter, Bildungsstruktur und Interessen der Leser, nach werblichen, didaktischen oder technischen Anforderungen gewählt werden. Unten sehen Sie Beispiele zur Wirkung von Schriften. Die Beispiele sind für Sie immer kurz erläutert.

Beispiele zur Schriftwirkung mit Erläuterungen

Links: Mangelhafte Übereinstimmung von Wortinhalt und Schriftaussage.

Rechts: Treffende Übereinstimmung von Wortinhalt und schriftaussage.

Zeitalter der Technik	**Zeitalter der Technik**
Harte Männer	**Harte Männer**
Roheisen und Stahl	**Roheisen und Stahl**
Maschineningenieur	**Maschineningenieur**

Der SS-Staat

Textinhalt und Schrift bilden eine Einheit, um dieser Zeit durch die gebrochene Schrift Ausdruck zu geben.

Einladung zur Hochzeit

Emotion pur – Liebe, Leben und Schwung werden durch die Farbe und Schreibschrift vermittelt.

Bauhaus-Archiv Berlin

Klare sachliche Aussage, Schriftwahl- und Textaussage stimmen durch die Schrift Bauhaus überein.

GRAUSAM
NICHT NUR FÜR MENSCHEN!

Nebulös, unklar, plakativ und provokant wirkt dieser Aufruf eines Plakates gegen den Tiertransport.

DEUTSCHES HISTORISCHES MUSEUM

Klar, neutral, seriös und wertfrei dokumentiert diese Schrift die Aufgabe des Berliner Museums.

3.1.7 Schriftwirkung in Präsentationen

Für Sie ist es wichtig, die Wirkung von Schriften in Präsentationen zu kennen. Nur wenn Sie diese Wirkung einschätzen können, ist es Ihnen möglich, wirkungsvolle Präsentationen aufzubauen.

In den beiden Abbildungen unten erkennen Sie grundlegende Fehler im Präsentationsaufbau: Oben sind verschiedene Schriften gemischt, die in ihrer Wirkung nicht zusammenpassen. Die Schriftfarben, der strukturierte Hintergrund und die Schriftmischung erschweren die Lesbarkeit. Ebenso die Folie unten: Zu viele Informationen werden von zu unterschiedlichen Schrifttypen und -größen dargestellt – die Klarheit und die Struktur der Information fehlt, es fällt schwer, Wichtiges und Unwichtiges zu trennen.

Folie zur Vorstellung eines Referenten am Beginn eines Vortrages. Zu viele unterschiedliche Schriften, Schriftschnitte und Farben ergeben einen unruhigen, wenig professionell wirkenden Einstieg in einen Vortrag.

Zu viel Information auf einer Fläche. Die Raumaufteilung mit der zu klein und kaum lesbaren Navigationsspalte links verwirrt. Der Informationsblock in der Mitte ist mit vielen Schriftschnitten und -graden überfüllt. Die Farben, Linien und Flächen wirken überdimensioniert und verhindern das schnelle Aufnehmen wichtiger Informationen.

Anders in den beiden unteren Beispielen: Sie erkennen eine klare Seitenstruktur mit eindeutig voneinander abgegrenzten Funktionsbereichen. Im oberen Muster ist der Informationsbereich hellgrau unterlegt und der Bild- und Textteil klar getrennt. Der Text ist einheitlich gesetzt und weist passende und stilgerechte Schriftauszeichnungen auf.

Im unteren Beispiel sind die Texte negativ gesetzt, was zu einer guten Lesbarkeit führt. Der im Vortrag aktuelle Text wird rot dargestellt. Durch den roten Kreis wird der Sachbezug während der Präsentation auch optisch hergestellt. Die Seite stellt eine klare Trennung zwischen Bild- und Textteil her.

Beide Seiten weisen einen eindeutigen Bezug zwischen Text und Bild auf und sind für den Betrachter einer Präsentation gut nachvollziehbar.

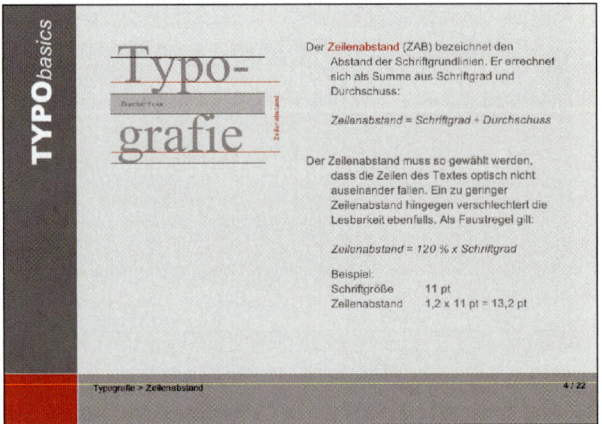

Der Informationsteil dieses Typografievortrages weist eine optisch klare Trennung zwischen Bild und Text auf. Dadurch ergibt sich eine kurze, gut lesbare Zeilenbreite des informierenden Textes. Schlagwörter sind rot hervorgehoben, Formeln werden mit kursiver Schrift dargestellt.

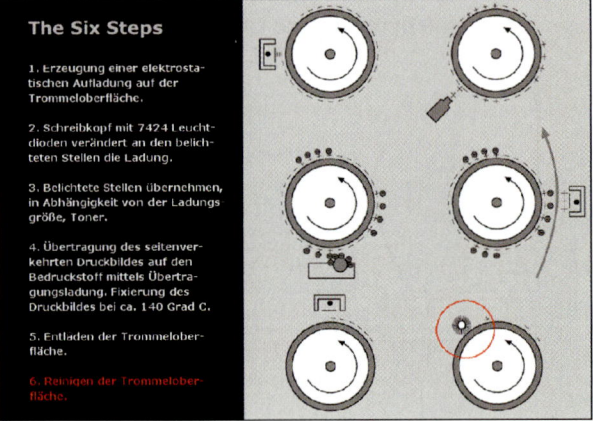

Kurze, gut lesbare Zeilen in negativer Schrift ermöglichen eine schnelle Informationsaufnahme des Textes und einen guten Bezug zu den Bildelementen im rechten Folienteil.

3.2 Typografie

3.2.1 Definition

Unter moderner Typografie verstehen wir im Wesentlichen die Gestaltung aller an Schrift gebundener Medien. Dazu gehört die Gestaltung von Druckwerken, von Internetseiten, CD/DVDs und, für Sie von besonderer Bedeutung, von Präsentationen.

Lesetypografie

Der Gestaltungsprozess bei allen Medien umfasst grundsätzlich die so genannte Lesetypografie, die sich am guten Lesen orientiert. Dazu gehören die Wahl geeigneter Schriften und Schriftgrößen, passende und sachgerechte Auszeichnungen, die eindeutige und übersichtliche Gliederung von Textmengen in kleine, überschaubare Leseeinheiten sowie klare und differenzierte Strukturen der einzelnen Seiten und Kapitel.

Gestaltungsprozess für Präsentationen

Der Gestaltungsprozess der Typografie im Rahmen einer Präsentation umfasst des Weiteren die Anordnung der Schriftblöcke auf einer Präsentationsseite sowie die Einbindung von Abbildungen in das von Ihnen gewählte Seitenlayout. Grundproblem der gestalterischen Typografie ist es, die Spannung zwischen Lesbarkeit sowie ästhetischer und spannungsreicher Gestaltung mit Schrift, Bild, Grafik, Farbe und Flächenaufteilung dem jeweiligen Medium entsprechend umzusetzen.

3.2.2 Typografische Grundbegriffe

Bis heute werden für Schriften die Fachbegriffe aus dem früheren Beruf des Schriftsetzers verwendet. Großbuchstaben werden als Versalien, Kleinbuchstaben als Gemeine bezeichnet. Die Höhe der Buchstaben wird durch ihre Ober-, Mittel- und Unterlänge beschrieben. Der Schriftgrad ist die Summe dieser drei Längenmaße. Die Abbildung unten zeigt diese Zusammenhänge.

Der Schriftgrad (Schriftgröße) wird üblicherweise in Punkt (pt) angegeben. Die Schriftgrößen, die der PC als Standardgröße anbietet, sind 6 pt, 8 pt bis 12 pt, 14 pt, 18 pt, 24 pt, 28 pt, 30 pt, 36 pt, 48 pt, 60 pt und 72 pt. Der PC lässt aber sämtliche Zwischengrößen zu, wobei die Angabe in Millimeter ebenso möglich ist.

3.2.3 Schriftklassen

Antiquaschrift
Die Ursprünge dieser Schriften gehen auf die römische Kapitalis zurück. Der Strichkontrast ist zum Teil deutlich ausgeprägt und vor allem bei Versalien gut erkennbar. Unter dem Strichkontrast versteht man den Unterschied zwischen den dicken Grundstrichen und den dünnen Haarstrichen einer Schrift. Dies ist unten am Buchstaben „H" und am „o" gut erkennbar.

Durch die Serifen, also die kleinen Querstriche an den Buchstabenenden, wird eine gute Lesbarkeit bei Mengentexten erreicht, der Wortzusammenhang wird dadurch optisch sehr deutlich. Die Schriften werden zumeist für größere Textmengen wie z.B. Bücher und Zeitungen verwendet. Für Präsentationen sind sie vor allem als Headlines geeignet.

Ausschnitt aus einer römischen Schrifttafel mit der römischen Kapitalis

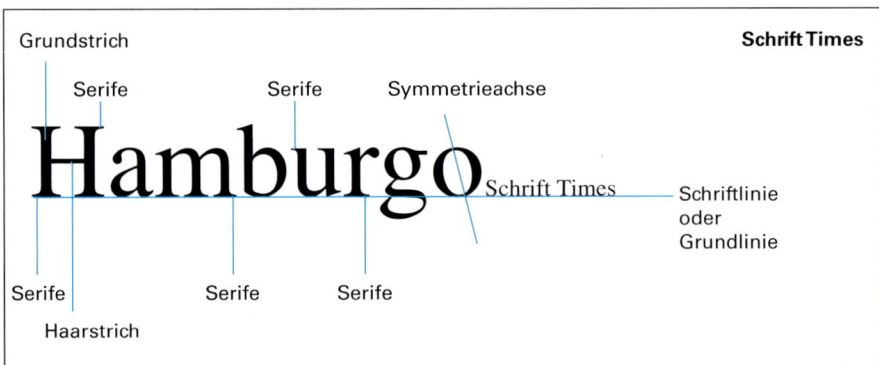

Die Schrift Times wird hier in der Größe 40 pt und der Größe 9 pt dargestellt. Alle Schriften orientieren sich immer an der im Bild blauen Schriftlinie oder Grundlinie. Dadurch ist der Satz verschiedener Schriftgrade in einer Zeile immer problemlos möglich.

Groteskschrift

Hierbei handelt es sich um Schriften mit einem geringen Strichkontrast ohne Serifen. Dies bedeutet, dass
alle Schriftelemente die nahezu gleiche Strichstärke
aufweisen. Unten ist dies gut erkennbar.

Groteskschriften wirken modern und fortschrittlich,
sie weisen auch in kleinen Schriftgraden eine gute
Lesbarkeit an Bildschirmen und bei Projektionen mittels
Beamer auf. Für Bildschirmdarstellungen sind spezielle
Screenfonts zumeist auf der Basis der serifenlosen Gro-
teskschriften entwickelt worden.

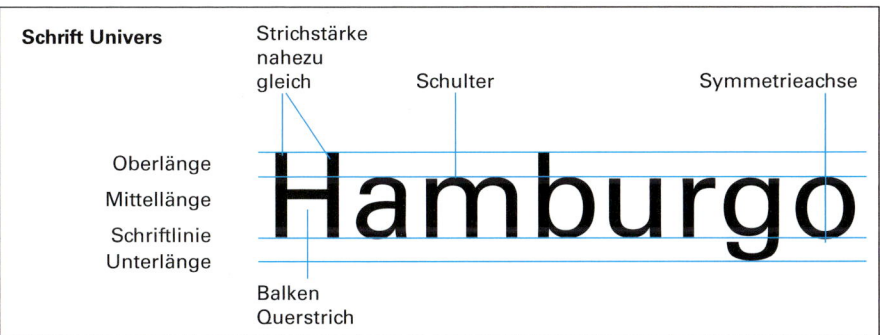

Schrift Univers		
	Strichstärke nahezu gleich	Schulter	Symmetrieachse
Oberlänge		
Mittellänge	**Hamburgo**	
Schriftlinie		
Unterlänge		
	Balken Querstrich	

Die Schrift Univers, also die Schrift dieses Buches, wird
oben in der Größe 44 pt dargestellt. Die Univers weist
eine moderne Anmutung auf. Sie ist in großen und
kleinen Schriftgraden gut lesbar, sollte aber keine zu
breiten Satzspalten aufweisen. Wegen der fehlenden
Serifen der Schrift würde dadurch die Lesbarkeit einer
Textspalte etwas reduziert.

Figuren und Benennungen

Wahrscheinlich sind Ihnen nicht alle so genannten
Figuren innerhalb eines Schriftalphabetes bekannt.
Figuren sind Groß- und Kleinbuchstaben, Umlaute,
KAPITÄLCHEN, Zeichen, Ziffern, Symbole, mathematische
Symbole, Währungszeichen und Akzente.

- GROSSBUCHSTABEN
- kleinbuchstaben
- KAPITÄLCHEN
- Satzzeichen: ,-?!„ ";–
- Umlaute: ÄÜÖäüö

- Ziffern: 1234❹⑦½
- Mathe. Zeichen: +=<>
- Währungszeichen: $£€
- Symbole: ©®✎✚
- Akzente: áâøè

3.2.4 Schriftschnitte

Die waagrechte Reihe zeigt die Schriftbreiten, die senk-
rechte Reihe die Schriftstärken am Beispiel der Schrift
„Univers" an. Die verschiedenen Namensbezeich-
nungen sind verwirrend und haben ihren Ursprung in
den unterschiedlichen Herkunftsländern. Für Sie wichtig
zu wissen ist, dass es nicht bei allen Schriften alle
Schriftschnitte und -bezeichnungen gibt.

Schriftstärke

Schriftbeispiel
Univers

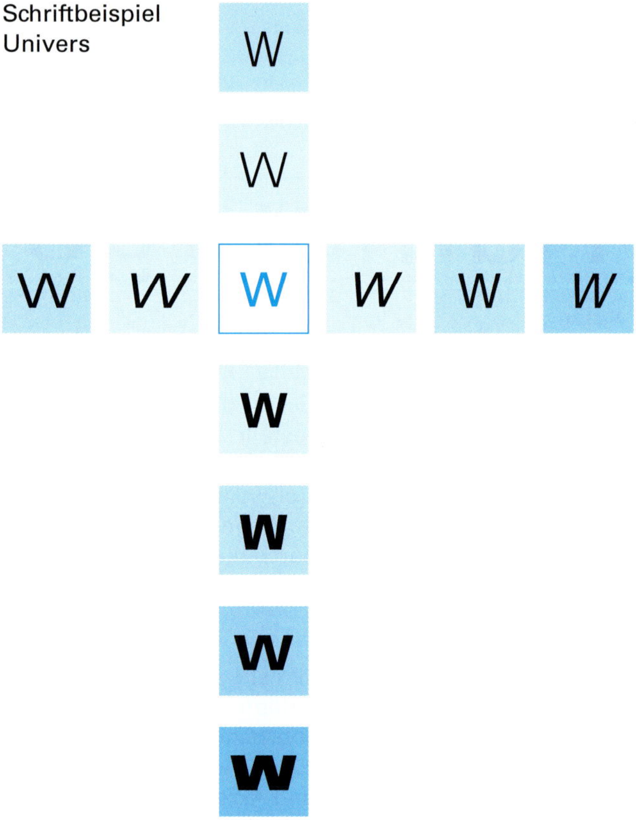

W

extraleicht
mager
extra light

W

leicht
mager
light

W   W   W   W   W   W

normal
roman
regular

W

halbfett
medium
semi bold

W

dreiviertelfett
demi bold
bold oder black

W

bold extended
black extended

W

fett
extra bold
extra black exten-
ded

| breit / extended / expanded | breit kursiv / breit schräg / extended italic / extended oblique | normal / regular | normal kursiv / normal italic / normal oblique / regular italic | schmal / condensed | schmal kursiv / schmal italic / condensed italic / condensed oblique | **Schriftbreiten** |

3.2.5 Schriftauszeichnungen

Unter dem Begriff der Auszeichnung versteht man das Hervorheben einzelner oder auch mehrerer Wörter in einem Text. Dazu können Sie verschiedene Möglichkeiten einsetzen, die unterschiedliche Wirkungen auf das Schriftbild und auf die Lesbarkeit eines Textes haben. Im Einzelnen sind zu nennen:

Darstellung der typografischen Auszeichnungsmöglichkeiten, die bei den meisten Präsentations- und Textverarbeitungsprogrammen zur Verfügung stehen.

Kursiv	VERSALIEN
Größerer Schriftgrad	Kapitälchen
	Unterstrichen
Halbfett	
Fett	~~Doppelt~~ und
	~~einfach~~ durch-
Andere Farbe	gestrichen
Andere Schriftart	Buchstaben hoch
S p e r r e n	Buchstaben tief

Eine erkennbare Auszeichnung ist kursiv, da sich diese optisch gut in einen Text einpasst, dabei aber sehr gut erkennbar ist. Allerdings sollte eine kursive Auszeichnung nicht für Bildschirmpräsentationen verwendet werden, da bei den schräg laufenden Buchstaben deutliche Pixelstrukturen am Monitor oder Beamer erkennbar sind. Fette oder farbige Auszeichnungen heben ein Wort im Text sehr stark hervor. Unterstreichungen sollten Sie möglichst nicht verwenden, da sie im Text optisch nicht gut wirken und außerdem üblicherweise für die Darstellung von „Links" ins Internet reserviert sind.

3.2.6 Schriftmischung

Schriftfamilie
Die einfachste Art der Schriftmischung ist die Verwendung der Schriftvarianten aus einer Schriftfamilie. Unter
einer Schriftfamilie verstehen wir alle Schriftschnitte
innerhalb einer Schrift wie z.B. der Schrift Arial. Die
unten abgebildete Schriftfamilie zeigt Ihnen alle verfügbaren Schriftschnitte der Schriftfamilie Arial. Alle diese
Schriftschnitte können miteinander kombiniert werden
– genau zu diesem Zweck sind diese Schriftschnitte vom
Schriftkünstler entworfen worden.

Schriftfamilie Arial		
	Arial Regular	9 pt
	Arial Italic	*9 pt*
	Arial Bold	**9 pt**
	Arial Bold Italic	***9 pt***
	Arial Black	**9 pt**
	Arial Narrow	9 pt
	Arial Narrow Italic	*9 pt*
	Arial Narrow Bold	**9 pt**
	Arial Narrow Bold Italic	***9 pt***
	Arial Rounded MT Bold	9 pt

Schriftfamilie Arial
Alle Schriftschnitte
dieser Schriftfamilie
können miteinander
kombiniert werden.

Mischungsregeln
Bei der Erstellung einer Präsentation kann es vorkommen, dass Sie verschiedene Schriften bzw. Schriftschnitte miteinander kombinieren müssen, um Hervorhebungen und Verdeutlichungen besser darzustellen.
Denkbar ist, dass Sie eine Schrift gewählt haben, die
eine kleine Schriftfamilie aufweist, oder Sie haben die
entsprechenden Schriften nicht auf Ihrem PC installiert.

    Um Unterscheidungen gut und deutlich darzustel-
len, sollten Sie folgende grundsätzliche Regeln beachten, um gut wirkende Schriftmischungen zu erhalten:

- Die Schriftschnitte einer Schriftfamilie dürfen miteinander kombiniert werden. Für den Zweck der Schriftmischung und der damit verbundenen Textauszeich-
  nung sind die verschiedenen Schriftschnitte gedacht.
- Eine Präsentation kommt mit wenig Schriften aus.
  Zwei, maximal drei Schriften sind vertretbar. Mehr
  Schriften ergeben schlechte Lesbarkeit und Unruhe.

3.2.7 Schriftgrad

Die Schriftgröße oder der Schriftgrad beeinflusst die Lesbarkeit eines Textes maßgeblich. Die Wahl des Schriftgrades hängt vom Format des Mediums, von der Schrift und vom Anwendungszweck ab. Verwenden Sie die folgenden Größenvorgaben für Ihre Grundschrift:

- Grundschrift   9 – 11 pt für DIN-A-5-Format
- Grundschrift   9 – 12 pt für DIN-A-4-Format
- Grundschrift 10 – 14 pt für Websites
- Grundschrift 14 – 20 pt für Präsentationen

Der Schriftgrad sollte nach neuer Norm immer in Millimeter angegeben werden. Die Angabe in Punkt (pt) ist aber weiterhin üblich, da alle PC-Systeme die Angabe der Schriftgröße weiter so anbieten.

Unter der Grundschrift wird der Lesetext mit der größten Menge auf einer Seite einer Präsentation verstanden. Eine Grundschrift sollte niemals unter den oben angegebenen Größen gesetzt werden.

Überschriften werden in größeren Schriftgraden gesetzt. Für Bildunterschriften, Marginalien (Randbemerkungen) und Fußnoten sind kleinere Schriftgrade erforderlich. Beachten Sie, dass für Bildschirmdarstellungen Schriftgrade unter 9 pt nicht mehr lesbar sind.

3.2.8 Zeilenabstand

Als Zeilenabstand wird der vertikale Abstand von Schriftlinie zu Schriftlinie bezeichnet. In der Abbildung ist dieser Abstand durch die Ziffer 2 markiert. Der Zeilendurchschuss, der die Zeilen auseinandertreibt, ist mit der Ziffer 1 ausgezeichnet.

Durch den blauen Balken ist der vertikale Abstand von der Schriftunterkante (Unterlänge) bis zur nächsten Schriftoberkante verdeutlicht. Der Zeilenabstand (ZAB) errechnet sich immer als Summe von Schriftgrad und Durchschuss.

Der Zeilenabstand muss so gewählt werden, dass die Zeilen eines Textes optisch nicht auseinanderfallen.

Typografischer Zeilenabstand   1 2

1 = Durchschuss
2 = Zeilenabstand
    von Schriftlinie
    zu Schriftline

Drei Screens einer Präsentation über Whiskas Katzenfutter. Der Vortragende referierte zur Markteinführung dieser Werbemaßnahme mit dieser Präsentation vor etwa 800 Personen. Grundidee des Präsentationsdesigns: Die markentypische Farbe bestimmt das Grundaussehen der Präsentation. Die Darstellung der Fakten und Zahlen muss mit visuell reizvollen, dem Thema entsprechenden Bildern und Grafiken aufgebaut werden. Die einzelnen Seiten weisen eine reduzierte Textgestaltung auf. Als Schrift wird der markentypische Schriftschnitt in gut lesbarer Größe mit klar abgesetzten linksbündigen Texten verwendet. Die Grafiken weisen einen typischen Bezug zum Produkt auf. Bei Produktdarstellungen wechselt die Hintergrundfarbe zu Weiß und die Schriftfarbe zur Markenfarbe. Die Bilder werden als Aufmacher für die einzelnen Seiten verwendet und dienen gleichzeitig als Sympathieträger für die Präsentation und für das Produkt.

Quelle: Michael Aeppli Präsentationserfolg CH-8706 Meilen

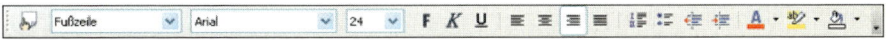

Satzarten
Die Abbildung zeigt
die typische Darstel-
lung der Satzarten
bei nahezu allen Pro-
grammen mit Textver-
arbeitungsfunktion.
Die Satzart „Flatter-
satz rechtsbündig"
ist in der Bildmitte
gerade aktiviert.

3.2.9 Satzarten

Die Satzart bestimmt das Erscheinungsbild hinsichtlich
der Ausrichtung des Textes auf den Rand des Satzspiegels. Wir kennen vier Satzarten:

- Blocksatz
- Flattersatz linksbündig
- Flattersatz rechtsbündig
- Mittelachsensatz

Blocksatz
Alle Zeilen sind gleich lang. Die Wortabstände verändern sich so,dass die Satzkante des Textes links und
rechts bündig zum Rand steht. Blocksatz dürfen Sie
bei weniger als 45 Zeichen pro Zeile nicht nutzen, da
große weiße optische Löcher entstehen, wenn sich zu
wenig Wortzwischenräume ergeben. In diesem Fall
ist dann der Flattersatz anzuwenden. Mehr als drei
Trennungen in Folge sind nicht zugelassen, um eine
optisch unschöne recht Randlinie zu vermeiden.

Wird der Blocksatz für größere Textmengen bei einer
Drucksache verwendet, müssen Sie Folgendes beachten: Eine gut lesbare Zeilenbreite liegt zwischen 45 bis
75 Buchstaben pro Zeile. Für schmale Spalten unter 45
Zeichen ist der Blocksatz grundsätzlich nicht geeignet.

Blocksatz wird bei Buch- oder Zeitschriftentext verwendet. Für Präsentationen bietet er sich nicht an, da er
in Präsentationsprogrammen nicht gut erstellt wird.

Unsere Empfehlung
Da die Textmenge pro Seite (Screen) üblicherweise nicht
allzu groß ist und die Schriftgröße bei Präsentationen
gut lesbar gewählt werden muss, ist der Blocksatz in
aller Regel ungeeignet.

Flattersatz linksbündig/rechtsbündig
Beim Flattersatz steht entweder die linke (linksbündiger
Flattersatz) oder die rechte Satzkante (rechtsbündiger
Flattersatz) bündig zum Rand. Notwendige Worttrennungen lassen sie dem Inhalt und dem Leserhythmus
des Textes folgen. Die Wortabstände sind beim Flattersatz immer gleich groß und betragen etwa 1/3 der

Schriftgröße. Dies ist in den Voreinstellungen üblicherweise so vorgegeben und Sie sollten dies nicht ändern.

Beim Satz sollten unbedingt optische Treppen in
der Flatterzone vermieden werden. Flattersatz ermöglicht etwa 15 % weniger Textmenge als der Blocksatz.
Achten Sie darauf, dass nur möglichst wenige Silben-
trennungen vorkommen, gleichzeitig aber ein schöner
optischer Auslauf am Flatterrand erreicht wird.

Unsere Empfehlung
Der linksbündige Flattersatz ist die für Präsentationen
am besten geeignete Satzart. Leser erkennen links
einen klaren Satzanfang, Absatz- und Gliederungsstruk-
turen sind leicht zu finden und die Lesbarkeit ist gut.
Auch bei der Kombination mit Bild und Grafik entstehen
keine Konflikte, da eine klare Trennung zwischen den
verschiedenen Präsentationselementen gut darstellbar
ist. Rechtsbündiger Flattersatz ist für die meisten Präsentationen ungeeignet, da sich die Zeilenanfänge auf
der linken Seite dauernd verschieben. Der Betrachter
wird nach wenigen Versuchen das Lesen aufgeben.

Mittelachsensatz
Satzachse ist die Mitte und die einzelnen Zeilen werden
symmetrisch an einer fiktiven Mittelachse ausgerichtet.
Die einzelnen Zeilen flattern rhythmisch nach links und
rechts. Die Zeilenfolge ist z.B. kurz, mittel, kurz, lang.
Eine Orientierung für den Satz kann für Sie der Sinnzusammenhang eines Textes sein. Diese Satzart erfordert
von Ihnen daher eine Orientierung am Inhalt, damit
der Sinnzusammenhang beim Lesen erfasst wird. Die
Lesbarkeit ist schlecht. Selbst geübte Leser sind beim
Mittelachsensatz in ihrer Lesegeschwindigkeit reduziert.

Der „Mittelachsensatz" bzw. „Mittelachssatz" wird
auch „axialer Satz" oder „symmetrischer Satz" genannt. Umgangssprachlich wird der Mittelachssatz auch
als „zentrierter Satz" bezeichnet, in manchen Gegenden
ist auch der Begriff „gemittelter Satz" gebräuchlich.

Unsere Empfehlung
Mittelachsensatz sollten Sie nicht für große Textmengen
verwenden, er eignet sich nur für kurze Textgruppen.
Verwenden Sie diese Satzart bei Überschriften, kurzen
Texten sowie bei Literatur- und Gedichtdarstellungen.

Blocksatz
Deutlich sind die optischen „Löcher" erkennbar, die bei größeren Textmegen zu Lesehemmungen führen. Der Blocksatz verursacht unschöne Trennungen im Text. Dies ist im nebenstehenden Beispiel gut erkennbar.

„Wer immer strebend sich bemüht, den können wir erlösen..."

Die Arbeit an „Faust" umfaßt den jungen Johann Wolfgang von Goethe der Rebellion gegen die Ständegesellschaft (seit 1774) bis hin zur Altersweisheit des sich als historisch empfindenden Weltbürgers und Universalgelehrten.

Flattersatz
Die immer gleichen Wortabstände erleichtern das Lesen, ebenso die geringere Anzahl an Worttrennungen. Vor allem bei Präsentationen ist diese Satzart allen anderen deutlich überlegen und gewährleistet eine optimale Lesbarkeit. Allerdings muss die Wahl der Schrift und die Schriftgröße dieses unterstützen.

„Wer immer strebend sich bemüht, den können wir erlösen..."

Die Arbeit an „Faust" umfaßt den jungen Johann Wolfgang von Goethe der Rebellion gegen die Ständegesellschaft (seit 1774) bis hin zur Altersweisheit des sich als historisch empfindenden Weltbürgers und Universalgelehrten.

Mittelachsensatz
Die dauernd wechselnden Zeilenanfänge erschweren das Lesen. Im abgebildeten Beispiel ist dies bei den wenigen Zeilen noch erträglich, aber stellen Sie sich diese Satzart bei größeren Textmengen vor – das ist für den Leser nicht zumutbar.

„Wer immer strebend sich bemüht, den können wir erlösen..."

Die Arbeit an „Faust" umfaßt den jungen Johann Wolfgang von Goethe der Rebellion gegen die Ständegesellschaft (seit 1774) bis hin zur Altersweisheit des sich als historisch empfindenden Weltbürgers und Universalgelehrten.

3.2.10 Zeilenbreite und Lesbarkeit

„Lesen bedeutet arbeiten" – ein alter Lehrsatz für alle Gestalter, den Sie unbedingt berücksichtigen müssen. Ziel aller Präsentationsgestaltung muss für Sie immer sein, eine gute Lesbarkeit für die Informationsübermittlung an die Zielgruppe zu erreichen. Dazu gehört neben der Wahl der Schrift, der Schriftgröße, der Satzart und des richtigen Zeilenabstandes vor allem auch das Anlegen der richtigen Satzbreite.

Ihr Leser muss einen Text mühelos, schnell und ermüdungsfrei erfassen können. Aus Untersuchungen kennt man die Bedingungen, die gutes, effektives und nachhaltiges Lesen und Lernen ermöglichen. Die wichtigste Bedingung ist die Buchstabenanzahl. Bei gedruckten Medien liegt die für das sichere und schnelle Lesen optimale Buchstabenzahl bei etwa 55 Buchstaben pro Zeile, bezogen auf eine 10-pt-Schrift. Weniger als 45 Buchstaben ergeben vor allem beim Blocksatz Probleme beim Erfassen des Textes, da die Wortabstände unterschiedlich groß sind.

Insbesondere bei projizierten Präsentationen verringert sich die Buchstabenzahl pro Zeile, je größer der notwendige Schriftgrad wird. Daher sollten Sie sich hier an der erforderlichen Schriftgröße orientieren, die Sie für Ihre Präsentation benötigen. Einen Überblick über die richtigen Schriftgrößen für Beamerpräsentationen erhalten Sie in der Tabelle auf Seite 66.

66

Unsere Empfehlung

- Die Anzahl der Buchstaben pro Zeile darf bei gedruckten Präsentationen bei etwa 40 bis 55 Buchstaben liegen, bezogen auf eine 10-pt-Schrift.
- Die Anzahl der Buchstaben pro Zeile darf bei projizierten Präsentationen bei etwa 35 Buchstaben liegen, bezogen auf eine Schriftgröße zwischen 18 pt bis 20 pt.

3.2.11 Typografieregeln

- Sie müssen für Texte gut lesbare Schriften verwenden. Gut lesbare Serifenschriften für größere Textmengen sind z.B. die Times, Garamond oder Palatino. Geeignete serifenlose Schriften sind die Akzidenz-Grotesk, Helvetica, Arial und Univers.
- Sie dürfen keine zu großen Wortabstände verwenden. Dies gilt vor allem für den Blocksatz. Zu große Lücken behindern das Lesen, sie verlangsamen und stören den Lesefluss deutlich.
- Verwenden Sie keinen Blocksatz bei Präsentationen, die Lesbarkeit ist schlecht.
- Nutzen Sie die optimale Lesebreite für Printmedien von etwa 50 bis 60 Buchstaben pro Zeile, bezogen auf eine 10-pt-Schrift. Diese Textmenge kann sicher und leicht erfasst werden, ohne dass beim Lesen die Zeilenfixierung verloren geht. Dies gilt nur für gedruckte Medienarten.
- Nutzen Sie die optimale Lesebreite für Präsentationen von etwa 35 Buchstaben pro Zeile, bezogen auf 18-pt- bis 20-pt-Schriften. Diese Textmenge kann bei einer Projektion noch sicher erfasst werden, ohne dass beim Lesen die Zeilenfixierung verloren geht.
- Zeilen mit weniger als 30 Buchstaben erfordern eine hohe Zahl an Trennungen, ergeben kein schönes Satzbild und sind schwer lesbar.
- Zeilen mit mehr als 60 Buchstaben werden am Monitor als zu lang empfunden und gar nicht gelesen. Wenn gelesen wird, besteht die Gefahr, dass das Auge beim Lesen in der Zeile verrutscht und in die darüber oder darunter liegende Zeile gerät – der Lesefluss ist erheblich gestört.
- Erleichtern Sie Ihrem Leser durch eine geeignete Satzart und durch Einzüge die Fixierung auf die notwendigen Bezugspunkte im Textblock, um ein müheloses Lesen zu ermöglichen.

3.3 Schriften für Präsentationen

3.3.1 Schriftauswahl

Die Schriftauswahl, vor allem für digitale Präsentationen, ist zum Teil deutlich eingeschränkt. Programme wie z.B. Impress oder PowerPoint binden Schriften üblicherweise nicht ein. Gleiches gilt für HTML-basierte Präsentationen. Bei derartigen Arbeiten müssen Sie als Gestalter auf die verfügbaren Systemschriften Ihres PCs zurückgreifen.

Viele Präsentationen verwenden die auf jedem PC und Macintosh vorhandene Schriften „Arial" und „Verdana". Diese Schriften wirken modern und es sind gut lesbare serifenlose Schriften. Wie im Kapitel 3.2.6 bereits dargestellt, verfügt die Arial über eine große Bandbreite an Schriftschnitten, die für Auszeichnungen zur Verfügung stehen. Damit ist diese Schrift sowohl für projizierte wie auch gedruckte Präsentationen sehr gut geeignet. Für die Verdana gilt im Prinzip das Gleiche, wobei die Anzahl der Schriftschnitte etwas geringer und die Eignung als Monitorschrift besser ist.

☞ 54

Eine bei vielen Präsentationen genutzte Schrift ist die Courier. Eine Schrift, die den alten Schreibmaschinenschriften nachempfunden wurde. Die breit laufende, gefällige Schrift ist bei großen Textmengen schlecht lesbar und benötigt viel Raum auf einer Seite. Sie wird aber häufig für Headlines verwendet und ist hier durchaus effektvoll einzusetzen.

Comic Sans ist, wie der Name schon ausdrückt, eine comicartige Schreibschrift. Sie wurde für die Verwendung der Sprechblasen in der Microsoft-Software „3D

Arial Regular, *Arial Italic*, **Arial Bold,**
Arial Bold Italic

Verdana Regular, *Verdana italic,*
Verdana Bold, *Verdana Bold Italic*

Trebuchet Regular, *Trebuchet Italic*
Trebuchet Bold, ***Trebuchet Bold Italic***

Präsentationsschriften
Für Präsentationen gut geeignete Systemschriften eines PC. In der Projektion mittels PC und Beamer ist, zumindest nach Meinung der Autoren, die Trebuchet erste Wahl.

Movie Maker" entwickelt. Die Lesbarkeit der Schrift ist bei geringeren Textmengen gegeben, für größere Textblöcke ist die Schrift nicht geeignet, da sie hier sehr unruhig wirkt und dadurch die Lesbarkeit extrem negativ beeinflusst wird. Die Schrift gehört, trotz ihrer schlechten Lesbarkeit, zu den Systemschriften unter Windows und Mac OS.

Bei professionelle Designern ist die Comic Sans eher verpönt, da die Schrift von Laien oft übermäßig und in unangemessener Form verwendet wird. Bei Apple-PCs mit dem Betriebssystem Mac OS X gibt es neben der Comic Sans die zum Verwechseln ähnliche Schrift Chalkboard.

Bei der Entwicklung der Trebuchet MS wurde sehr gute Arbeit geleistet. Die Schrift ist eine relativ schmale Groteskschrift mit mehr Charme und individuelleren Formen als Arial oder Verdana. Sie besitzt eine Kursive, was für serifenlose Schriften eine Besonderheit darstellt. Sie sollten bei der Trebuchet MS mit dem Schriftgrad aufpassen: Wenn Sie eine Schriftgröße unter 12 Punkt verwenden, kann die Darstellung ziemlich schlecht aussehen, da die Buchstabenzwischenräume z.B. beim kleinen „a" und „e" nicht mehr offen erscheinen. Für Texte ab 12 pt und Überschriften ist die Trebuchet jedoch in jedem Falle eine gute Wahl. Leider wird sie selten verwendet, obwohl sie eine sehr gute Lesbarkeit aufweist und modern wirkt.

Times Regular
Times Italic
Times Bold
***Times Bold-
Italic***

Die Times ist Standardschriftart aller Microsoft- und Macintosh-Betriebssysteme. Die Lesbarkeit bei gedruckten Texten ist bei einer Serifenschrift besser als bei einer serifenlosen Schrift. Auf dem Bildschirm verhält es sich genau umgekehrt, hier sind serifenlose Schriften wie z.B. Arial besser lesbar. Die Times sollte also bei monitorbasierten Präsentationen nur als Headline Verwendung finden.

Unsere Empfehlung
- Für digitale und projizierte Präsentationen verwenden Sie die Tretbuchet, Verdana oder Arial für den Grundtext, für Headlines die Times oder, wenn es sein muss, die Courier, niemals die unprofessionelle Comic Sans.
- Für Präsentationsmappen, gedruckte Plakate oder große Textmengen ist die Times wegen ihrer guten Lesbarkeit erste Wahl.

3.3.2 Schriftverwendung am Monitor

Niemand liest gerne und lange vor dem Monitor, was wichtig erscheint, wird ausgedruckt. Wir alle kennen dieses Phänomen – aber warum ist dies so? Der Grund hierfür ist eine geringe Auflösung des Monitors. Das lange starre Betrachten der leuchtenden Fläche mit Text strengt die Augen an. Der Lidschlag des Auges reduziert sich, nach einiger Zeit fangen sie an zu tränen und zu brennen. All dies sind Gründe, auf die Bildschirm- und Projektionstypografie einzugehen.

Positive Schrift

Der Bildschirm ist ein Strahler, der Schriften durch Überstrahlung verändert. Positive, also schwarze Schriften wirken auf hellem Hintergrund ❶ mager. Negative, also weiße Schriften auf dunklem Hintergrund wirken ❷ fetter. Daher müssen positive Schriften für Monitor- und Projektionsdarstellungen etwas größer gehalten werden, als wir dies von bedrucktem Papier her gewohnt sind.

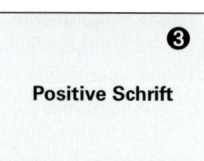

Negative Schrift

Ein weiteres Problem ist der helle Bildschirmhintergrund. Wenn Sie in diese helle Lichtquelle lang hineinschauen, strengt dies Ihr Auge ungeheuer an. Daher sollten Sie den Schrifthintergrund leicht getönt halten. Günstig für das Lesen sind leichte Grautöne ❸, farbige oder strukturierte Hintergründe verderben den Spaß am Lesen sehr schnell. Negative Schriften können verwendet werden, allerdings nicht für große Textmengen.

Positive Schrift

Der richtige Lesehintergrund für Ihre Präsentation...

Unsere Empfehlung
Als Schriftgröße sollten Sie mindestens 12 Punkt verwenden, besser sind 14 bis 20 Punkt. Der Zeilenabstand kann etwas vergrößert werden – dies erleichtert Ihren Lesern die Texterkennung und das Lesen.

Je länger die Zeilen am Monitor sind, umso größer sollte der Zeilenabstand sein. Die maximale Buchstabenzahl einer Monitorpräsentation liegt bei 30 bis 35 Zeichen oder bei etwa sechs bis zehn Wörtern. Alles, was darüber hinausgehts ist nicht mehr leicht lesbar!

Bei einer Bildschirmpräsentation soll der Betrachter schnell, knapp, aber vollständig über ein Thema informiert werden. Dies wird durch eine Informationsaufbereitung unterstützt, die kurz, deutlich und klar gegliedert Sachverhalte weitergibt. Dies wird durch Sie unterstützt, indem Sie sich für Ihre Präsentation eine zum Thema geeignete, gut lesbare Schrift auswählen.

Regeln zur Schriftverwendung am Monitor

- Serifenschriften sind bei kleinen Schriftgraden
  für das Lesen am Monitor nicht geeignet, da die
  „grobe" Monitorauflösung die Schriftdarstellung
  verfälscht.
- Dies gilt auch für alle kursiven Schriften.
- Schräg gestellte Buchstaben werden in kleinen
  Schriftgraden durch die Treppenwirkung am Monitor
  und bei einer Projektion unleserlich.
- Serifenlose Schriften sind, mit Ausnahme der
  schmalen und kursiven Schriftschnitte, den Serifenschriften vorzuziehen, da sie deutlich besser lesbar
  sind.
- Verwenden Sie screenoptimierte Schriften, die auch
  für die Projektionsdarstellung gut geeignet sind.
- Verwenden Sie Serifen- und Kursivschriften nur bei
  größeren Schriftgraden, da Serifen nur bei Größen
  über 16 Punkt in vertretbarer Qualität dargestellt
  werden. Dies gilt vor allem für Projektionen mit
  Beamern mittlerer Qualität.
- Bei Mengentexten sollten Sie einen Schriftgrad
  zwischen 12 und 16 Punkt verwenden, damit die
  Lesbarkeit erleichtert wird.
- Die Zeilenlänge Ihres Textes am Monitor sollte 35
  Zeichen nicht überschreiten. Längere Zeilen werden
  nicht gelesen.
- Sechs bis zehn Wörter pro Zeile sind für die Monitor-
  projektion genug, das entspricht etwa 35 Zeichen.
- Die Schriftauswahl ist für digitale Präsentationen
  deutlich eingeschränkt. Wenn Sie sicher gehen
  wollen, dass Ihre Präsentation auf jedem PC eine
  gute Darstellung aufweist, verwenden Sie nur die
  standardmäßigen Systemschriften.
- Für HTML-basierte Präsentationen gilt: Wenn Sie Ihre
  Präsentation mit jedem Standardbrowser gut darstellen wollen, dürfen Sie nur Schriften verwenden,
  die auf jedem PC immer installiert sind.

3.3.3 Schriftgrößen bei projizierten Präsentationen

Bei der Erstellung von digitalen Präsentationen, die mit Hilfe eines Beamers auf eine große Fläche projiziert werden sollen, muss bereits bei der Planung die Lesbarkeit der Präsentation berücksichtigt werden.

Dazu folgende Überlegung: Sie sitzen vor Ihrem Computermonitor mit einem Leseabstand von etwa 50 cm. Der Computermonitor weist ein Format von 1024 x 768 Pixeln (etwa 30 x 23 cm) auf. Sie setzen am Monitor eine Schriftgröße von 10 Punkt. Ihre Buchstaben sind am Monitor also 0,353 cm hoch und damit durchaus noch ordentlich lesbar.

1 pt = 0,3528 mm

Die Projektion Ihrer Schrift erfolgt in einem Abstand von 5 m. Die Projektionsfläche ist 240 x 180 cm groß. Die sich daraus ergebende Schriftgröße in der Projektion ist im Schaubild unten dargestellt.

Projektionsumsetzung

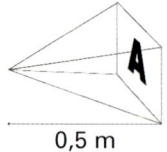

0,5 m

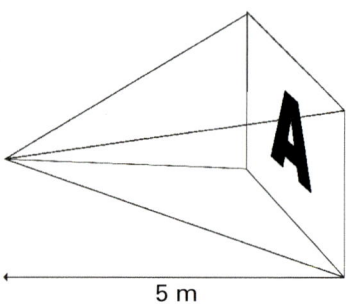

5 m

Situation Monitor:

Abstand
Leser – Monitor: 0,5 m
Format: 1024 px x 768 px
Schriftgröße: 10 pt = 0,353 cm

Situation Projektion:

Abstand
Leser – Projektionsfläche: 5 m
Format: 240 cm x 180 cm
Schriftgröße: $\dfrac{768 \text{ px} \times 3,53 \text{ cm}}{180 \text{ cm}}$
= 15 px bzw. pt

Erkenntnis: Eine 15-pt-Schrift wirkt aus einem Abstand von 5 m etwa wie eine 10-pt-Schrift aus 0,5 m Abstand.

Die untenstehende Tabelle verdeutlicht den Zusammen-
hang zwischen der Schriftgröße, die für eine Präsentation auf dem Monitor z.B. in PowerPoint zu setzen ist,
und einem vorgegebenen Abstand, um eine gut lesbare
Schriftgröße zu erhalten. Die Tabelle zeigt, wie die zu
wählende Schriftgröße an den Betrachtungsabstand
angepasst wird. Die Beispiele verdeutlichen den Zusam-
menhang:

- Eine Schrift muss 30 pt groß sein, damit sie aus
  10 m Entfernung wie ein 10-pt-Schrift auf der Pro-
  jektsfläche wirkt.
- Soll eine Schrift wie eine 12-pt-Schrift bei einem
  Projektionsabstand von 12,5 m wirken, muss als
  Schriftgrad 45 pt gewählt werden.

Abstand der Projektionsfläche (240 cm x 180 cm)

	5 m	7,5 m	10 m	12,5 m	15 m
8 pt	12	18	24	30	36
10 pt	15	22	30	37	45
12 pt	18	27	36	45	54

Alle Zahlenangaben sind in Punkt. Die Zahlen wurden auf ganze
Werte gerundet, um die Einstellungen der Schriftgrößen in den
üblichen Präsentationsprogrammen zu erleichtern.

3.3.4 Anwendungsbeispiele

Die Beispiele der folgenden Seiten zeigen Ihnen völlig unterschiedliche Schriftanwendungen, die für Präsentationen gestaltet wurden. Die ersten beiden Beispiele auf dieser Seite stehen für optisch und typografisch beispielhaft gestaltete Folien. Hierbei wurde das Design immer von professionellen Gestaltern geschaffen.

Auf der folgenden Seite 69 sind drei Präsentationsfolien zusammengestellt, deren Gestaltung im Rahmen von beruflicher Ausbildung durchgeführt wurde. Dabei sind vor allem die letzten beiden Beispiele nicht ganz so professioneller Vortragsfolien. Lesen Sie dazu die Texte in der Marginalienspalte.

Präsentationstitel einer Schweizer Werbeagentur, um sich bei Kunden vorzustellen. Der Text, die Farbe und die Grafik sind in einer zentrierten Form gut zueinander in Bezug gebracht. Mit geringen Mitteln ist das Stichwort Dialog farblich, optisch und typografisch gut dargestellt.

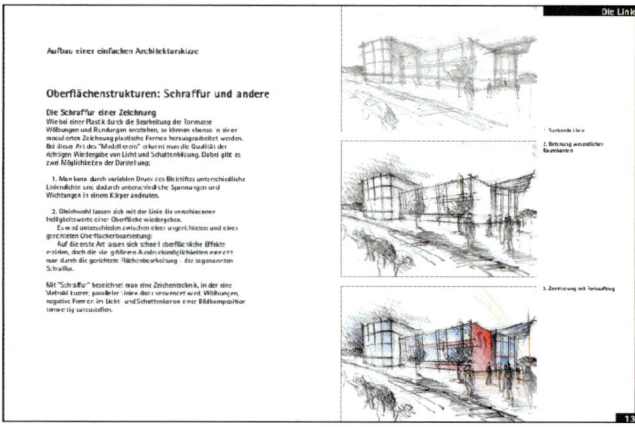

Folie aus einem Vortrag zu Zeichentechniken in der Architektur. Der linksbündige Flattersatz, die den Inhalt unterstützenden und optisch ansprechenden Skizzen, die oben rechts angezeigte kurze Themenleiste sowie die unten rechts angebrachte Foliennummer kennzeichnen diese gut aufgebaute Präsentationsfolie.

Die Grundlagen der Fotografie werden hier beschrieben. Klarer Bildaufbau und reduzierte Farbgebung erleichtern die Orientierung und die Konzentration auf die wesentlichen Inhalte dieser Schülerpräsentation. Alle Seiten dieser Präsentation waren ähnlich aufgebaut.

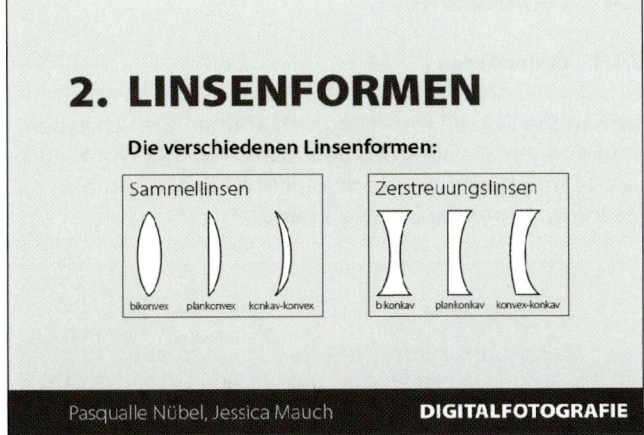

Das Schema der sprachlichen Kommunikation lädt selbst nicht zur Kommunikation ein. Der Hintergrundverlauf, die vielen Rahmen und Farben, Pfeile und die unklaren Bezüge innerhalb der Folie schrecken eher ab, als dass sie zum Lesen und Mitarbeiten einladen.

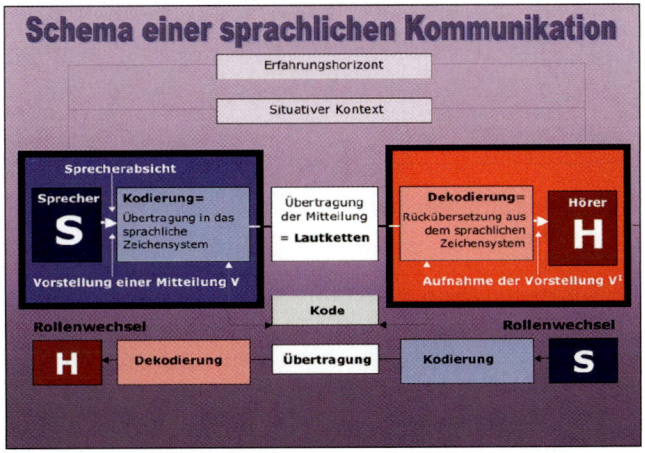

Diese Folie enthält nicht viele Elemente. Aber die wenigen Schrift- und Grafikbausteine für diesen Chart sind chaotisch angeordnet, eine Lesbarkeit ist nicht gegeben, Begriffe sind auseinandergerissen, die Headline ist unsinnig „verbogen" und die Grafik steht ohne Bezug zum Text auf der Seite. Und welchen Zweck die Farbe erfüllt, bleibt unklar ...

3.4 Handschrift

3.4.1 Grundlagen

Lernen Sie Schreiben – Natürlich können Sie schreiben, aber können Sie so schreiben, dass man die Worte auch aus 10 m Entfernung gut lesen kann? Schreiben Sie leserlich, schreiben Sie groß genug?

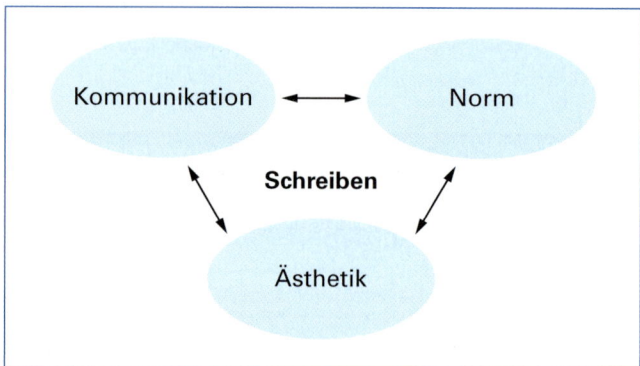

Funktionen des Schreibens
- Kommunikation
- Norm
- Ästhetik

Wenn Sie schreiben, dann muss Ihre Schrift drei Funktionen erfüllen.

- *Kommunikation*
  Schreiben heißt Kommunikation durch geschriebene Sprache. Es geht also, ebenso wie im gesprochenen Text, auch im geschriebenen Text immer darum, wem ich was, wann und zu welchem Zweck mitteilen möchte.
- *Norm*
  Die Form Ihrer Buchstaben muss sich an die übliche Formgebung halten, um für alle lesbar zu sein.
  Ihr geschriebener Text muss auch den Regeln der Orthografie und der Syntax entsprechen, damit er verständlich ist.
- *Ästhetik*
  Formgebung der Schrift, Raumverteilung und Anmutung des geschriebenen Textes bestimmen den Wert Ihrer Worte entscheidend mit.

Nur ein Gleichgewicht dieser drei Ziele führt zu einer optimalen visuellen Kommunikation Ihrer Inhalte.

3.4.2 Visualisierung durch Schrift

Schreiben Sie grundsätzlich immer in Druckschrift.

Ihre Handschrift ist gut lesbar, wenn sie folgende Anforderungen erfüllt:

- Die Schrift hat klare Formen, keine Schnörkel.
- Die einzelnen Buchstaben haben eine klar erkennbare und unterscheidbare Form.
- Die geschriebene Schrift hat ein ausgewogenes Verhältnis aus Mittellängen, Ober- und Unterlängen.
- Der Text zeigt ein gleichmäßiges Wortbild.
- Die Schrift ist nicht zu stark geneigt, als allgemeine Regel gilt: nicht stärker als 80°.
- Die Wortabstände sind deutlich und gleichmäßig.
- Die Schriftlinie wird eingehalten, keine tanzenden Buchstaben.
- Die Zeilen heben sich durch einen klaren Zeilenabstand deutlich voneinander ab.
- Gleiche Schrift steht für gleichartige Inhalte.

Geschriebener Text in Präsentationen stellt an Ihre Handschrift zusätzliche Anforderungen:

66

- Die Schriftgröße ist für den jeweiligen Leseabstand ausreichend.
- Spontanes Aufschreiben von Teilnehmeräußerungen.
- Die Raumaufteilung ist schwerer planbar als bei am Computer gesetzter Schrift.
- Bildung eindeutiger Textblöcke.

Wie bekomme ich eine gut lesbare „Präsentationsschrift"? Kurze Antwort: Üben, üben, üben…

Eigene Schrift
Entwickeln Sie aus Ihrer eigenen Druckschrift eine gute Präsentationsschrift.

- Schreiben Sie mehrere Worte in Ihrer Handschrift als Druckschrift. Bemühen Sie sich möglichst leserlich und einheitlich zu schreiben. Sie werden beim Betrachten des Geschriebenen feststellen, dass sich bestimmte Stilelemente wiederholen und die Schrift schon ein einheitliches Bild annimmt. Suchen Sie

sich die besonders gelungenen Buchstaben aus,
versuchen Sie deren Eigenschaften auf die gesamte
Schrift zu übertragen. Schreiben Sie weiter. Ihre
Schrift wird sich hin zu einer einheitlichen persönlichen Schrift entwickeln.

- Im zweiten Schritt lösen Sie sich vom konkreten
Text und schreiben einen Buchstaben mehrmals
hintereinander in eine Zeile. Bemühen Sie sich, dass
der letzte Buchstaben in der Reihe wie der erste
aussieht. Dies ist anstrengend und fordert große
Konzentration, aber es lohnt sich!
- Als dritten Schritt schreiben Sie mehrmals das kleine
und das große Alphabet. Natürlich gilt auch hier die
Forderung, dass die Buchstaben in allen Versionen
möglichst gleich aussehen sollten.

Schriftvorlage

In verschiedenen Bundesländern sind Druckschrift-Al-
phabete als Richtformen für das Schreiben in Druckschrift für die Grundschule vorgegeben. Für uns sind
diese Schriften sehr gut als Modellvorlage geeignet,
um eine einheitliche und gut lesbare Schrift zu erlernen
bzw. zu üben.

ABCDEFGHIJKLMNO
PQRSTUVWXYZÄÖÜ

abcdefghijklmno
pqrstuvwxyzßäöü

1234567890

Druckschrift-Alphabet Hamburg
Die Hilfslinien bezeichnen das Mittelband für die Mittelängen.

Schrift schreiben

Für Layoutentwürfe, Überschriften, aber auch bei Plakaten ist eine professionelle Darstellung großer Schriftgrade wichtig, damit eine Präsentation gut wirkt. Um diese zu erreichen, ist es unerlässlich, dass Sie einige Skizzierübungen mit Buchstaben durchführen.

Schrift schreiben
Die Abfolge der Strichführung wird durch die Zahlen und Pfeile gekennzeichnet.

NNAMVWX
YZZKKRSS
OOQCGDPB

Sinnvoll ist es, wenn Sie mit den oben abgebildeten Großbuchstaben beginnen, da diese von den Formen her alle Schreibprobleme aufweisen. Skizzieren Sie bei Ihren Übungen das ganze Alphabet mit allen Buchstaben und Zeichen. Danach skizzieren Sie die unterschiedlichen „Sonnen". Die Pfeile und die Nummern an den Buchstaben geben Ihnen die Schreibrichtung vor. Halten Sie diese Reihenfolge ein, da es Ihnen dadurch möglich ist, Buchstabenhöhen einheitlich groß zu halten. Hilfreich ist es, wenn Sie sich auf Ihrem Layout oder Ihrem Plakat feine Bleistifthilfslinien ziehen. Dies erleichtert das Skizzieren. Ziehen Sie dazu Hilfslinien für die Schriftlinie, Mittel-, Ober- und Unterlänge. Nach diesen ersten gelungenen Übungen müssten Ihnen auch gleichmäßige Kleinbuchstaben gelingen. Vorlagen dazu finden Sie auf der gegenüberliegenden Seite.

SONNE
SONNE

3.4.4 Schriftbeispiele

Die Abbildungen zeigen Ihnen, wie unterschiedlich
geschriebene Schriften auf Plakaten oder OH-Folien
wirken. Dabei gilt: Sie müssen mit Ruhe, Übung und
Planung an das Präsentationsschreiben herangehen.

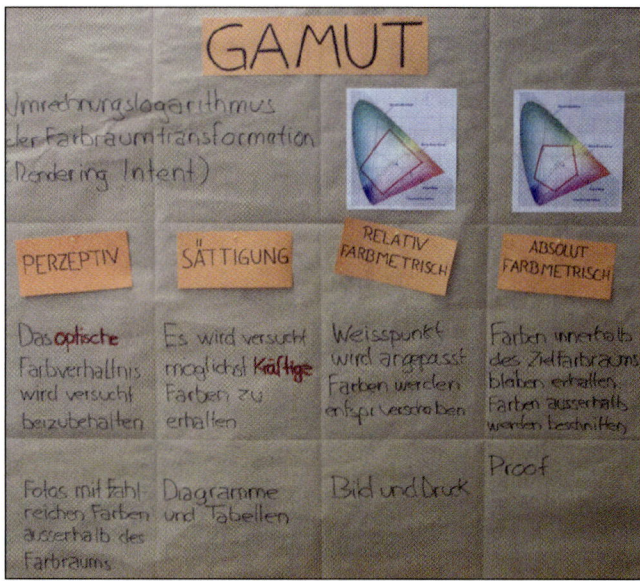

Plakatbeispiel
Gelungene Schriftge-
staltung auf einem
Plakat mit klarer,
gleichmäßiger und
gut lesbarer Schrift.
Das Plakat weist eine
klare Informations-
struktur auf, die durch
die gute Schriftdar-
stellung unterstützt
wird. Die Einteilung,
die sich durch das
Falzen des Plakates
ergibt, unterstützt
die positive Gesamt-
struktur.

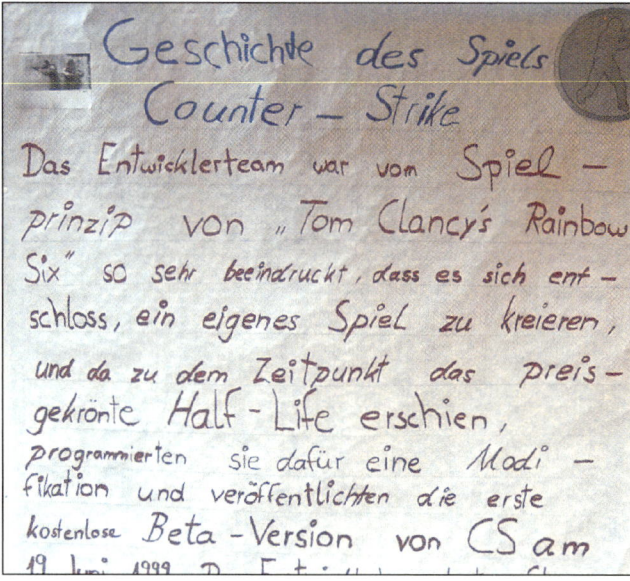

Plakatbeispiel
Dieses wenig gelun-
gene Beispiel zeigt
ein Plakat, das zwar
lesbar ist, aber die
Schrift eines völlig
ungeübten Schreibers
darstellt. Schön ist an
diesem Beispiel, dass
der Schreiber bereits
Hilfslinien gezogen
hat, um in gerader
Linie zu schreiben.
Mit einiger Übung
wird sich die Schreib-
technik hier deutlich
verbessern lassen
– und dann gelingt die
Plakatgestaltung auch
leichter und besser.

Das Vorschreiben mit Bleistift ist eine Möglichkeit, auf einem Plakat ein gutes Schriftbild zu erhalten. Allerdings ist es zeitaufwändig, lohnt sich aber durch das in aller Regel dann deutlich bessere Ergebnis. Auch das Schreiben auf einer OH-Folie erfordert Übung – und eine unsaubere Handschrift wird sofort erkennbar.

Plakatschreiben
Ausarbeitung eines Plakates auf vorgeschriebener Schrift. Durch das Vorschreiben wird die Darstellungsstruktur, die Lesbarkeit, eventuelle Rechtschreibfehler und der Gesamteindruck bereits optisch verdeutlicht. Änderungen lassen sich dann bei der Reinschrift einarbeiten.

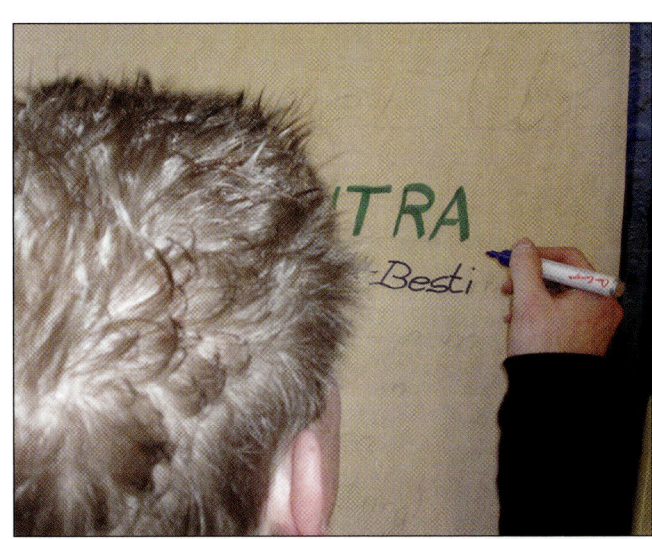

OH-Folie
Handgeschriebene quadratische OH-Folie aus dem Physikunterricht. Der Schüler hat sich eine Linienstruktur vorgegeben, um die Inhalte weitgehend klar und gut strukturiert aufzuschreiben und dann auch entsprechend vorzutragen. Die Verwendung von Farbstiften gibt den einzelnen Teilen der Folie unterschiedliche Gewichtungen.

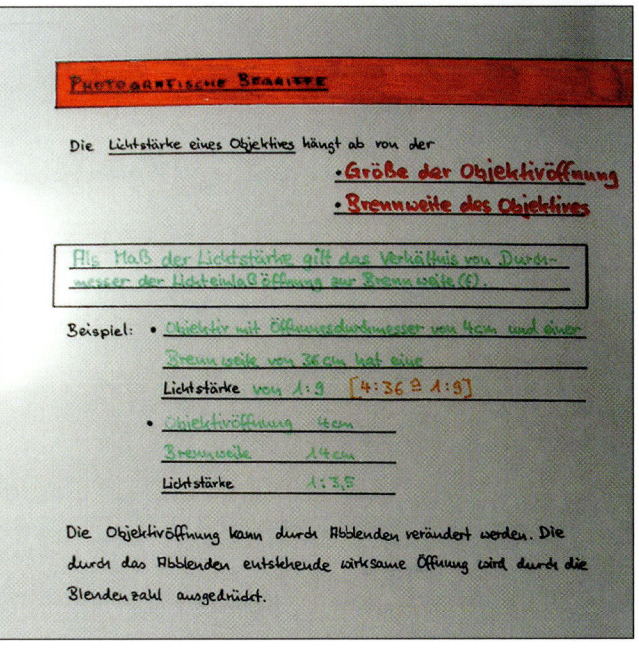

4. Bild und Grafik

4.1 Ein Bild sagt mehr als 1000 Worte

Ein Bild kann schmücken, verdeutlichen, ablenken, verwirren, unterstützen, veranschaulichen,..

Ein Bild ist in seiner Bedeutung offener als das Wort. Das Betrachten eines Bildes löst immer verschiedene Emotionen und Assoziationen aus. Durch die Auswahl des Bildes und seine Präsentation in Ihrem Vortrag erreichen Sie, dass die Botschaft des Bildes, die beim Betrachter ankommt, auch die von Ihnen beabsichtigte ist. Beziehen Sie das Bild in Ihren Vortrag mit ein. Zeigen Sie auf das Bild oder die entsprechenden Bildteile. Sie stellen damit für das Publikum eine direkte Beziehung zwischen Ihrer verbalen Aussage und der Bildaussage her. Das Bild ergänzt damit die gesprochene Botschaft.

4.2 Bildauswahl

 Betrachten Sie die beiden Bilder. Welche Emotionen lösen sie jeweils bei Ihnen aus? Welche Begriffe assoziieren Sie?

Bilder zum Thema mobile Kommunikation
Quelle:
auf der linken Seite
Bilder 2,3,6,7,8,9
www.aboutpixel.de
Bilder 1,4,5
www.pixelquelle.de
auf der rechten Seite
www.aboutpixel.de

Das linke Bild zeigt Lebensfreude. Das Lachen, die Farbe des Handys, die Haltung des Kopfes vermitteln eine positive Botschaft.

Das rechte Bild wirkt ernst, sachlich, vielleicht sorgenvoll.

Die von Ihnen eingesetzten Bilder brauchen immer eine Beziehung zum Inhalt und zur Botschaft Ihrer Präsentation.

Bevor Sie ein Bild für Ihre Präsentation auswählen, müssen Sie es bewerten. Beachten Sie bei der Auswahl folgende Punkte:

- Kommunikationsziele
- Zielgruppe
- Inhalt
- Medien

Sie können die Bewertung einfach mit einem Polaritätsprofil durchführen. Natürlich ist unser Beispiel nicht vollständig. Passen Sie die Auswahl und die Anzahl der Begriffe an Ihre Bedürfnisse an.

	2	1	0	1	2	
gültig, wahr						nicht gültig, unwahr
verständlich						unverständlich
stimmig						widersprüchlich
vertretbar						nicht vertretbar
formal gelungen						nicht gelungen
technisch gut						mangelhaft
innovativ						herkömmlich
bleibend wirkend						flüchtig wirkend
symbolhaft						oberflächlich
relevant						belanglos
emotional						kalt
überzeugend						nicht überzeugend

Bewerten Sie die Bilder auf der rechten Seite auf Ihre Verwendbarkeit zum Thema „Mobile Kommunikation".

4.3   Bildausschnitt

Ein Bild ist immer ein Ausschnitt aus der Wirklichkeit. Auch die Totale umfasst nicht das gesamte Blickfeld. Sie ermöglicht zwar einen Überblick, bietet aber wenig Orientierung. Durch die Wahl des Bildausschnitts fokussieren Sie den Blick des Betrachters auf das Wesentliche.

Wenn Sie das Bild speziell für Ihre Präsentation fotografieren, dann können Sie das Format und den Ausschnitt schon bei der Aufnahme bestimmen. Häufig ist es aber so, dass Sie aus Ihrem Archiv oder einer Bilddatenbank Bilder auswählen müssen. Diese Bilder müssen Sie meist noch bearbeiten und auf die passende Größe beschneiden.

Totale bezeichnet in der Fotografie und Filmgestaltung den Bildausschnitt, der den größten Überblick über das Motiv zeigt. Der kleinste Bildausschnitt heißt Detailaufnahme.

299

Die folgenden Fragen helfen Ihnen bei der Wahl des richtigen Bildausschnitts.

- Welches sind die wichtigen Bildelemente?
- Welches Seitenverhältnis hat mein beschnittenes Bild?
- Welche Maße hat mein Bild?
- Hat mein Bild Hoch- oder Querformat?
- Wo steht mein Bild – oben oder unten, links oder rechts?
- Wirkt mein beschnittenes Bild harmonisch und ausgewogen?

Halbnahaufnahme
Außer der Kommunikation wird die Kleidung und Körperhaltung vermittelt.

Nahaufnahme
Die Kommunikation steht stärker im Mittelpunkt.

Großaufnahme
Die Persönlichkeit tritt in den Vordergrund.

Detailaufnahme
Das Handy dominiert das Bild. Der Hintergrund hat nur eine untergeordnete Bedeutung.

Nahaufnahme
Zentrale Position des Handys zeigt seine Bedeutung. Das noch sichtbare Umfeld ermöglicht eine räumliche Zuordnung.

Nahaufnahme
Das Handy im Vordergrund ist Blickfang. Durch die Zweiteilung hat der Hintergrund eine höhere Wertigkeit als im mittleren Bild.

4.4 Grafik

Grafiken sind auch Bilder. Sie haben aber keine direkte Entsprechung in der Realität. Grafiken werden manuell oder mit geeigneter Software am Computer erstellt, um Informationen zu visualisieren und damit dem Publikum besser zu vermitteln.

Erstellen Sie Ihre Grafiken sorgfältig und technisch einwandfrei. Nachlässig erstellte Grafiken mindern den Wert Ihrer gesamten Präsentation.

4.4.1 Clipart

Cliparts sind eine besondere Form von Grafiken. Meist sind es stilisierte Bilder im Comicstil. Cliparts gibt es als Pixel- und als Vektorgrafik.

Clipart als Pixel- und Vektorgrafik
links: Pixelgrafik
rechts Vektorgrafik

90

In Präsentationen werden Cliparts häufig als Platzfüller oder zur Auflockerung eingesetzt. Dies widerspricht den Grundsätzen guter Gestaltung. Der Einsatz von Clipart muss wie bei allen Gestaltungselementen wohl überlegt und begründet sein. Sie können Cliparts als grafisches Zeichen oder Bildsymbol einsetzen. Cliparts

Icon
Bildsymbol einer Schaltfläche in einer Software

Piktogramm
Bildsymbol, das für den Betrachter eine bestimmte Bedeutung hat, z.B. Orientierungshilfen auf Flughäfen.

Clipart-Datenbanken im Internet
www.openclipart.org
www.clipartsalbum.com

haben dann die gleiche Aufgabe wie Icons in der Benutzeroberfläche von Software oder Piktogramme. Der Betrachter erkennt auf den ersten Blick die Bedeutung. Cliparts unterstützen damit als stilisierte Abbildungen die verbale Präsentation.

Platzieren Sie Cliparts aus den Clipart-Sammlungen der eingesetzten Programme, z.B. Microsoft Office oder OpenOffice. Eine weitere Möglichkeit ist der kostenlose Download von einer der Open-Source-Clipart-Bibliotheken. Beachten Sie aber immer, dass auch der Einsatz von Cliparts gestalterisch begründet sein muss.

4.4.2 Organigramm

Organisationsstrukturen und Zusammenhänge werden in der Praxis meist als Organigramme visualisiert. Es gibt zwar dafür keine allgemeinverbindlichen Regeln, trotzdem sollten Sie bei der grafischen Darstellung einige Grundsätze beachten.

- Einheitliche Rahmengröße und Linienstärke
- Konsistentes, durchgängiges Farbschema
- Gleichabständigkeit der Rahmen
- Größe der Pfeilspitzen in angemessenem Verhältnis zur Linienstärke
- Korrekte Linienanschlüsse
- Beachtung von Symmetrie und Proportionen
- Einheitliche Positionierung der Texte in den Rahmen, z.B. zentriert
- Gleiche Gestaltungselemente und Schrift innerhalb einer Hierarchiestufe oder Kategorie
- Klarer Aufbau und übersichtliche Struktur
- Beschränkung auf das Notwendige

Beispiel eines Organigramms

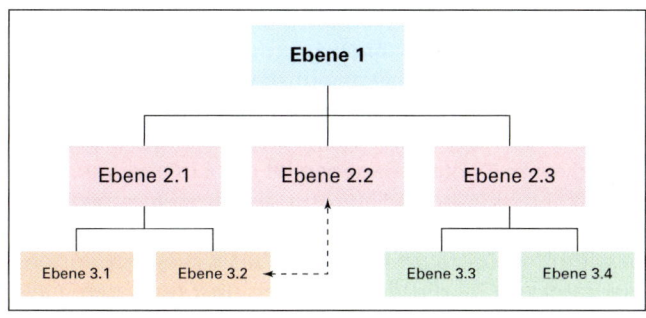

4.4.3 Informationsgrafik

Daten als Grafiken
Viele Untersuchungen bestätigen, dass die Behaltensquote von Information von den Informationskanälen
und der Art des Umgehens mit Informationen abhängt.

Die Behaltensquote beträgt beim:

- Lesen 10 %
- Hören 20 %
- Sehen 30 %
- Hören und Sehen 50 %
- Selbst wiederholen 70 %
- Selbst anwenden 100 %

Wie hoch ist die Behaltensquote beim Lesen?
Sie beträgt 10 %. Vermutlich mussten Sie wieder sieben
Zeilen nach oben und noch mal nachlesen. Sie wussten
nicht mehr den Inhalt (10 %), aber Sie erinnerten sich
genau, wo Sie die Information wiederfinden würden.
Visualisieren Sie deshalb die Informationen durch Informationsgrafiken und steigern Sie dadurch Ihren Erfolg.

Diagrammarten
Sie kennen sicherlich die klassischen Torten- und
Säulen- bzw. Balkendiagramme. Darüber hinaus gibt
es noch eine Reihe weiterer Informationsgrafikarten.
Liniendiagramme, Netzdiagramme, Prinzip- oder Pro-
zessdarstellungen, Ablauf- und Organisationsschemata
sowie kartografische Informationsgrafiken. Natürlich
können Sie auch verschiedene Diagrammarten in Ihrer
Visualisierung kombinieren.
    Die vier Diagramme auf der rechten Seite zeigen
alle die Umsetzung der „Behaltensquote". Sie sehen auf
den ersten Blick, dass sich nicht jede Diagrammart zur
Umsetzung jedes Sachverhaltes eignet. Wählen und
gestalten Sie deshalb Ihr Diagramm immer bewusst,
bezogen auf Ihren Aussagewunsch und Ihr Publikum.
    Die beiden links dargestellten Diagramme, Säu-
len- und Netzdiagramm, visualisieren gut die unterschiedlichen Quoten. Dagegen ist das Liniendiagramm
im rechten oberen Feld eher für die Darstellung von
Entwicklungen, z.B. die Umsatzentwicklung über einen
bestimmten Zeitraum, geeignet. Das Kreis- bzw. Torten-
diagramm ist für die Visualisierung unserer Daten völlig

ungeeignet. Der Kreis steht immer sinnbildlich für das Ganze, d.h. 100 %. Die hundertprozentige Behaltensquote von „Selbst anwenden" wird in der Grafik auf einen Anteil von 35,7 % reduziert.

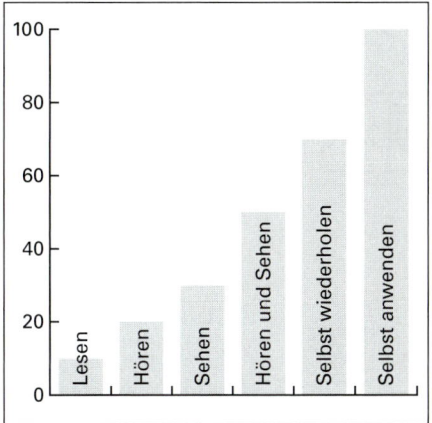

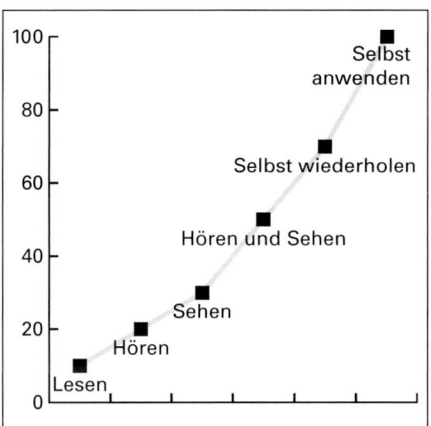

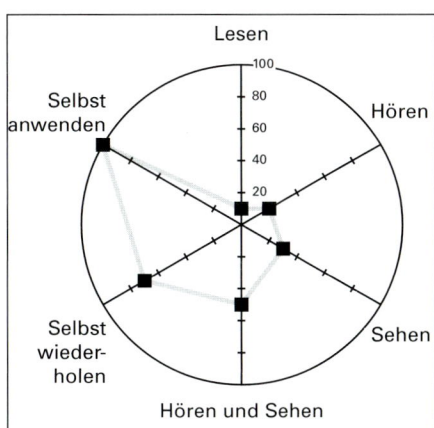

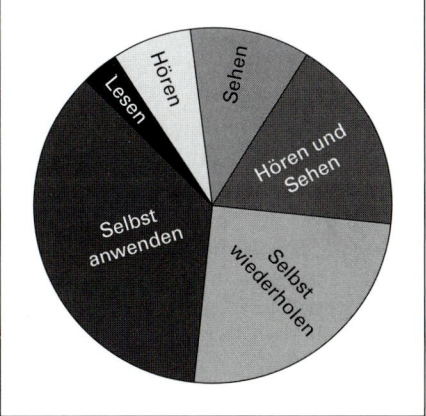

Die passende Infografik
Wie Sie in unserem Beispiel gesehen haben, müssen Sie für den jeweiligen Sachverhalt die passende Infografik wählen. Die folgende kleine Übersicht soll Sie dabei unterstützen. Sie stammt aus der Software „OpenOffice", die Sie in einem späteren Kapitel näher kennenlernen werden.

259

Anteile ...
- Kreisdiagramme
- gestapelte Säulen- oder Balkendiagramme (Prozent)
- gestapelte Flächendiagramme (Prozent)

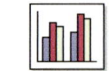

Vergleiche ...
- Säulen- oder Balkendiagramme
- gestapelte Säulen- oder Balkendiagramme
- Netzdiagramme

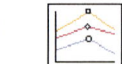

Entwicklungen ...
- Liniendiagramme
- Flächendiagramme
- Säulen- oder Balkendiagramme

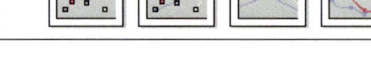 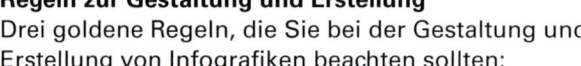

Beziehungen ...
- XY-Diagramme mit Symbolen und/oder Linien

Regeln zur Gestaltung und Erstellung

Drei goldene Regeln, die Sie bei der Gestaltung und Erstellung von Infografiken beachten sollten:

- Weniger ist mehr!
- Einfacher ist besser!
- Anders ist motivierender!

Übung

Auf der rechten Seite sehen Sie drei Beispiele aus professionellen Präsentationen. Optimieren Sie die Darstellung durch Infografiken hinsichtlich

- Übersichtlichkeit,
- Deutlichkeit,
- Einheitlichkeit.

Säulendiagramm mit
zusätzlichen Text- und
Grafikelementen

Abb.: MAN Roland
Druckmaschinen AG

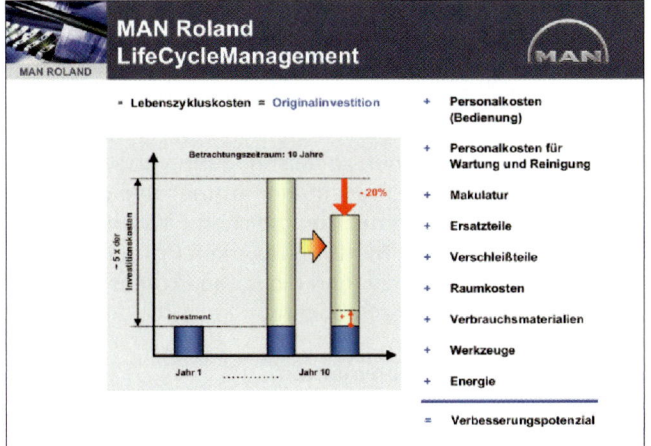

Tabellarische Darstel-
lung

Abb.: MAN Roland
Druckmaschinen AG

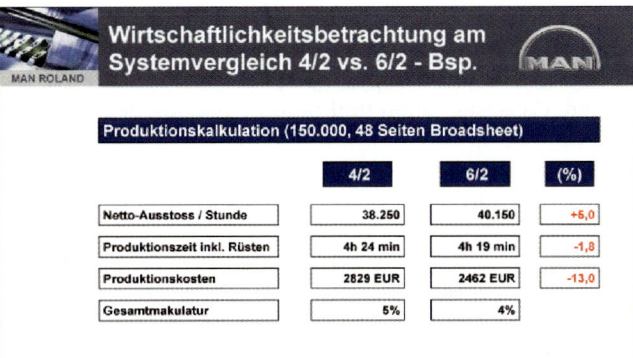

Aufzählung mit Spie-
gelstrichen

Abb.: MAN Roland
Druckmaschinen AG

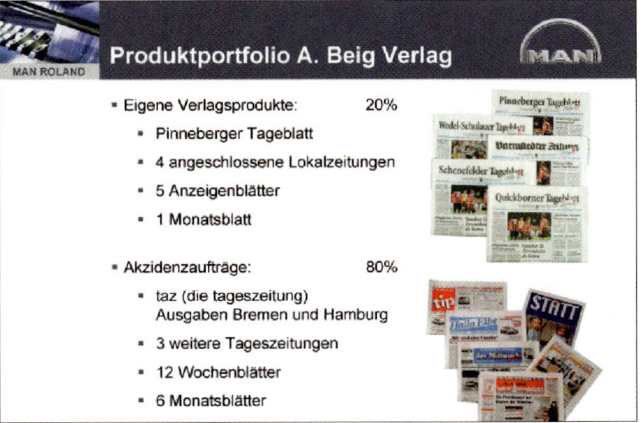

4.5 Animation

Bevor wir beginnen, auch hier gilt: „Weniger ist mehr!"
Begnügen Sie sich mit einem Animationseffekt. Wenn
Sie sich entschließen, die Textelemente auf einer Folie
nacheinander erscheinen zu lassen, dann verwenden
Sie bitte während der Präsentation immer den gleichen Animationseffekt mit den gleichen Einstellungen.
Variationen nach dem Motto: „Was mein Programm
und ich alles können" zeugen nicht von Professionalität,
sondern nerven nur Ihr Publikum.

Animation von Folienelementen
Wir unterscheiden zwei Animationstypen:

* *Textanimation*
  Der Text der Folie ist nicht von Anfang an ganz zu
  sehen und damit auch zu lesen, sondern wird durch
  Mausklick von Ihnen aufgerufen. Dies hat den Vor-
  teil, dass die Folien und damit auch das Publikum
  Ihrem Tempo folgen. Sie können die Aufmerksamkeit
  zusätzlich auf den aktuellen Text fokussieren, indem
  Sie den vorherigen Text heller darstellen.

Textzeile 1

Textzeile 1
Textzeile 2

* *Objektanimation*
  Objekte, d.h. grafische Elemente, können wie Text
  animiert werden und z.B. nach einem Mausklick erscheinen. Darüber hinaus ist die Bewegung von Objekten möglich. Beachten Sie, dass der Bewegungs-
  ablauf sinnvoll ist und dem besseren Verständnis
  des Gezeigten dient. Ein Beispiel für animierte
  Objekte sind die Balken eines Balkendiagramms, die
  sich langsam aufbauen.

Textzeile 1
Textzeile 2
Textzeile 3

Animation von Folienübergängen
Folienübergänge wirken wie die Überblendungen in
einem Film. Der Übergang beendet den Auftritt eines
Inhalts und bereitet Ihr Publikum auf Neues vor. Harte
Schnitte, weiche Überblendungen, „grausliche" Verpi-
xelungen – die Programme lassen keine Wünsche offen.
Wählen Sie für Ihre Präsentation einen angemessenen
Übergang.

Animation von Inhalten
Prozesse oder komplexe technische Abläufe lassen sich
am besten durch eine integrierte Animation visualisieren. Sie können diese Animationen entweder im

Animation eines kom-
plexen technischen
Vorgangs als Teil einer
Präsentation

Präsentationsprogramm oder in einem speziellen Animationsprogramm wie z.B. Flash selbst erstellen. Wenn Sie fertige fremde Animationen in Ihre Präsentation integrieren, müssen Sie die Quelle nennen.

4.6 Audio und Video

4.6.1 Audio

Mit allen Präsentationsprogrammen können Sie Audiodateien in Ihre Präsentation integrieren. Ersparen Sie Ihrem Publikum aber Buchstaben, die mit dem Geräusch der Anschläge einer mechanischen Schreibmaschine hereinfliegen. Lassen Sie Objekte nicht mit Geräuscheffekten aus Starwars erscheinen. Setzen Sie Audio, z.B. Musik, als Gestaltungsmittel ebenso gezielt und bewusst ein wie die übrigen Gestaltungsmittel Farbe und Schrift.

Wenn Sie Audio in Ihrer Präsentation einsetzen, dann müssen Sie für eine gute Beschallung sorgen. Die eingebauten Lautsprecher Ihres Computers genügen den Ansprüchen nicht.

4.6.2 Video

Videoclips lassen sich ebenso wie Audiodateien einfach in Präsentationen integrieren. Achten Sie dabei vor allem auf die Bildgröße und die Abspieldauer. Der Film muss von allen Plätzen im Publikum gut zu sehen sein. Die Dauer des Clips sollte nicht länger als eine bis zwei Minuten sein. Schließlich soll es nur eine Ergänzung und nicht ein Ersatz Ihrer Präsentation sein.

4.7 Anschauungsmittel

Wenn Sie das Original zeigen können, dann begnügen Sie sich nicht mit der Abbildung. Gegenstände können vom Publikum im wahrsten Sinne des Wortes begriffen werden. Sie erschließen sich damit einen weiteren Informationskanal. Ihre Präsentation wird durch direkte Anschauung lebendiger und damit erfolgreicher.

4.8 Technische Bild- und Grafikparameter

4.8.1 Pixel und Vektor

Pixel ist ein Kunstwort aus den beiden englischen
Wörtern *picture* und *element*. Mit dem Begriff Pixel
werden die kleinsten, meist quadratischen Bildelemente
bezeichnet, aus denen sich ein digitales Bild zusammen-
setzt. Bei Pixelgrafiken ist die Position und Farbigkeit
jedes einzelnen Pixels gespeichert. Ein Kreis aus Pixeln
ist kein Objekt, sondern ergibt sich erst in der Darstellung aus der Gesamtheit der Pixel. Digital fotografierte
Bilder sowie gescannte Bilder und Grafiken setzen sich
aus Pixeln zusammen.

**Pixel- und Vektor-
grafik**
Oberer Halbkreis:
Pixelgrafik
Unterer Halbkreis:
Vektorgrafik

   Vektorgrafiken entstehen durch Konstruktion mit
Grafiksoftware wie z.B. Adobe Illustrator oder Corel
Draw. Sie setzen sich aus Linien, Kreisen und Poly-
gonen zusammen. Zur Speicherung eines Kreises
genügen die Position des Kreismittelpunktes und der
Kreisdurchmesser. Die Stärke der Kontur, die Farben
oder Füllungen, Verläufe und Muster werden zusätzlich
objektbezogen gespeichert.

4.8.2 Auflösung

Die Auflösung beschreibt die Anzahl der Bildelemente
eines digitalen Bildes, einer Pixelgrafik oder von Ein-
und Ausgabegeräten wie z.B. Scanner, Monitor und
Beamer. Auflösung ist immer linear, d.h., die Anzahl der
Bildelemente wird zur Längeneinheit inch oder cm in
Beziehung gesetzt.

299

- ppi, pixel per inch (Scanner- und digitale Bildauflösung)
- Px/cm, Pixel pro Zentimeter (Scanner- und digitale
  Bildauflösung)
- dpi, dots per inch (Drucker- sowie Monitor- und Bea-
  merauflösung)

   Die Auflösungen des Monitors oder Beamers sind
jeweils nicht konstant, sondern können sich systembe-
dingt unterscheiden. Für die Ausgabe auf dem Monitor
oder in der Beamerprojektion wählen Sie, unabhängig
von der Geräteauflösung, üblicherweise eine Auflösung
von 72 ppi. Die Auflösung der Drucker zur Druckausga-

Bildauflösungen
- Monitor und
  Beamer:
  72 ppi
- Tintenstrahl- und
  Laserdrucker:
  150 ppi für Bilder,
  600 ppi für Strich-
  zeichnungen
1 inch = 25,4 mm

be variiert ebenfalls geräteabhängig. Für die Ausgabe auf einem Tintenstrahl- oder Laserdrucker sind für Bilder 150 ppi richtig. Strichzeichnungen sollten für den Ausdruck eine Auflösung von 600 ppi haben. Ebenso wie bei der Monitorauflösung bleibt die tatsächliche Auflösung des Druckers also unberücksichtigt.

4.8.3 Farbtiefe

Mit der Farbtiefe, auch Bittiefe oder Datentiefe genannt, wird die Anzahl der möglichen Farben eines Bildes bzw. einer Grafik beschrieben. Die Farbtiefe benennt den Speicherbedarf für ein Pixel eines Bildes bzw. einer Grafik.

Farb-tiefe	Anzahl der Farben	Farb-kanäle	Bit/Px	Bildgröße in Px	Dateigröße
1 Bit	2	1	1	1024 x 768	96 KByte
Schwarz-Weiß-Strichabbildungen					
8 Bit	256	1	8	1024 x 768	768 KByte
Graustufenbilder oder GIF-Grafiken					
24 Bit	16.777.216	3	24	1024 x 768	2,25 MByte
Farbbilder und -grafiken im RGB-Modus					

4.8.4 Farbmodus

294

Der Farbmodus eines Bildes oder einer Grafik beschreibt das Farbmodell bzw. den Farbraum, in dem die Farben der Datei angelegt sind. Wir unterscheiden grundsätzlich zwei Farbmodi.

Bildverarbeitung immer im RGB-Modus

• Der RGB-Modus hat als Basis die additive Farbmischung mit den drei Grundfarben Rot, Grün und Blau. Alle Farben einer Datei im RGB-Modus werden aus diesen drei Farben gemischt. Da jede Farbe mit einer Farbtiefe von acht Bit gespeichert ist, sprechen wir von einem 24-Bit-Bild.

Arbeiten Sie bei der Bildverarbeitung grundsätzlich im RGB-Modus. Die Darstellung auf dem Monitor und in der Beamerprojektion erfolgt im RGB-Farbmodell. Beim Druck auf einem Tintenstrahl- oder Laserdrucker wandelt der Druckertreiber die Datei optimiert in den Farbraum des Druckers um.

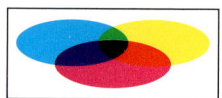

- Der CMYK-Modus beruht auf der subtraktiven Farbmischung mit den Grundfarben Cyan, Magenta und
Yellow. Zur Kontrastunterstützung wird als vierte
Farbe Schwarz gedruckt. Bei einigen Tintenstrahl-
druckern werden noch zusätzliche Farben, z.B. Cyan
light und Magenta light, gedruckt. Durch diese zusätzlichen Farben wird der Umfang des Farbraums
erweitert. Der Druck zeigt vor allem in den hellen
Bildbereichen feinere Abstufungen.

4.8.5 Dateiformat

Bilder und Grafiken werden in unterschiedlichen Datei-
formaten gespeichert. Welches Dateiformat Sie wählen,
hängt von der jeweiligen Software ab und davon, ob
Sie Pixel- oder Vektordaten verarbeiten.

In der Aufzählung finden Sie die wichtigsten Bild-
und Grafikformate zur Erstellung Ihrer Präsentation.

Datei-format	Datei-format-typ	Kompri-mierung	maximale Anzahl der Farben	Einsatzbereich
TIF Tagged Image File Format	Pixel	verlust-frei	16.777.216	Bilder und Grafiken in ausgedruckten Präsentationen, z.B. OH-Folien
JPG Joint Photo-graphic Experts Group	Pixel	verlust-behaftet	16.777.216	Bilder in digitalen Präsentationen und auf Internetseiten
GIF Graphics Inter-change Format	Pixel und Anima-tion	verlust-frei	256	Grafiken in digitalen Präsentationen und auf Internetseiten
PNG Portable Network Graphics	Pixel	verlust-frei	256 (PNG 8) 16.777.216 (PNG 24)	Grafiken in digitalen Präsentationen und auf Internetseiten
EPS Encap-sulated Post-Script	Pixel und Vektor	verlust-frei	16.777.216	Bilder und Grafiken in ausgedruckten Präsentationen, z.B. OH-Folien

Datei-format	Datei-format-typ	Kompri-mierung	maximale Anzahl der Farben	Einsatzbereich
SVG Scalable Vector Graphics	Vektor	verlust-frei	16.777.216	Grafiken in digitalen Präsentationen und auf Internetseiten
SWF Small Web Format/ Shock-wave Flash	Vektor, Pixel und Anima-tion	verlust-frei	16.777.216	Grafiken und Bilder in digitalen Präsen-tationen und auf Internetseiten

4.9 Quellen für Bilder und Grafiken

4.9.1 Web-Bilddatenbanken

Suchen Sie die Bilder und Grafiken für Ihre Präsentation im Internet nicht mit der Google-Bildersuche. Sie werden dort zwar fündig, aber Sie haben keine Rechte, diese Bilder zu benutzen. Die Bilder und Grafiken unterliegen dem Urheberrecht der jeweiligen Website. Zum Glück gibt es aber im Internet auch vielfältige Möglichkeiten, legal und kostenlos Bilder und Grafiken herunterzuladen.

Bilddatenbanken, die lizenz- und kostenfreie Bilder zum Download anbieten, verlangen in der Regel nur die Registrierung als Nutzer durch Angabe des Namens und eines frei wählbaren Passwortes sowie Ihre E-Mail-Adresse. Nach der Eingabe bekommen Sie per Mail Ihre Registrierungsnummer zur Freischaltung zugeschickt.

Bilddatenbanken
www.aboutpixel.de
www.pixelquelle.de

Clipartdatenbanken
www.openclipart.org
www.clipartsalbum.com

Web-Bilddatenbank
www.pixelquelle.de

Jetzt können Sie sich mit Ihrem Benutzernamen und Ihrem Passwort einloggen und Bilder herunterladen. Bitte denken Sie daran, Ihr Passwort beim ersten Einloggen zu ändern.

4.9.2 Firmenbilddatenbanken

Viele Firmen bieten auf ihrer Website Presse- und Produktbilder zum kostenlosen Herunterladen an. Meist ist die einzige Bedingung für die Verwendung die Nennung der Quelle. Aber dies ist bei seriöser Verwendung fremder Bilder sowieso selbstverständlich.

Beispiel einer Firmenbilddatenbank
www.man-roland.com/de

4.9.3 Bilder von CD und DVD

Für die Offline-Bildersuche gilt dasselbe wie für die Internetbildersuche. Vergewissern Sie sich, dass Sie auch die notwendigen Rechte bzw. Lizenzen zur Nutzung der Bilder und Grafiken besitzen. Auf jeder CD oder DVD finden Sie ein Text- oder PDF-Dokument mit den jeweiligen Nutzungsrechten. Datenträger, die z.B. Computerzeitschriften beigeheftet sind, lassen für die darauf enthaltenen Bilder und Grafiken meist nur die private, d.h. nicht kommerzielle Nutzung zu.

4.9.4 Digitalfotografie

Fotografieren Sie die Bilder für Ihre Präsentation doch selbst. Natürlich gibt es Motive, die Sie „einkaufen" müssen. Oft haben Sie aber die Wahl. Eigene Bilder sind immer authentischer und damit auch wirkungsvoller in Ihrer Präsentation.

Beachten Sie bitte auch bei der Verwendung eigener Bilder immer die Regeln des Medienrechts, z.B. die Rechte am eigenen Bild einer fotografierten Person.

Die Auflösung heutiger Digitalkameras ist für die Verwendung der Bilder in Präsentationsmedien immer ausreichend. Kameras mit höherer Auflösung bzw. Pixelzahl bieten den Vorteil, dass Sie Bildausschnitte mit noch immer genügender Pixelzahl festlegen können. Wenn Sie die Aufnahme im vollen Format nutzen, dann sollten Sie die Bilddatei in einem Bildverarbeitungsprogramm auf die korrekte Auflösung herunterrechnen.

Die meisten Kameras speichern Bilder im JPEG-Format. Zur Weiterverarbeitung wählen Sie das für Ihr Zielprogramm geeignete Dateiformat, z.B. TIF oder PNG.

299

Bildauflösungen und Bildgrößen
Bei einer Bildauflösung von 72 ppi (Monitor und Beamer) und 150 ppi (Drucker), ppi: pixel per inch, 1 inch = 25,4 mm

Mega-pixel	Seiten-verhältnis	Auflösung in ppi	Bildgröße in Px	Bildgröße in mm
0,3	4 : 3	72	640 x 480	226 x 169
0,3	4 : 3	150	640 x 480	108 x 81
0,8	4 : 3	72	1024 x 768	361 x 271
0,8	4 : 3	150	1024 x 768	173 x 130
1,0	4 : 3	72	1152 x 864	406 x 305
1,0	4 : 3	150	1152 x 864	195 x 146
2,0	4 : 3	72	1600 x 1200	564 x 423
2,0	4 : 3	150	1600 x 1200	271 x 203

4.9.5 Scannen

Wenn Sie für Ihre Präsentation Bilder und Grafiken aus Büchern oder Firmenpublikationen verwenden möchten, dann müssen Sie diese einscannen. Sie können aus dem Bildverarbeitungsprogramm GIMP heraus direkt über die Software Ihres Scanners den Scanner ansteuern.

312

Die Scansoftware bietet eine Vielzahl von Einstellungsmöglichkeiten. Diese sind zunächst verwirrend. Arbeiten Sie trotzdem nicht mit dem Automatikmodus, sondern mit dem Standardmodus. Wir belassen die meisten Menüpunkte auf den Standardeinstellungen des Programms und legen nur die Einstellungen fest, die für die weitere Verwendung des Bildes oder der Grafik notwendig sind und sich nicht automatisieren lassen:

- Vorlagenart
- Farbmodus
- Auflösung
- Abbildungsmaßstab
- Schwellenwert (nur bei Strichabbildungen)

Bei allen zweiseitigen Druckprodukten sollten Sie, damit die Rückseite nicht durchscheint, ein schwarzes Papier oder einen schwarzen Fotokarton hinter die zu scannende Seite legen.

Als Scanauflösung wählen Sie für den Monitor bzw. die Beamerpräsentation für Bilder und Grafiken 72 ppi. Bilddateien für den Ausdruck haben eine Auflösung von 150 ppi. Grafikdateien, die ausgedruckt werden, scannen Sie mit einer Auflösung von 600 ppi.

Bild scannen
Die Bezeichnungen der einzelnen Optionen unterscheiden sich in den einzelnen Programmen der verschiedenen Hersteller. In ihrer Funktion sind die Optionen aber gleich. Deshalb können Sie den Ablauf einfach auf Ihre Software übertragen.

1. Starten Sie Ihr Scanprogramm.

2. Wählen Sie den Standardmodus.

3. Wählen Sie die Vorlagenart aus, z.B. Zeitschrift.

4. Klicken Sie auf den Bildtyp, Farbe oder Graustufen. Mit dieser Einstellung wird der richtige Farbmodus eingestellt.

5. Stellen Sie die Auflösung auf 150 dpi.

6. Bei der Zielgröße stellen Sie die neue Endgröße ein. Original bedeutet keine Vergrößerung oder Verkleinerung, der Scan ist genauso groß wie die Vorlage.

7. Klicken Sie auf Vorschau, um einen Vorabscan zu erstellen.

8. Markieren Sie mit dem Cursor den tatsächlichen Scanbereich.

9. Die Aktivierung des De-screening-Filters empfiehlt sich beim Scannen von gedruckten Bildern. Wenn Sie Fotos einscannen, können Sie diesen Filter deaktivieren.

10. Scannen Sie Ihr Bild und verarbeiten Sie es im Bildverarbeitungsprogramm. Wenn Sie aus GIMP einscannen, wird der Scan automatisch geöffnet und Sie können sofort weiterarbeiten.

Beispiel einer Scaneinstellung für Bilder aus einer Zeitschrift

Strichzeichnung und Text scannen

Die Bezeichnungen der einzelnen Optionen unterscheiden sich auch hier in den einzelnen Programmen der verschiedenen Hersteller. In ihrer Funktion sind die Optionen aber gleich. Deshalb können Sie den Ablauf einfach auf Ihre Software übertragen.

1. Starten Sie Ihr Scanprogramm.

2. Wählen Sie den Standardmodus.

3. Wählen Sie die Vorlagenart aus: Text/Strichzeichnung.

4. Der Bildtyp stellt sich automatisch auf Schwarzweiß um.

5. Stellen Sie die Auflösung auf 600 dpi.

6. Bei der Zielgröße stellen Sie die neue Endgröße ein. Original bedeutet keine Vergrößerung oder Verkleinerung, der Scan ist genauso groß wie die Vorlage.

6. Klicken Sie auf Vorschau, um einen Vorabscan zu erstellen.

7. Markieren Sie mit dem Cursor den tatsächlichen Scanbereich.

8. Klicken Sie den Button „Helligkeit" (Schwellenwert) an. Mit dem Schwellenwertregler können Sie jetzt einstellen, ab welchem Helligkeitswert in der Vorlage der Scanner Schwarz bzw. Weiß scannt.

9. Scannen Sie Ihre Strichvorlage und verarbeiten Sie sie im Bildverarbeitungsprogramm.

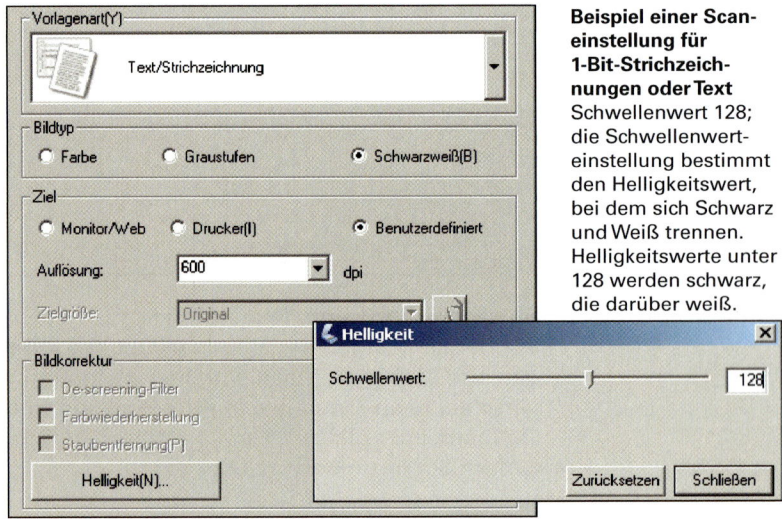

Beispiel einer Scaneinstellung für 1-Bit-Strichzeichnungen oder Text Schwellenwert 128; die Schwellenwerteinstellung bestimmt den Helligkeitswert, bei dem sich Schwarz und Weiß trennen. Helligkeitswerte unter 128 werden schwarz, die darüber weiß.

4.10 Selbst Zeichnen

Sie können zeichnen – trauen Sie sich! Ob Tafel, Whiteboard, Flipchart oder Metaplan, eigene Zeichnungen
sind ein unverzichtbarer Teil der visuellen Kommunikation. Mit einfachen geometrischen Grundformen und
stilisierten Illustrationen visualisieren Sie anschaulich
Beziehungen, Strukturen oder Gegensätze.

Wie erstelle ich gute „Präsentationszeichnungen"?
Kurze Antwort: Üben, üben, üben ... Sie können Zeichnen nicht theoretisch lernen. Zeichnen lernt man durch
zeichnen. Gehen Sie mit offenen Augen durch die Welt.
Schulen Sie Ihre Wahrnehmung und sammeln Sie optische Vor-Bilder.

**Funktionen von Zeich-
nungen**
• Kommunikation
• Norm
• Ästhetik

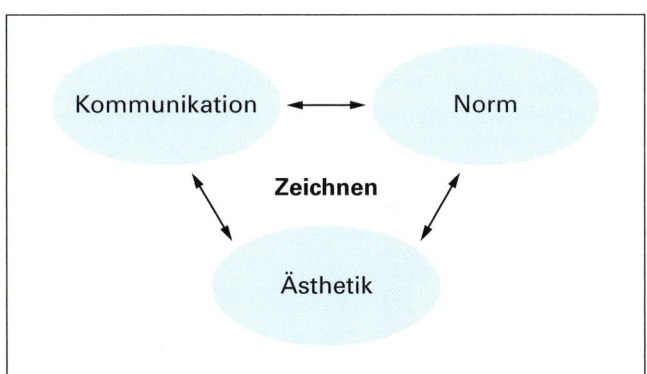

 Ihre Zeichnung muss drei Funktionen erfüllen:

• *Kommunikation*
Zeichnen heißt Kommunikation durch eine nonverbale Sprache. Es geht also, ebenso wie im Gesprochenen, auch bei Zeichnungen immer darum, wem
ich was, wann und zu welchem Zweck mitteilen
möchte.
• *Norm*
Die Formen Ihrer gezeichneten Elemente müssen
sich an die übliche Formgebung halten, um für alle
verständlich zu sein.
• *Ästhetik*
Die Formgebung der Zeichnung, Raumverteilung
und Anmutung bestimmen den Wert Ihrer Visualisierung entscheidend mit.

Nur ein Gleichgewicht dieser drei Ziele führt zu einer
optimalen visuellen Kommunikation Ihrer Inhalte.

4.10.1 Geometrische Grundformen

Die Verwendung von geometrischen Grundformen in der Visualisierung soll Ihrem Publikum klare Strukturen und Orientierung bieten. Sachverhalte werden gegliedert, miteinander verknüpft oder als Gegensätze dargestellt. Wenn Sie ein paar einfache Grundregeln beachten, wirken Ihre Zeichnungen professionell und eigenständig.

Linien und Pfeile
Linien verbinden Flächen und Illustrationen, dienen als Achsen von Diagrammen, bilden die Grundform für Pfeile ...

- Zeichnen Sie Linien und Pfeile möglichst gerade.
- Achten Sie auf einheitliche Pfeilspitzen.
- Achten Sie auf einheitliche Längen.
- Zeichen Sie Linienanschlüsse geschlossen oder überzeichnet.

Gezeichnete Pfeile
Variationen der Pfeilspitzen und der Linienstärken

Rechtecke, Quadrate und Dreiecke
Flächen dienen als Textfelder, symbolisieren Stationen im Ablaufdiagramm ...

- Schließen oder überzeichnen Sie die Ecken. Offene Ecken bilden keine Fläche, sie wirken unfertig und schlampig.
- Achten Sie auf einheitliche bzw. deutlich unterscheidbare Größen.
- Zeichnen Sie gleich bedeutende Kästchen auch gleich groß.
- Quetschen Sie Text nie in ein Kästchen. Entweder Sie schreiben zuerst und zeichnen dann die Begrenzung oder Sie schreiben einfach über das Kästchen hinaus. Wenn der Platz nicht reicht, wirkt es besser, wenn der Text nicht nur hinten, sondern vorne und hinten und vielleicht sogar noch unten übersteht.

- Achten Sie bei einer Reihung auf gleichmäßige Abstände.
- Achten Sie auf den rechten Winkel.

Gezeichnete Rechtecke
- Geschlossen
- Überzeichnet
- Offen
Die ersten beiden Rechtecke sind gut. Vermeiden Sie offene Rechtecke.

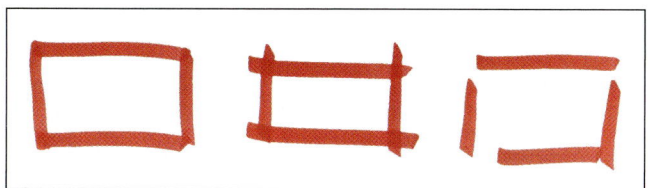

Kreise und Ovale
- Zeichnen Sie die Form in einem Schwung
- Runde Formen müssen Sie nicht geschlossen zeichnen.
- Achten Sie auf einheitliche bzw. deutlich unterscheidbare Größen.
- Zeichnen Sie gleich bedeutende Kreise oder Ovale auch gleich groß.
- Achten Sie bei einer Reihung auf gleichmäßige Abstände.

Gezeichnete Kreise
- Geschlossen
- Offen
- Zusammengesetzt
Die ersten beiden Kreise sind gut. Vermeiden Sie zusammengesetzte Kreise, zeichnen Sie in einem Schwung.

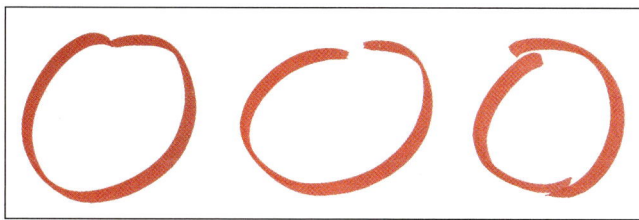

4.10.2 Objekte und Menschen

Die Welt ist komplex – wie schaffen wir es, sie zeichnerisch zu vereinfachen und trotzdem das Wesentliche zu bewahren?

Stilisierung durch Reduzierung
Reduzieren Sie die komplexen Strukturen auf einfache geometrische Grundformen. Fast alle Dinge lassen sich auf die Grundformen Kreis/Kugel, Rechteck/Quader und Dreieck/Kegel zurückführen.

Illustration aus
geometrischen Grund-
formen

Zeichnen nach Vorlagen
Suchen Sie sich für Ihre Illustrationen Vorlagen in Clip-
art-Sammlungen oder in den verschiedenen Symbol-
Zeichensätzen wie z.B. Webdings. Versuchen Sie nicht,
die Vorlagen abzupausen, sondern setzen Sie diese in
Ihrem eigenen Zeichenstil um.

Illustrationen nach
Vorlagen

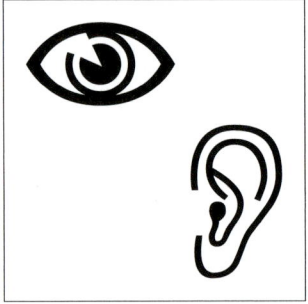

5. Layout

5.1 Layout – was ist das eigentlich?

Unter dem Begriff Layout wird der Entwurf, die Planung und Anordnung aller Elemente einer Seite verstanden. Arbeitsgegenstand der Layouterstellung sind also Aspekte wie etwa Satzspiegel, die Positionierung von Texten, Bildern, Fotos, Illustrationen, Logos, Symbolen auf den Seiten einer Präsentation. Die Visualisierung durch eine Skizze vermittelt Ihnen einen ersten Eindruck über die spätere Form der Präsentation.

Visualisierung

5.1.1 Aufgabe der Layoutentwicklung

Das Layout ist die am weitesten ausgearbeitete Skizze eines geplanten Medienproduktes – es stellt das Modell des geplanten Produktes dar. Es enthält nicht nur alle Gestaltungselemente in verbindlicher Form und Position, sondern auch Einzelheiten über die spätere Umsetzung einer geplanten Präsentation.

Das Layout in Form eines Scribbles oder einer technischen Skizze hat die folgenden Aufgaben zu erfüllen:

- Es vermittelt allen Beteiligten eines Präsentationsteams eine Vorstellung vom Aussehen der geplanten Präsentation.
- Es interpretiert die Entwurfsidee in eine reale, weitgehend funktionsreife Form.
- Es dient als verbindliche Arbeitsgrundlage für die technische und gestalterische Aufbereitung einer Präsentation.

Bei der Entwicklung eines Layouts müssen Sie bereits bei den Gestaltungsideen auf eine klare, gleichbleibende und lesefreundliche Struktur achten.

5.1.2 Layoutentwicklung

Bei der ersten Visualisierung eines Layouts durch eine oder mehrere Ideenskizzen werden von Ihnen Form, Funktion und Ausführung Ihrer Präsentation festgelegt und gedanklich auf ihre Funktionsfähigkeit hin überprüft. Da hierbei von Ihnen in aller Regel mehrere Layoutvarianten durchdacht werden, ist es zwingend, dass Sie am Ende dieses Prozesses eine Entscheidung für ein zu realisierendes Layoutdesign treffen. Diese Entscheidung für eine Designvariante kann vor allem in Arbeitsgruppen für den einen oder anderen schmerzlich sein, wenn der eigene Entwurf aussortiert wird. Aber damit muss man umgehen können.

Prinzipieller Ablauf einer Layoutentwicklung

In der Folge wird der prinzipielle Ablauf einer Layoutentwicklung für eine Präsentation dargestellt. Die Abbildungen mit den Nummern verdeutlichen Ihnen durch reale Skizzen und Screenabbildungen den notwendigen Kreativprozess zur Präsentationserstellung.

- Abbildung ❶ zeigt Layoutskizzen als Gedankenstütze am Anfang Ihrer Entwurfsarbeit. Diese Skizzen werden mit einem Filz- oder Bleistift in beliebiger Größe und Reihenfolge gescribbelt. Die Qualität muss nicht besonders hoch sein – entscheidend ist die Darstellung der Gestaltungsidee.
- Ist die Entscheidung für ein Layout gefallen, wird dieses konkret als Farbentwurf ❷ ausgearbeitet. Dies geschieht zuerst mit Hilfe von Farbstiften, Farbmarkern und Ähnlichem. Hierbei erstellen Sie erste Farbvarianten. Es werden die Aufmacherheadlines, Textpositionen für kurze Informationsblöcke, die Positionen für wiederkehrende Elemente wie Logos, Firmen-/Schulnamen, Referentennamen, Schaltbuttons u.Ä. festgelegt. In dieser ersten Entwurfsphase können noch alle Ideen, die zum späteren Präsentationslayout führen, integriert werden.
- Vor oder während dieser Arbeitsphase muss das Layout, ausgehend von der Skizze, konkretisiert werden. Dies bedeutet, dass Sie ein Endformat, wie in Bild ❸ auf der folgenden Seite gezeigt, für die Präsentation festlegen und konkret mit Hilfe eines Rasters bemaßen. Die Abbildung ❹ auf Seite 108 zeigt Ihnen dies.

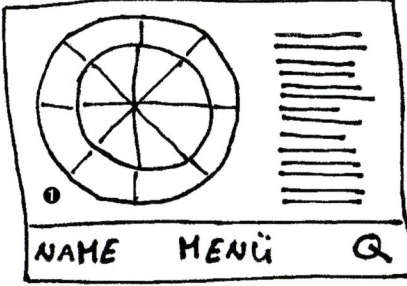

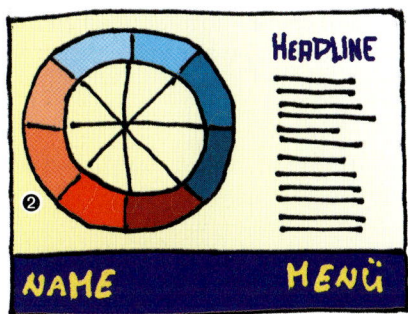

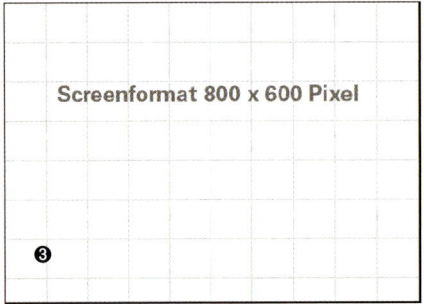

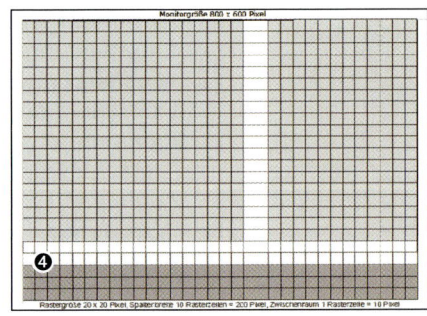

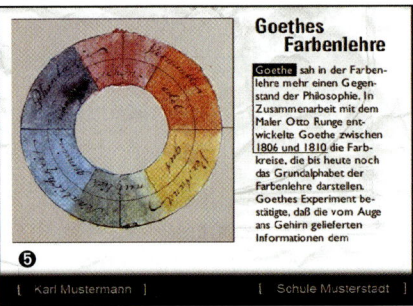

- Alle Positionen des späteren Text- und Bildbereichs sind festgelegt. Bild ❹ zeigt eine solche Bemaßungsskizze.
- Darunter sehen Sie das Ergebnis der Entwurfsarbeit. Zwei fertige Seiten ❺ aus einer Präsentation zu Goethe und seiner Farbenlehre. Die Inhaltsbereiche oder Content-Bereiche für Text und Bild entsprechen den Layoutvorgaben. Der feste Bereich in der Fußleiste sind der Referentenname und der Schul- bzw. Firmenname. Das Weiterklicken während des Vortrages erfolgt mit Hilfe der Maus, so dass keine Navigationsbuttons erforderlich sind.

Formate

Ausführlichere Informationen zu den Präsentationsformaten finden Sie auf Seite 112 im Kapitel 5.3 Präsentationsformate.

112

5.2 Layouts skizzieren ...

... kann jeder, nur wissen es die wenigsten von sich. Es ist völlig egal, ob Sie mit Strichmännchen arbeiten, ob mit Fotos, ein paar Linien auf Karton oder durch eine gute Beschreibung – Ideen lassen sich auf die unterschiedlichsten Arten visualisieren.

Interessante Einfälle für Präsentationen, für Plakate, Referate und Ähnliches existieren zunächst nur in Ihrem Kopf. Von dort wandern die Ideen aufs Papier. Ideen können sich in unmöglichen Situationen und Orten ergeben – im Wald, beim Unkrautzupfen oder im Schwimmbad. Daher spielt es keine Rolle, wie Sie eine Idee festhalten, entscheidend dabei ist, dass Ihre Idee nicht verloren geht.

Scribbeln Sie auf eine Papierserviette, auf die Tischdecke oder auf den Sandstrand (dann mit Digicam festhalten). Wichtig ist, dass die spontane Idee zu einem Präsentationsproblem, vor dem Sie stehen festgehalten wird. Welches „Arbeitsgerät" Sie dazu verwenden, ist unerheblich. Eine Idee aufzuzeichnen geht mit allem, was zum Schreiben und Malen in Schule und Beruf so üblich ist. Eine kleine Auswahl ist unten abgebildet. Soll aus der groben Idee eine bessere Darstellung werden, sollten die Gerätschaften zum Skizzieren etwas professioneller werden – Lineal und gute Farbstifte sind dann angebracht, um überzeugende Ergebnisse zu erhalten.

Arbeitsgeräte zum Layouten
Buntstifte, Bleistifte, Filzstifte in unterschiedlichen Stärken, Kugelschreiber, Marker und andere Untensilien können zum Erstellen eines Layouts genutzt werden. Zum Einfärben von Flächen können Marker mit breiter Spitze verwendet werden.

5.2.1 Schrift skizzieren

Um größere Textmengen schnell darzustellen, hat sich das Skizzieren in Strichmanier bewährt. Dazu wird die vorgesehenen Zeilenanzahl als mehr oder weniger starke Linie an die Stelle des Seitenformates gesetzt, an der in der späteren Präsentation der geplante Text steht.

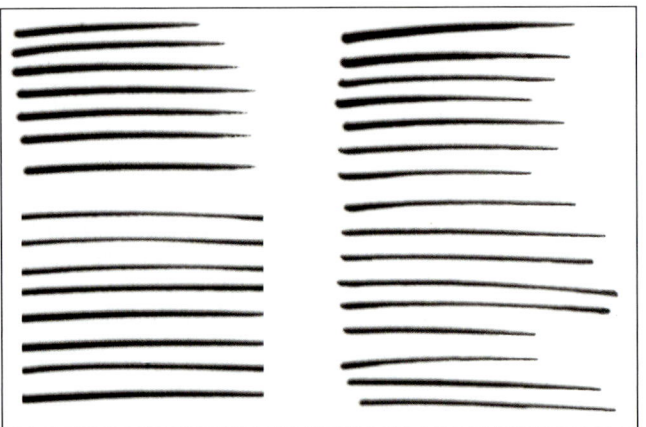

Skizziertechnik Strichmanier: Probieren Sie selbst diese Skizziertechnik aus, indem Sie einen Textblock als Flattersatz und als Blocksatz erstellen. Dabei sollten Sie pro Textblock sieben bis zehn Zeilen darstellen. Die Zeilenlänge sollte zwischen fünf und zehn Zentimetern betragen, wobei die langen Zeilen schwer zu erstellen sind und etwas Übung verlangen.

Im obenstehenden Beispiel ist die Skizziertechnik mittels eines Bleistifts dargestellt. Die Wirkung ist in dieser Größe sicherlich etwas unruhig, aber in einer Skizze sind die geplanten Textblöcke gut erkenn- und vorstellbar. Der linke untere Textblock weist links und rechts exakte Kanten auf – dies erreichen Sie, indem der Textblock an den Kanten mit einem Papier abgedeckt wird und Sie die überstehenden Linien links und rechts mit einem Radiergummi entfernen.

Die beiden Abbildungen unten zeigen links Funktion und Charakter einer Skizze mit Strichmanier, rechts die Umsetzung der Skizze mit Text und Bild am Computer.

Abb.:
Krisztan 2004,
Seite 100; Siehe
Literaturverzeichnis

5.2.2 Flächen zeichnerisch darstellen

Die Flächendarstellung mit Markerstiften ist einfach, schnell und unproblematisch in der Handhabung. Beachten Sie aber auch hier einige handwerkliche Regeln, die zur guten Darstellung unerlässlich sind.

Tragen Sie den Markerstrich bei Flächen immer in der gleichen Richtung ❶ auf. Wenn Sie einen satten Farbauftrag ❸ erreichen wollen, fahren Sie mit Ihrem Marker zwei oder gar drei Mal über die Fläche, aber immer in gleicher Strichrichtung. Grundsätzlich gilt, dass Sie die Strichführung am besten in der ❷ Horizontalen

Arbeitsgerät zum Flächen Skizzieren: Mit Markerstiften in unterschiedlichen Breiten erreichen Sie eine ordentliche Darstellung von Flächen. Ist es erforderlich, sehr große Flächen zu präsentieren, sollten Farbpapiere anstatt Markerstifte verwendet werden.

durchführen sollten. Dies hat weniger Absätze und Farbbahnen zur Folge. Dadurch wirkt die bearbeitete Fläche ruhiger und gleichmäßiger. Wichtig ist, dass Sie Flächen nur durch eine gleiche Strichlage erzeugen sollten. Eine gekreuzte Strichlage, wie in Bild ❹ dargestellt, bringt Unruhe in Ihr Layout und verfälscht den Gesamteindruck.

Abbildung ❺ zeigt Ihnen ein Beispiel, wie Sie es nicht machen sollten: Die wilde Schraffur führt zu einem ungleichmäßigen Flächenbild, es ergeben sich Öffnungen und die Gesamtwirkung erscheint wenig qualitätsvoll und professionell – allerdings geht es schneller. Aber der schnellste Weg ist oft nicht der beste.

Auch hier müssen Sie üben: Erstellen Sie mit Ihren verschiedenen Markerstiften verschieden große und unterschiedlich farbige, gleichmäßige Farbflächen.

5.3 Präsentationsformate

Quadratisches Format

Eines der auffälligsten und spannendsten Gestaltungs-
formate ist das Quadrat. Es fällt bei allen Medienanwen-
dungen als außergewöhnlich auf. Dieses quadratische
Format wird bei Präsentationen durch Tageslichtprojek-
toren verwendet. Bauartbedingt kann der OH-Projektor nur eine quadratische Projektionsfläche erzeugen.
Dies erfordert vom Anwender immer eine aufwändige
Gestaltung mit großen Bild-, Grafik- und Textelementen.
Die notwendige Lesbarkeit erfordert eine klare Gestal-
tungsstruktur ähnlich der Beamerprojektion.

OHP-Format
21 x 21 cm

150

Hochformat

Für gedruckte Präsentationen und Präsentationsmappen, die Sie mit Textverarbeitungsprogrammen erstellen, wird in der Regel ein Hochformat verwendet,
weitaus seltener das Querformat.

Üblicherweise verwenden Sie dazu das DIN-A4-For-
mat. DIN-Formate sind praktisch, da alles problemlos in
die entsprechenden Ordner, Hefter, Prospekthüllen und
Briefumschläge passt. Daher ist es sinnvoll und kostengünstig, Präsentationen auf DIN-Formate abzustimmen,
sofern Sie diese ausdrucken, präsentieren und dauer-
haft aufbewahren wollen oder müssen.

Wichtige DIN-Formate
DIN A3: 29,7 x 42 cm
DIN A4: 21 x 29,7 cm
DIN A5: 14,8 x 21 cm
DIN A6: 10,5 x 14,8 cm

DIN-Formate weisen immer die gleichen Proportionen auf. Bei den Format-Maßangaben wird zuerst das
Maß der quer liegenden Seite angegeben, dann das
Maß der senkrechten Seite. Beispielhaft sind die Maße
einer DIN-A4-Seite 210 x 297 mm. Da die erste Zahl
die kurze Breite angibt, schließen wir daraus, dass ein
Hochformat vorliegt. Beim Querformat wäre die Maß-
angabe wie folgt zu schreiben: 297 x 210 mm.

Gedruckte Präsentationen werden Sie sinnvollerwei-
se als hochformatige Präsentation anlegen, da wir unsere Lese- und Ordnungssystematik weitgehend darauf
abgestimmt haben.

Bei Hochformaten lassen sich bestimmte Lese-,
Wahrnehmungs- und Erwartungsgewohnheiten gut
festschreiben. Auf einer Fläche steht die obere Hälfte
immer für die Eigenschaft Aktivität – hier erwartet der
Betrachter etwas Neues, Reizvolles und Spannendes.
Also müssen hier Headlines positioniert werden. Die
untere Hälfte steht für Passivität, hier läuft die Seite aus
und es wird nicht mehr viel Aktuelles erwartet – die Le-

Lese-, Wahrneh-
mungs- und Erwar-
tungsgewohnheiten

selust lässt nach, ein idealer Raum für optisch ansprechende Grafiken und Bilder. Dies wirkt aktivierend und belebend auf einer Seite. Die linke Hälfte einer Seite steht für den Start, hier wird, entsprechend unserer mitteleuropäischen Lesegewohnheit Neues erwartet. Die rechte Hälfte steht für das Ziel, das Ergebnis. Die Mitte einer Seite oder Fläche gilt als ruhender Pol, sie weist keine der oben genannten Eigenschaften auf.

Diese Einteilung einer Hochformatfläche in verschiedene Wahrnehmungsräume lässt sich entsprechend auf alle hochformatigen Präsentationen wie Plakate, Flipcharts und Metaplandarstellungen übertragen. Ebenso gilt diese Einteilung für alle querformatigen PC- und Beamerpräsentationen sowie für die quadratische OH-Projektion.

Hochformatseite für Präsentationsmappe

Gestaltungselemente:
- Negative Kopfleiste mit Thema und Name des Autors oder Arbeitsgruppe. Trennt eindeutig und klar Kopf- und Inhaltsbereich.
- Headline kann auch über zwei Spalten gesetzt werden.
- Subheadline führt in den Text ein.
- Text kann bis zu 45 Buchstaben enthalten, Schriftgröße ist dabei 10 pt.
- Subheadline untergliedert und strukturiert die Textmenge und ist Lesehilfe.
- Zwei schmal gesetzte Spalten erleichtern die Strukturierung der Seite und später auch das Lesen.
- Bildanordnung: Ein- oder zweispaltige Bilder beschließen die Seite.

Präsentationsmappe   Karl Mustermann

1. Headline

1.1 Subheadlinie

Dies ist ein Mustertext zur Darstellung eines beliebigen Inhaltes. Er verdeutlicht die Positionierung eines Textblocks und ergibt dadurch einen optischen Eindruck für eine Präsentationsseite. Später wird dieser Mustertext durch den realen Text der Präsentation ersetzt. Dies ist ein Mustertext zur Darstellung eines beliebigen Inhaltes. Er verdeutlicht die Positionierung eines Textblocks und ergibt dadurch einen optischen Eindruck für eine Präsentationsseite. Später wird dieser Mustertext durch den realen Text der Präsentation ersetzt.

1.2 Subheadlinie

Dies ist ein Mustertext zur Darstellung eines beliebigen Inhaltes. Er verdeutlicht die Positionierung eines Textblocks und ergibt dadurch einen optischen Eindruck für eine Präsentationsseite. Später wird

dieser Mustertext durch den realen Text der Präsentation ersetzt. Dies ist ein Mustertext zur Darstellung eines beliebigen Inhaltes. Er verdeutlicht die Positionierung eines Textblocks und ergibt dadurch einen optischen Eindruck für eine Präsentationsseite. Später wird dieser Mustertext durch den realen Text der Präsentation ersetzt. Dies ist ein Mustertext zur Darstellung eines beliebigen Inhaltes. Er verdeutlicht die Positionierung eines Textblocks und ergibt dadurch einen optischen Eindruck für eine Präsentationsseite. Später wird dieser Mustertext durch den realen Text der Präsentation ersetzt.

Dies ist ein Mustertext zur Darstellung eines beliebigen Inhaltes. Er verdeutlicht die Positionierung eines Textblocks und ergibt dadurch einen optischen Eindruck für eine Präsentationsseite. Später wird dieser Mustertext durch den realen Text der Präsentation ersetzt.

Präsentationsformat und Satzspiegel

Die Seite einer Präsentation besteht üblicherweise aus dem Seiten- oder Screenformat und dem darin enthaltenen Satzspiegel. Bei der Festlegung eines Satzspiegels (im Bild grau hinterlegt) geht es neben seiner Größe auch um den Stand, also die Positionierung auf der Seite. Seite und Satzspiegel sind ähnliche Rechtecke. Die Ränder an Kopf und Fuß haben ähnliche Verhältnisse wie die Räume links und rechts vom Satzspiegel. Dabei gilt für die Gestaltung dieser Räume folgende Regel: Die Räume um den Satzspiegel dürfen nicht gleich sein, dies wirkt langweilig und ist ohne räumliche und optische Spannung.

Neunerteilung
Raumaufteilung einer Fläche durch ein selbst erstelltes Rastersystem mit Hilfe der Neunerteilung für Hoch-/Querformat.

Eine einfache und effektive Methode, um gleiche und gut geeignete Ränder bei einer Präsentation zu erhalten, ist die Neunerteilung ❶. Dabei dividieren Sie die Breite und Höhe einer Seite durch dieselbe Zahl, also hier durch neun. Von der Breite werden dann zwei Neuntel für den Rand links und rechts verwendet, ebenso werden für die Höhe zwei Neuntel von der Seitenhöhe abgezogen. Bei Hochformaten ist es zulässig, auch drei Neuntel für den Rand oben und unten zu nutzen. In der nebenstehenden Skizze ist dies dargestellt. Dies entspricht der Seitenaufteilung bei klassischen Buchprodukten. Modern und pfiffig wirkende Präsentationen ❷ weisen unten einen kleinen Rand (z.B. für den Fußraum) von der Größe eines Neuntels aus.

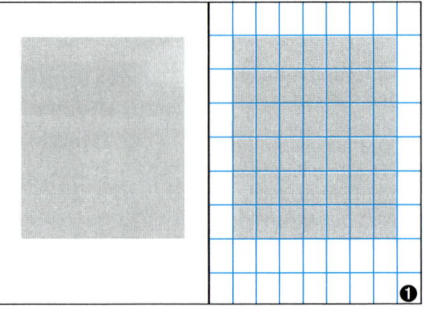

Für die Gestaltung eines Satzspiegels bei Quer- oder quadratischen Formaten ist die Neunerteilung gut anzuwenden. Die sich ergebende nutzbare Satzspiegelfläche und deren Konstruktion ist rechts abgebildet. Das untere Beispiel zeigt Ihnen eine Satzspiegelkonstruktion ❸ für das Präsentationsformat einer Computerpräsentation. Der hier vorgesehene Kopf- und Fußraum ergibt sich aus jeweils einem Neuntel der Gesamthöhe.

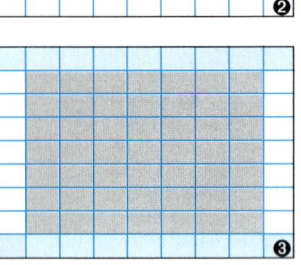

Noch ein Hinweis zum Schluss: Anstelle der Neun können Sie auch andere Zahlen zur Raumaufteilung verwenden. Das müssen Sie bei Ihren Präsentationen einfach mal praktisch durchführen.

Monitorformat

Alle Computermonitore weisen ein festgelegtes Bildformat auf, das von Ihnen nicht verändert werden kann. Diese Bildformate beschreiben das Verhältnis von Breite zu Höhe. Sie kennen Computerbildschirme mit dem klassischen Seitenverhältnis 4 : 3. Neuere Computermonitore kennen bereits das Seitenverhältnis 16 : 9. Diese Format ist deutlich komfortabler in der Nutzung, da störende Programmpaletten beim Arbeiten besser beiseite gestellt werden können. Beide Seitenverhältnisse beschreiben ein Querformat.

Bedingt durch die Seitenverhältnisse der Bildschirmtechnologie haben Sie es bei digitalen Präsentationen und Projektionen immer mit Querformaten zu tun. Im Querformat genutzte Seiten wirken meist nicht langweilig, da Sie, in der Regel unbewusst, als Gestalter diese Seiten vertikal gestalten und damit ausreichend Spannung erzeugen. Die Unterteilung eines Screens in mehrere Spalten führt zu einer neuen Raumgeometrie, die spannend wirken kann, wenn Sie mit Text, Bild und Grafik oder Animation gefüllt wird.

Monitorformate

Oben:
Bildformat 4:3 mit einem Seitenverhältnis der Breite : Höhe von 1,33 : 1

Unten:
Bildformat 16:9 mit einem Seitenverhältnis der Breite : Höhe von 1,78 : 1

Die Formatangabe bei Bildschirmen und bei Bildschirmpräsentationen erfolgt immer in Pixel.

Querformat bei Computerpräsentationen

Computerpräsentationen sind immer im Querformat angeordnet. Die Größeneinstellung unterscheidet sich von der jeweiligen Einstellung sowie Pixelauflösung des Monitors und des Beamers.

Nach dem Start eines Präsentationsprogramms gehen Sie in der Regel auf die Einstellung „Leere Präsentation", um ein individuelles Layout zu erstellen. Auf dem Folienmaster können Sie nun Ihr Layout so einrichten, dass dieses dann auf alle Folien übertragen wird. Dadurch erhält Ihre Präsentation ein einheitliches und professionell wirkendes Erscheinungsbild. Nachdem Sie sich Gedanken über das Aussehen und das Layout Ihrer Präsentation gemacht haben, können Sie nun Ihren Folienmaster einrichten.

Gehen Sie dazu wie folgt vor:
• Legen Sie auf das vollständige Format des Folienmasters ein Rechteck, das Sie mit einem hellen Grauton einfärben.

- Drucken Sie Ihren Folienmaster aus. Sie erhalten ein hellgrau eingefärbtes Blatt im korrekten Formatverhältnis.
- Legen Sie auf dem Ausdruck Ihres Folienmasters ein Rastersystem an, das Grundlage für Ihre Screengestaltung wird.

210

- Entwickeln Sie ein Gestaltungsraster auf der Grundlage der Neunerteilung.
- Legen Sie den Kopf- und Fußraum fest.
- Legen Sie den so genannten Content-Bereich fest. Hier werden Ihre Präsentationstexte, Bilder, Grafiken, Animationen oder Videos positioniert. Die

Entwurf Folienmaster
Der Entwurf enthält Kopf- und Fußzeile, Inhaltsbereich für einspaltigen Text sowie ein Farbsystem für die Präsentation. Der fertige Folienmaster dazu ist auf der gegenüberliegenden Seite.

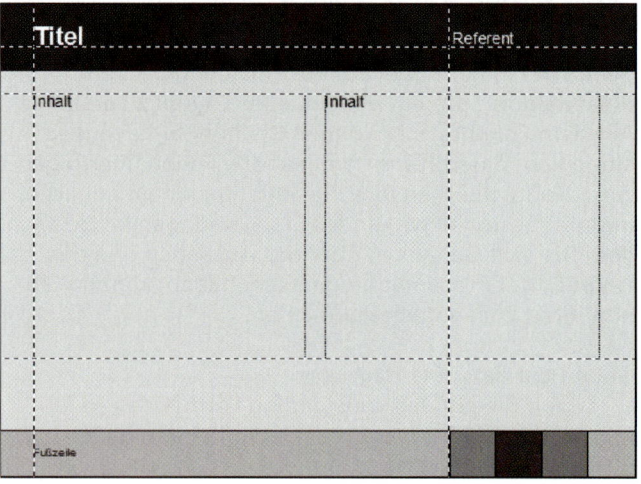

Entwurf Folienmaster
Der Entwurf enthält Kopf- und Fußzeile, Inhaltsbereich für zweispaltigen Text sowie ein Farbsystem für die Präsentation. Der fertige Folienmaster dazu ist auf der gegenüberliegenden Seite.

Inhalte dieses Bereichs wechseln von Folie zu Folie.

- Erstellen Sie für ein- und zweispaltige Folien eine Mustervorlage. Mehr als zwei Spalten werden nicht benötigt, da dann die Lesbarkeit schlecht wird.
- Legen Sie die Farbgebung Ihrer Präsentation fest und tragen Sie die Farbwerte im Folienmaster ein.
- Halten Sie die Textbereiche mit den gewählten Schriften in Ihrer Skizze fest und tragen Sie diese dann in Ihren Folienmaster ein.
- Drucken Sie den fertigen Folienmaster aus und verwenden Sie die Ausdrucke als Grundlage für Ihr schriftliches Manuskript.

Folienmaster Impress
Fertiger Folienmaster mit Kopf- und Fußzeilen. Die Schriftdefinition für den einspaltigen Text ist in dem Textfeld des Folienmasters festgelegt.

Folienmaster Impress
Fertiger Folienmaster mit Kopf- und Fußzeilen. Die Schriftdefinition für den zweispaltigen Text ist in den Textfeldern des Folienmasters festgelegt.

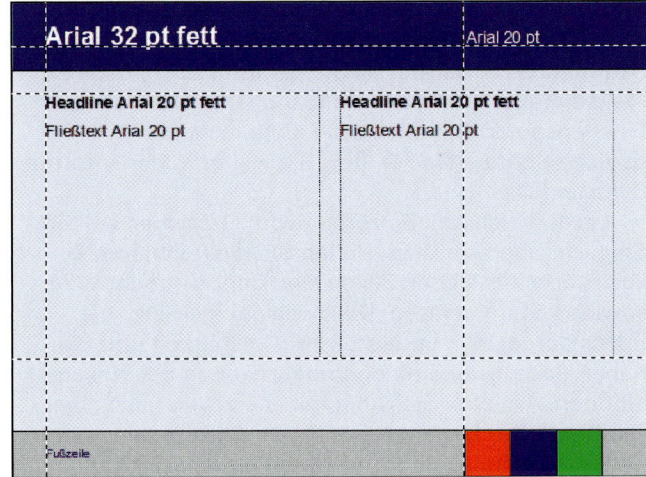

5.4 Gestalten einer Bildschirmpräsentation

Layoutentwicklung hat zwei Hauptziele, die im Prinzip widersprüchlich sind – zumindest auf den ersten Blick.

- Schaffung eines klaren, strukturierten und lese-freundlichen Seitenaufbaus, der für mehrere Seiten-folgen einer Präsentation verwendet werden kann.
- Gestaltung von witzigen, anmachenden und animie-renden Einzelseiten, die beim Leser Lust auf Lesen und Betrachten wecken.

Das zuletzt genannte Ziel ist ein hochrangiges und schwer zu erfüllendes Ziel, das einige Erfahrung in der Gestaltungspräsentation erfordert. Vor allem der Einbau interaktiver Elemente wie Animation oder Video führt leicht zu einer Überfrachtung. Orientieren Sie sich im Zweifel immer an dem Lehrsatz: Weniger ist mehr. Diese zwei Forderungen stehen in einem gewissen Widerspruch, müssen aber verknüpft werden, um die Leselust bei der Zielgruppe anzuregen und zu erhalten.

5.4.1 Seiten- oder Folienlayout

Der Seitenaufbau einer Präsentation folgt den Gesetzen der Lesbarkeit, die Sie in den ersten Jahren als Schüler unbewusst gelernt haben.

Seiteneinstieg: Bei der neuen Seite eines Buches, einem neuen Screen einer Internetseite oder bei einer Präsentationsfolie – Sie schauen immer nach links oben an die Stelle, an der Sie etwas Neues, möglichst Spannendes erwarten. Da Sie gelernt haben, dass die meisten Texte mit Headlines losgehen, wird diese zum Einstiegspunkt ❷ in Ihre Seite. Eine nicht immer erfor-derliche Subheadline ❸ führt Sie weiter in den informa-tiven Text ❹.

Lesebereich: Die Satzbreite von 30 Zeichen sollten Sie nicht überschreiten. Halten Sie die Textblöcke ❺ kurz, sechs bis sieben Zeilen sind genug – mehr wird sowieso kaum gelesen. Der zweispaltige Satz, wie rechts dargestellt, unterstützt die Lesbarkeit und Sie haben dabei gute Einblendmöglichkeiten bei Präsen-tationen. Arbeiten Sie ruhig mit Leerzeilen nach einem Textblock. Der Leser wird es Ihnen danken, da er dann leichter von Inhaltsblock zu Inhaltsblock lesen kann.

Titel der Präsentation ❶	Musterbergschule Musterstadt
1 Headline ❷ **1.1 Subheadline ❸**	Es dürfen nicht zu viele Zeilen in einem Abschnitt stehen, da sonst die Lesbarkeit bei einer Projektion nicht gegeben ist.
Inhaltsbereich mit Mustertext zur Darstellung des geplanten Inhalts der Präsentationsfolie im Querformat. ❹ Der blau unterlegte Rahmen kennzeichnet die Infobox, in der die Inhalte einer Präsentation dargestellt werden.	Kurze Zeilen sind bei einer Präsentation für den späteren Betrachter gut lesbar. Daher planen Sie kurze Zeilen und kurze Textblöcke, die sich in der Höhe durchaus voneinander unterscheiden können. ❺
	Konstruktionshilfslinien für Infobox

Zweispaltiges Screenlayout im Querformat mit eigenständigem Kopfbereich. Die blau unterlegten Bereiche kennzeichnen die Infobox, in der die Inhalte einer Präsentation dargestellt werden.

Bei projizierten Präsentationen ist die Zweispaltigkeit dazu geeignet, eine gute Lesbarkeit zu erreichen. Allerdings muss der Spaltenabstand so groß sein, dass die Augenbewegung beim Lesen nicht zur nächsten Spalte führt, sondern zur darunterliegenden Zeile. Daher darf der Spaltenabstand hier deutlich größer sein, als Sie dies von Drucksachen gewohnt sind.

Bild und Grafik: Bauen Sie Bilder und Grafiken in die so genannten Leseachsen ein. Der Leser sucht diese Achsen und orientiert sich daran. Erstellen Sie diese Leseachsen, um für Ihre Präsentation eine schnelle und effektive Informationsaufnahme durch Ihre Zielgruppe zu erreichen.

Kopf und Fußraum: Gute Präsentationen weisen mindestens einen Kopfraum ❶ aus, in den der Titel der Präsentation und der Präsentationsveranstalter eingetragen wird. Dieser Präsentationskopf wird durch eine feine Linie oder durch andere Farben von der Infobox getrennt, in der die wechselnden Inhalte dargestellt werden. Wird zusätzlich zum Präsentationskopf noch ein Fußraum ❼ verwendet, kann im Kopf ein feststehendes Logo mit Firmen- oder Kursbezeichnung ❻ eingefügt werden. Im Fußbereich wird dann meistens der Name der Vortragenden ❼ zusätzlich aufgeführt. Texte im Bereich der Kopf- und Fußzeilen sollten Sie in reduzierten Tonwerten darstellen, um den Seiteneinstieg optisch nicht zu dominieren. Es muss gewährleistet sein, dass der Seiteneinstieg optisch über den Kopfbereich der Infobox dominiert. Dies erreicht man durch eine trennende Farbgebung oder Linien. Ein weiteres Mittel, um die Trennung der Bereiche optisch deutlich darzustellen, ist die Verwendung kleinerer Schriftgrade für die Texte im Kopf- und Fußbereich. Dies reduziert deren Wirkung deutlich. Im Bild rechts unten ist dies bei der negativen Schrift gezeigt.

Eine weitere Möglichkeit, den Informationsbereich vom Kopf- und Fußbereich zu trennen, ist die Verwendung von vollflächigen Balkenelementen. In diese Balkenelemente werden die erforderlichen Texte in negativer Schrift eingesetzt. Dies kann, wie im Beispiel rechts in grauer Schrift mit einem Tonwert von etwa 20 % oder in weißer Schrift erfolgen. Der Kontrast von Schwarz zu Weiß ist stark und auffällig, daher ist der geringere Kontrast, wie in der oberen Hälfte der Abbildung gezeigt, für eine Präsentation besser geeignet.

Das Unterlegen des Infobereiches mit einer grauen Tonfläche mildert den starken SW-Kontrast und erleichtert dem Leser die Informationsaufnahme. Der Tonwert der grauen Fläche darf 20 % nicht überschreiten, da sonst der Kontrast zur Schrift zu gering wird und die Lesbarkeit verschlechtert würde.

Eine weitere Variante des Seitenaufbaus ist in Kapitel 5.1.2 Layoutentwicklung dargestellt. Hier wird nur der Fußbereich der Seite dazu verwendet, ständig erforderliche Informationen darzustellen. Im oberen Bereich der Seite erscheint dann tatsächlich mit der Headline oder einem Bild immer etwas Neues für den Betrachter. Der Vorteil, einen Screen nur mit einem Fußbereich auszustatten, liegt für Sie vor allem bei zwei Punkten:

107

- Sie haben mehr Raum für Präsentationsinhalte und
- der Einstiegspunkt der Seite ist eindeutig und klar erkennbar, was zu einer Verbesserung der Informationsaufnahme führt. Die dauernde Wiederholung z.B. eines Firmenlogos entfällt und eine Konzentration auf die wesentlichen Inhalte ist dadurch leichter möglich. Für Firmenpräsentationen weniger geeignet, da hier das Logo oftmals erwünscht ist.

Abbildung oben:
Die Folie der vorhergehenden Seite ist um eine Kopf und Fußzeile erweitert worden. Trennungselement ist die Linie.

Abbildung unten:
Die Folie trennt Kopf- und Fußzeile und den Infobereich durch schwarze Flächen mit negativer Schrift.

Springer-Verlag ❻

Titel der Präsentation

1.0 Headline

Inhaltsbereich mit Mustertext
ohne Subheadline zur Darstellung des Inhalts der Präsentationsfolie im Querformat.

Der Zeilenabstand ist enger gehalten, um die Informationsdichte zu erhöhen, allerdings
zu Lasten der Lesbarkeit. Bilder
oder Grafiken erhalten eine
Bildunterschrift zur Erläuterung

Bildunterschrift ❽

Name des/der Vortragenden ❼

Musterbergschule Musterstadt

Springer-Verlag

Goethes Reisen nach Italien

1.0 Headline

Inhaltsbereich mit Mustertext,
jetzt ohne Subheadline zur Darstellung des Inhalts der Präsentationsfolie im Querformat. Dadurch ist eine Zeile mehr Platz.

Der Zeilenabstand ist enger gehalten, um die Informationsdichte zu erhöhen, allerdings
zu Lasten der Lesbarkeit. Bilder
oder Grafiken erhalten eine
Bildunterschrift zur Erläuterung

Bildunterschrift ❽

Name des/der Vortragenden ❼

Musterbergschule Musterstadt

5.4.2 Layoutvorlagen

Die erste deutliche Forderung ist die klare und weitgehend gleichbleibende Lesestruktur. Innerhalb eines
zusammengehörenden Präsentationsabschnitts dürfen
Sie keine Änderung der Seitenstruktur durchführen.

Klare, gleichbleibende Lesestruktur

   Von Kapitel zu Kapitel können Unterschiede ver-
einbart werden, wobei die Gesamtstruktur einheitlich
in der Erscheinung bleiben muss. Ein Vortrag, eine
Präsentation gehören letztlich zusammen und sind ein
einheitliches zumeist linear zu nutzendes Werk.

   Viele Präsentationsprogramme haben für den
Präsentationsneuling vorgefertigte Folienlayouts zusammengestellt. Diese können sofort genutzt werden,
indem eigene Texte, Bilder und Grafiken in die bestehenden Layoutfelder importiert werden. Allerdings fehlt
diesen Layouts, die Sie auf der rechten Seite beispielhaft erkennen, die markante, persönliche Note, die
eine Präsentation als unverwechselbar, einmalig und
personenbezogen auszeichnen.

Folienlayouts

   In der Abbildung rechts ist aber ein wichtiges Prinzip
deutlich erkennbar: Allen Layouts ist gemeinsam, dass
pro Seite immer wenig Text, eine Grafik oder ein, zwei
Bilder zusammen mit Text geplant sind. Unabhängig davon wird dargestellt, dass einzelne Präsentationsfolien
immer relativ wenig Inhalt wiedergeben, diesen Inhalt
aber in großer Schrift und einer klaren Bildsprache.

   Es ist bei einer solchen Auswahl an vorgefertigten
Folienlayouts nicht daran gedacht, dass alle bei ei-
ner Präsentation Verwendung finden. Dies hätte eine
unübersichtlich, chaotisch und strukturlos wirkende
Präsentation zur Folge. Daher müssen Sie sich, wenn
Sie vorgefertigte Layouts nutzen wollen, die für Ihren
Inhalt geeigneten Folien herausnehmen und damit Ihre
Präsentation bestücken. Dabei ist darauf zu achten,
dass ein einheitliches Erscheinungsbild im Ablauf Ihrer
Präsentation sichergestellt ist.

   Für Präsentationen können vorgefertigte Folienlayouts verwendet werden. In der Abbildung rechts sind einige solcher so genannten Templates abgebildet. Diese
Vorlagen sind bei allen Präsentationsprogrammen
aufrufbar und können problemlos genutzt werden. Auch
das Erstellen eigener Folienlayouts ist technisch ohne
Probleme möglich, erfordert aber eine gewisse Übung,

Templates

210

Beispielhafte Folien-
layouts, wie sie in
allen gängigen Prä-
sentationsprogram-
men für den schnellen
Aufbau einer Präsen-
tation zur Verfügung
gestellt werden.

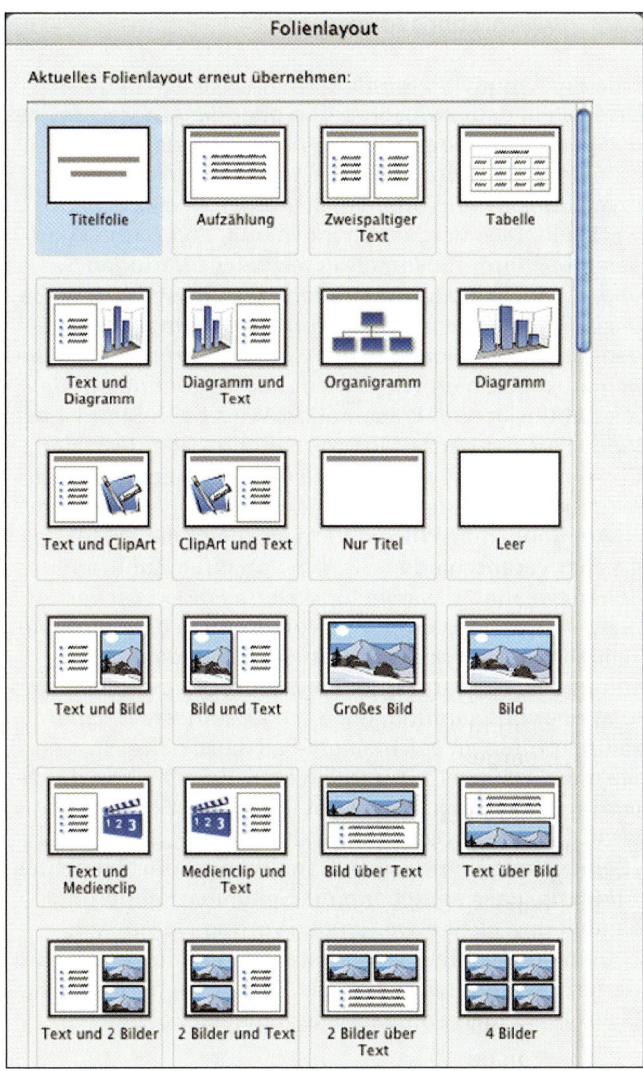

um eine durchgängig klare und einheitlich wirkende
Gestaltung für eigenständige Präsentationen zu entwickeln. Für den Präsentationsaufbau sind alle Folien
sofort verfügbar.

Auf den folgenden Seiten ist der Layoutaufbau von
Folien und der gestalterische Vortragsaufbau für Sie im
Überblick dargestellt.

5.4.3 Präsentationsaufbau

Eine Präsentation beginnt immer mit einer Titelfolie. Diese stellt das Thema vor, den oder die Autoren sowie den Veranstalter des Vortrags oder der Präsentation.

In der Folge können Sie reine Textseiten mit Text- bzw. Grafiklayouts oder vollständigen Bildseiten abwechseln. Dies wird durch Ihr Thema, den Aufbau und den Inhalt Ihrer Präsentation festgelegt. Verfügen Sie über Videoclips oder Animationen, so lassen sich diese in ein Präsentationslayout problemlos integrieren. Video- und Animationsdateien werden nach den gleichen Regeln positioniert wie Bilder und integrieren sich damit nahtlos in eine Präsentation. Wird beim Start eines Videoclips der ganze Monitor benötigt, überdeckt der Clip die Präsentation während des Abspielens, danach wird die Präsentation wieder sichtbar.

Am Ende Ihrer Präsentation erscheint die Schlussfolie. Hier verabschieden Sie sich von Ihren Zuhörern und geben bekannt, dass Sie für weitere Fragen zur Verfügung stehen. Dabei kann es vorkommen, dass einzelne Teilnehmer der Präsentationsveranstaltung auf bestimmte Folien zurückgreifen wollen, um eine Darstellung oder Behauptung, die Sie hier aufgestellt haben, zu überprüfen. In solch einem Fall ist es hilfreich, wenn Sie die einzelnen Layoutfolien Ihrer Präsentation durchnummeriert haben. In der Abbildung ❹ ist dies dargestellt. Geben Sie dazu immer den Begriff „Seite" oder „Screen" mit Nummer an. Dann erkennt der Betrachter eindeutig, dass es sich um die Seitennummerierung handelt und nicht etwa um den Vortrag Nummer 4.

Erstellen Sie für Ihre nächste Präsentation einen skizzierten Layoutentwurf, der alle Positionen für Text, Bild, Grafik und Video enthält. Achten Sie auf Folgendes:

- Klarer und logischer Layoutaufbau
- Klare Lesestruktur mit eindeutigen Einstiegspunkten
- Klar abgegrenzte Kopf- oder/und Fußräume
- Einheitliches und klares Gesamterscheinungsbild

Grundsätzliches
Bei der Erstellung Ihrer Präsentation gestalten Sie lieber eine Folie bzw. Seite mehr. Lassen Sie freie Räume wirken. Füllen Sie Ihre Seiten nicht mit Text und Bild auf. Weniger Inhalt ist leichter zu erfassen und zu verstehen und Ihre Zuhörer sind gespannt auf die nächste Folie.

Titelfolie

Inhalts-
präsentation

Inhalts-
präsentation

Text-/Grafik-
darstellung

Text-/Video-
darstellung

Text-/Bild-
darstellung

Inhalts-
präsentation

Inhalts-
präsentation

Schlussfolie

Titelfolie ❶
Es wird das Thema der Präsentation als Grundinformation zum Inhalt genannt. Ferner werden Verfasser, Vortragender und der Ort des Vortrages genannt. Titel- und Schlussfolie können optisch identisch sein, inhaltlich nicht.

Titel der Präsentation

❶

Carla Musterfrau, Ralf Mustermann

Musterburgschule Musterstadt

Informationsfolie ❷
Beispielhaft ist eine Gliederungsstruktur einer Präsentation dargestellt, mit der ein erster Überblick nach der Titelfolie gegeben werden kann. Die Infobox hebt sich farblich vom Kopf deutlich ab, hier helleres Grau.

Titel der Präsentation   Musterburgschule Musterstadt

❷ Gliederung

• Teil 1 mit Musterthema   • Teil 6 mit Musterthema
• Teil 2 mit Musterthema   • Teil 7 mit Musterthema
• Teil 3 mit Musterthema   • Teil 8 mit Musterthema
• Teil 4 mit Musterthema   • Teil 9 mit Musterthema
• Teil 5 mit Musterthema   • Schluss

Informationsfolie ❸
„Teil 1 Musterthema" als Einstiegspunkt in die Seite mit einer ersten Darstellung eines Themenbereichs. Der Kopf der Layoutfolie wird immer in einer reduzierten Farbgebung bei der Schrift mitgeführt.

Titel der Präsentation   Musterburgschule Musterstadt

❸ Teil 1 Musterthema

Dies ist ein Mustertext, der   Dies ist ein Mustertext, der
zur Darstellung von Texten   zur Darstellung von Texten
verwendet wird und inhalt-   verwendet wird und inhaltlich keine Bedeutung hat.   lich keine Bedeutung hat.
Hier steht bei Präsentatio-   Hier steht bei Präsentationen Ihr persönlicher Text.   nen Ihr persönlicher Text.

Informationsfolie ❹
„Teil 1.1 Musterthema" als Einstiegspunkt in die Seite mit einer Bilddarstellung in der rechten Spalte. Text und Bild könnten auch vertauscht werden. Sinnvoll ist eine Nummerierung ❺ der Folien, um bei Bedarf direkt darauf zugreifen zu können (hier in Weiß).

Titel der Präsentation   Musterburgschule Musterstadt

❹ Teil 1.1 Musterthema

Dies ist ein Mustertext, der
zur Darstellung von Texten
verwendet wird und inhaltlich keine Bedeutung hat.
Hier steht bei Präsentationen Ihr persönlicher Text.

Bildunterschrift

❺ Folie 4

5.5 Printlayout

Das Layout für gedruckte DIN-Formate, aber auch für geschriebene oder geklebte Plakatentwürfe zeichnet sich in der Regel dadurch aus, dass ein Hochformat verwendet wird. Im Prinzip gelten hier die gleichen Regeln für die Lesbarkeit wie für das vorne beschriebene querformatige Präsentationslayout. Klarheit, Struktur und Lesbarkeit sind auch hier oberstes Gebot.

☞
230

Der bedruckte Teil einer Seite ist der Satzspiegel. Auf der gegenüberliegenden Layoutdarstellung ist dieser grau dargestellt, das Seitenformat ist blau. Bei der Verwendung einer Software wie „Writer" ergibt sich der Satzspiegel durch die Festlegung der Seitenränder. Im abgebildeten Beispiel sind dies die Maßangaben links, oben, rechts und unten. Dieser Satzspiegel ist bewährt und ermöglicht eine Druckausgabe auf allen üblichen Laserdruckern.

Satzspiegel

Für Präsentationsmappen sollten Sie bei größeren Textmengen zwei oder drei Spalten verwenden. Hier ist die Lesbarkeit im Verhältnis zur Zeilenlänge und den angegebenen Schriftgrößen gut. Schmalere Spalten beeinträchtigen die Lesbarkeit bei größeren Schriftgraden. Sie erfordern ein ausgeprägtes Gespür und Erfahrung bei einer Gestaltung, die zwischen schmalen und breiten Spalten wechselt. Diesen Wechsel finden Sie häufig bei Zeitschriften.

Spalten

Für OH-Folien sollten Sie maximal zwei Spalten verwenden. Benutzen Sie mehr Spalten, wird die Lesbarkeit durch die Projektion verschlechtert.

Die Schriftgrößen liegen zwischen neun und zwölf Punkt, Headlines werden entsprechend größer gesetzt. Als Schriftart hat sich bei Mengentexten die Verwendung von Serifenschriften wie z.B. Times New Roman bewährt, da diese gut lesbar sind.

Times – gut lesbare Zeitungsschrift mit leichten Serifen, die ein schnelles und leichtes Erfassen von Wörtern, Wortgruppen und Zeilen ermöglicht. Als Systemschrift verfügbar.

Der Spaltenabstand ist mit fünf Millimeter angegeben. Er sollte immer größer sein als der denkbare Wortabstand. Dadurch wird ein Überlesen von einer Spalte in die andere verhindert.

Garamond – beliebte und leicht wirkende Buchschrift mit ausgezeichneter Lesbarkeit. Als Systemschrift verfügbar.

Als Satzart ist der Flattersatz zu empfehlen, da hier die Optik und die Lesbarkeit in einem guten Verhältnis stehen. Der Blocksatz hinterlässt oftmals unschöne Lücken im Text, die den Lesefluss in Ihrer Präsentation stören. Den Zeilenabstand müssen Sie bei Ihrem Satz in der Regel nur bei großen Schriftgraden ab etwa 18 pt etwas vergrößern.

20 mm

20 mm

15 mm

Einspaltiger Satzspiegel
für Kleinplakat, Flyer, Titelseiten …
Spaltenbreite 175 mm
Schriftgrade 12 bis 14 Punkt für Grundtext
Headlines 14 bis 18 Punkt

Zweispaltiger Satzspiegel
für Präsentation, Dokumentation …
Spaltenbreite 85 mm,
Schriftgrade 9 bis 12 Punkt für
Grundtext, Headlines 14 - 18 Punkt

Spaltenbreite 85 mm
Spaltenabstand 5 mm

Dreispaltiger Satz-spiegel
für Präsentation,
Dokumentation …
Schriftgrade 9 bis 10
Punkt für Grundtext,
Headlines ca. 16 Punkt

Spaltenbreite 55 mm
Spaltenabstand 5 mm

Spaltenbreite 55 mm
Spaltenabstand 5 mm

Vierspaltiger Satzspiegel
Schriftgrade 8 bis max. 10 Punkt für Grundtext, Headlines ca. 12 Punkt

Spaltenbreite 40 mm Spaltenabstand 5 mm

Spaltenbreite 40 mm Spaltenabstand 5 mm

Spaltenbreite 40 mm Spaltenabstand 5 mm

Fünfspaltig. Satzspiegel
Schriftgrade 8 / 9 pt für Grundtext, Headlines ca. 10 / 11 pt

Spaltenbreite 31 mm Spaltenabstand 5 mm

Spaltenbreite 31 mm Spaltenabstand 5 mm

Spaltenbreite 31 mm Spaltenabstand 5 mm

Spaltenbreite 31 mm Spaltenabstand 5 mm

27 mm Rand bei einem Zeilenabstand von 5 mm

Ein vielseitig nutzbarer Satzspiegel mit Maßangaben für
unterschiedliche Spaltenbreiten für das DIN-A4-Format.

5.5.1 Gestaltungsraster

Das Rastersystem einer Schokoladentafel ist – zugege-
benermaßen – ein sehr einfaches Prinzip, das vor allem
beim gerechten Verteilen der einzelnen Stücke hilft.
Mehr aber auch nicht. Vergleichbar einfach sollte ein
Gestaltungsraster aufgebaut sein, mit dem Texte und
Bilder in eine klare, gut lesbare Form gebracht werden.
Das Gestaltungsraster soll helfen, die geplanten Inhalte
in unsere Seiten so hineinzupassen, dass diese zum
Schluss gut aussehen und eine optimierte Informations-
aufnahme von OH-Folien, Plakaten usw. ermöglichen.
   Sie gestalten Seiten, die nachher von anderen
Menschen gelesen werden müssen. Daher sollen solche
Gestaltungsraster gut überlegt und konsequent umge-
setzt werden, damit sich die gewählte Rasterstruktur
und die damit verbundene Informationsaufnahme beim
Leser unbewusst im Kopf festsetzt.

Das allseits beliebte
Raster einer Schoko-
ladentafel ermöglicht
uns eine klare und ge-
rechte Zuordnung der
einzelnen Elemente.

Beispiel Gestaltungsraster
Auf der gegenüberliegenden Seite erkennen Sie das
Gestaltungsraster für dieses Buch. Für Ihre Arbeiten
sollten Sie sich nach diesem Beispiel eigene Raster anlegen und alle Bedingungen für die Seitengestaltung in
einer solchen Skizze festlegen. Diese Bedingungen sind:

- Satzspiegel mit Festlegung der Ränder
  [Gesamtheit der roten Linien]
- Festlegung der Spaltenanzahl [rote Linien]
- Festlegung der Spaltenbreite [rote Linien]
- Festlegung der Spaltenhöhe (Zeilenanzahl und
  Zeilenabstand [blaue Linien])
- Festlegung des Spaltenabstandes
- Definition der Schriftverwendung (Headline, Sub-
  headline, Grundtext, Auszeichnungen, Marginalien-
  text [ist bei diesem Buch so, muss aber nicht sein],
  Bildunterschriften, Seitenzahlen)
- Grundlinienraster bzw. Zeilenabstand.
- Festlegung des Satzbeginns [dunkelblaue Linien]
- Stand der Seitenzahlen
- Festlegung des Raumes für Anmerkungen des Le-
  sers (manchmal auch als Korrekturrand bezeichnet,
  wenn eine Präsentation Teil einer Prüfung ist)
- Festlegung der möglichen Bildgrößen
- Zum Schluss: Erstellen einer doppelseitigen Raster-
  zeichnung (linke/rechte Seite) als Arbeitsvorlage

Legen Sie für jede
Präsentation eine der-
artige Musterseite an,
wie sie rechts abgebil-
det ist. Die sich daran
anschließende Arbeit
wird durch die getrof-
fenen Festlegungen
deutlich vereinfacht
und beschleunigt.

5.1 Überschrift groß (Univers 11 pt fett)

Dann kommt ein Textmuster, um zu verdeutlichen, dass hier später tatsächlicher Text zum Lesen steht. Diesen Text nennt man auch Blindtext, denn er wird später durch den realen Textinhalt ersetzt und zeigt uns nur die Gestaltungsform an. Dazu kann auch wie unten fremdsprachiger Text verwendet werden (Univers 9 pt Roman).

5.1.1 Überschrift klein (Univers 9 pt fett)

FghmfgUd tinim volumsan henibh exer alisi. Agna feu feu feu feugiam voloreraese delis nit, sit lum autpat. Rem nissis dunt iustio dion et ipsum volore modio del euis alit velit, conse dio odolorperit irit alit, consectem volobor ercilisi bla consequisis nibh.

Da faciduisit wismolessed ero erci bla faci eu feum zzril iusci tat ipit acilismod dolummodigna atue dionsecte delent am, quat, sectet ing enibh er sum veliquip ex exer secte feuisim ipit velenim digna ad eu feu facing et, quat lutat. Cum init praesed ming ea feumsan. fghmf geude tinim volumsan henibh exer alisi. Agna feu feufeu.

Feugiam voloreraese delis nit, sit lum autpat. Rem nissis dunt iustio dion et ipsum volore modio del euis alit velit, conse dio odolorperit irit alit, consectem volobor ercilisi bla consequisis nibh ea faciduisit wismolessed ero erci bla faci eu feum zzril iusci tat ipit acilismod dolummodigna atue dionsecte delent am, quat, sectet ing enibh er sum veliquip ex exer secte feuisim ipit velenim digna ad eu feu facing et, quat lutat. Cum init praesed ming ea feumsan.

Marginalienspalte, also der Bereich für Anmerkungen und Bildbeschreibungen und Querverweise (Univers 7,5 pt Roman)

Bilder können einspaltig (schmal und breit), zweispaltig und dreispaltig verwendet werden.

Bildunterschriften beschreiben das Bild und geben weitere informationen zur Bildaussage.

Raum für Anmerkungen und Lesezeichen des Lesers

5.5.2 Layouts für Plakate und Schautafeln

Zur Präsentation von Referaten, Abschluss- und Prüfungsarbeiten können Plakate und Schautafeln gut und effektvoll eingesetzt werden. Die Möglichkeit, am PC Texte und Bilder in guter Qualität zu erstellen und auszugeben, gestattet das Gestalten großer Präsentationsmedien mit relativ einfachen Mitteln.

Das Layout großer Tafeln erfordert einen klaren und systematischen Aufbau. Hilfreich ist hier immer ein Rastersystem. Dieses Raster hilft einen Stoff übersichtlich und klar zu strukturieren. Unten links ist ein solches dreispaltiges Rastersystem für eine Hochformattafel dargestellt. Rechts sehen Sie ein Ergebnis, das aus diesem Rastersystem von Schülern eines Berufskollegs entwickelt wurde.

Auffällig ist, dass nicht alle Rasterfelder belegt sind. Durch die sich ergebenden Freiräume wirkt das Plakat

Rastersystem mit quadratischen Rasterelementen

Das kleine Plakat unten zeigt das Ergebnis ohne die im rechten Bild eingeblendeten Rasterfelder.

Blickfang – das kann eine Headline, ein geeignetes Bild oder ein provokanter Text sein. Lassen sie sich etwas einfallen ...

erst spannungsreich und der vorbeigehende Betrachter bleibt durch einen entsprechenden Blickfang auch stehen und liest die Tafel. Blickfang kann die Grafik, das Gedicht oder das Bild unten sein – entscheidend ist, dass diese Elemente frei wirken können und nicht durch weitere Texte oder Bilder ihren Freiraum verlieren.

Unten erkennen Sie ein querformatiges Plakat. Dessen Gestaltung beruht ebenfalls auf einem Gestaltungsraster. Querformate lassen aufgrund des günstigeren Formats insgesamt mehr Informationen zu, wirken aber manchmal überladen und nicht so spannungsreich. Hilfreich ist in dieser Situation, dass ein solches Querformat ein hochformatiges Gestaltungselement erhält. In dieses Element können immer wiederkehrende Informationen wie Literaturtipps, Landkarten, Pläne usw. untergebracht werden. Dieses Element kann als Farbfläche ausgeführt werden, aber auch ein Linienrahmen ist als Gestaltungselement denkbar.

Goethes Reise nach Italien 1786

Warum ging Goethe nach Italien?

Die Reise Goethes war eine Art Flucht. Die Arbeit als Minister in Weimar hatte seine literarische Kreativität blockiert. Er fühlte die Notwendigkeit eines radikalen Tapetenwechsels. Italien war schon seit der Kindheit sein Traum gewesen, das klassische Italien der griechisch-römischen Kultur, und er hoffte, dass eine solche Umgebung zu seiner künstlerischen Wiedergeburt führen würde.

Literaturtipp:

Goethes Italien-Sehnsucht

Kennst du das Land,
wo die Zitronen blühn,
Im dunklen Laub
die Goldorangen glühn,
Ein sanfter Wind
vom blauen Himmel weht,
Die Myrte still
und hoch der Lorbeer steht,
Kennst du es wohl?
Dahin! Dahin
Möcht ich mit dir,
o mein Geliebter, ziehn!

Medien

6. Beamer

6.1 Grundlagen

Kleiner, leistungsfähiger, billiger – Beamer sind auf dem Vormarsch und werden mittlerweile nicht nur in Betrieben, Schulen und Hochschulen, sondern längst auch als Ersatz des Fernsehers in Privathaushalten eingesetzt.

Abb.: Epson

Beamer, die korrekterweise als Daten- oder Videoprojektoren zu bezeichnen sind, haben in den letzten Jahren eine rasante technische Entwicklung erfahren. Klobige, lichtschwache und sündhaft teure Geräte der ersten Generationen sind aus den Sortimenten verschwunden.

Heutige Beamer sind klein, handlich und somit flexibel einsetzbar. Vor allem in Kombination mit ebenfalls erschwinglich gewordenen Laptops steht heute ein zeitgemäßes Präsentationsmedium zur Verfügung. Beides – also Laptop und Beamer – können Sie problemlos in einer Tasche transportieren. Alternativ befinden sich in vielen Schulungsräumen bereits an der Decke montierte Beamer oder zumindest bewegliche „Medientische", auf denen Computer und Beamer untergebracht sind.

Beamer stellen mittlerweile das wichtigste Präsentationsmedium dar. Aus diesem Grund beschäftigt sich der dritte Teil dieses Buches ausführlich mit der Erstellung digitaler Präsentationen.

Die Vorteile des Mediums nochmals in stichwortartiger Zusammenfassung:

 207 OpenOffice Impress

 271 Microsoft PowerPoint

- Professionelle Vorbereitung und Gestaltung am Computer möglich
- Mit Laptop und mobilem Beamer sehr flexibel in fast allen Räumen einsetzbar
- Durch Sound und Video „multimedial" nutzbar, neben dem Sehsinn wird auch der Hörsinn des Publikums angesprochen
- Sinnvolle Gliederung durch Animationen möglich, z.B. schrittweises Einblenden der Texte
- Mit leistungsfähigem Beamer auch bei großem Publikum und in großen Räumen einsetzbar
- Relativ einfache Erstellung eines Handouts oder einer Präsentationsmappe für das Publikum

6.2 Technik

Womöglich haben Sie mit Technik nichts „am Hut", dann können Sie dieses Kapitel getrost überspringen. Wenn Sie allerdings an der Entscheidung beteiligt sind, ob in Ihrer Schule oder in Ihrem Betrieb ein Beamer angeschafft werden soll, dann sollten Sie zumindest die wichtigsten Fachbegriffe und Merkmale eines Beamers kennen.

Das Angebot an im Fachhandel angebotenen Beamern ist riesig und fast unüberschaubar. Dabei unterscheiden sich die Geräte nicht nur preislich stark, sondern auch im Hinblick auf Ihre Einsatzmöglichkeiten. Es lohnt sich also, dass Sie sich im Vorfeld damit auseinandersetzen, welches Gerät für Ihre Zwecke am besten geeignet ist.

6.2.1 Technologien

LCD- oder DLP-Projektor

Bei der Beamertechnologie konkurrieren derzeit im Wesentlichen zwei Systeme: LCD und DLP. Bei LCD-Beamern werden die Farben eines Bildpunktes (Pixels) mit Hilfe von Flüssigkristallen erzeugt. DLP-Beamer generieren die Pixel mit Hilfe winziger beweglicher Spiegel.

Beide Technologien wurden in den letzten Jahren zusehends perfektioniert. Im Vergleich lässt sich zusammenfassend sagen, dass DLP-Beamer etwas hochwertiger, aber dafür auch etwas teurer sind. Insbesondere höhere Kontrastverhältnisse und das fehlende Nachziehen bei bewegten Objekten machen ihre Stärken aus.

Was für den Einsatz im Heimkino von Interesse sein mag, spielt für Präsentationen kaum eine Rolle. Für diesen Zweck könnte also die Entscheidung ebenso auf einen LCD-Projektor fallen.

6.2.2 Kennwerte

Auflösung

Name	Auflösung
SVGA	800 x 600
XGA	1.024 x 768
SXGA	1.400 x 1.050
WXGA	1.280 x 800

Die Auflösung gibt die Breite und Höhe des Bildes in Pixel an. Die Tabelle links zeigt wichtige genormte Auflösungen sowie deren Bezeichnungen.

Heutige Beamer sollten der XGA-Norm entsprechen und somit 1.024 x 768 Pixel darstellen können, da diese Größe zurzeit auch bei den meisten Monitoren eingestellt ist. Somit ist gewährleistet, dass die Bildgröße Ihrer Präsentation bereits bei der Erstellung dem späteren Präsentationsformat entspricht.

Helligkeit

Je heller der Raum und je größer die Projektionsfläche ist, umso heller sollte Ihr Beamer sein. Die Helligkeit der Lampe ist somit ein wichtiges Qualitätsmerkmal und wird in ANSI Lumen angegeben. Durchschnittliche Beamer liegen im Bereich zwischen 1.000 und 3.000 ANSI Lumen. Der Mittelwert, also 2.000 ANSI Lumen, stellt einen guten Kompromiss für „normale" Räume dar. Für helle und/oder große Räume gibt es Beamer mit 4.000 ANSI Lumen und höher. Diese Geräte haben allerdings ihren Preis.

Erkundigen Sie sich grundsätzlich auch nach dem Preis einer Ersatzlampe. Dieser beträgt bei vielen Modellen mehrere Hundert Euro. Bei Dauereinsatz des Beamers spielt auch die angegebene Lebensdauer der Lampe eine wichtige Rolle. Sie liegt bei den meisten Lampen zwischen 1.500 und 3.000 Stunden. Leider lässt die Leuchtstärke der Lampe im Laufe ihres „Lebens" immer mehr nach.

Technische Daten	
Typ:	DLP
Helligkeit:	3000 ANSI
Auflösung:	XGA
Gewicht:	3,0 kg
Kontrast:	2000 : 1
Lampe:	3000 h
Geräusch:	31 dB
Garantie:	36 Mon.

DLP-Projektor
Abb.: BenQ

Gewicht

Sie werden es kaum glauben: Es gibt Beamer mit einem Gewicht ab 500 Gramm! Wer einen Beamer täglich durch die Gegend schleppen muss, wird sich über derartige Zahlen freuen. Beachten Sie dabei, dass kleine, leichte Geräte naturgemäß nicht so robust und lichtstark sein können.

Der Normalfall dürfte eher sein, dass ein Beamer in einer Firma oder Schule verbleibt und bei Bedarf aus dem Schrank geholt wird. Wird ein Beamer stationär montiert, spielt sein Gewicht ohnehin keine große Rolle.

Technische Daten	
Typ:	LCD
Helligkeit:	2000 ANSI
Auflösung:	XGA
Gewicht:	3,0 kg
Kontrast:	400 : 1
Lampe:	2000 h
Geräusch:	34 dB
Garantie:	36 Mon.

LCD-Projektor
Abb.: Sanyo

Kontrastverhältnis

Das Kontrastverhältnis gibt den maximalen Unterschied zwischen maximaler Helligkeit (Weiß) und minimaler Helligkeit (Schwarz) an. Für Ihre Präsentationen dürfte dieser Kennwert eine untergeordnete Rolle spielen. Für den Einsatz als „Heimkino" stellt ein hohes Kontrastverhältnis allerdings ein Qualitätsmerkmal dar. Typische Beamer besitzen Kontrastverhältnisse zwischen 1.000 : 1 und 3.000 : 1.

6.3 Handling

6.3.1 Komponenten

OpenOffice
Impress

222

Microsoft
PowerPoint
286

Um keine böse Überraschung zu erleben, sollten Sie sich ausreichend Zeit zur Vorbereitung Ihrer Bildschirmpräsentation nehmen. Stellen Sie deshalb folgende Komponenten zusammen:

- Laptop (oder stationärer Computer)
- Beamer
- VGA-/DVI-Kabel
- Evtl. Mehrfachsteckdose
- Evtl. Verlängerungskabel zur Steckdose

6.3.2 Laptop und Beamer

Platzieren Sie beide Geräte auf einem kleinen Tisch. Beamer besitzen an der Vorderseite verlängerbare Füße, so dass er geneigt werden und schräg noch oben projizieren kann. Zur Verbindung des Beamers mit der Grafikkarte Ihres Computers gibt es zwei Varianten:
Einfache Grafikkarten besitzen einen analogen VGA-

Ausgang. Verbinden Sie ein VGA-Kabel mit dem Ausgang der Grafikkarte und dem VGA-Eingang des Beamers ❶. Moderne Grafikkarten besitzen eine digitale DVI-Schnittstelle. Sie erzielen eine höhere Bildqualität, wenn Sie Computer und Beamer mittels DVI-Kabel verbinden ❷.
Im Falle einer Videopräsentation erfolgt der Anschluss einer Videokamera entweder über den gelben Cinch-Eingang ❸ oder über den S-Video-Eingang ❹.

Abb.: BenQ

Schließen Sie beide Geräte über die Mehrfachsteckdose an eine Steckdose an. Schalten Sie danach beide Geräte ein. Normalerweise erkennt der Computer den angeschlossenen Beamer und schaltet das Bildsignal durch. Zeigt der Beamer kein Bild, kann dies mehrere Ursachen haben:

- *Kabel nicht richtig eingesteckt*
  Prüfen Sie die Steckverbindungen.

- *Falsche Signalquelle am Beamer*
Testen Sie mit Hilfe der Fernbedienung oder am
Beamer selbst, ob die Quelle des Eingangssignals
z.B. PC ❶ oder VGA lautet. Ist beispielsweise Video,
S-Video oder Component eingestellt, erwartet der
Beamer das Bildsignal an einem anderen Eingang.
- *Falsche Auflösung an Grafikkarte*

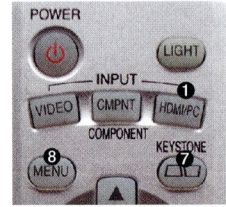

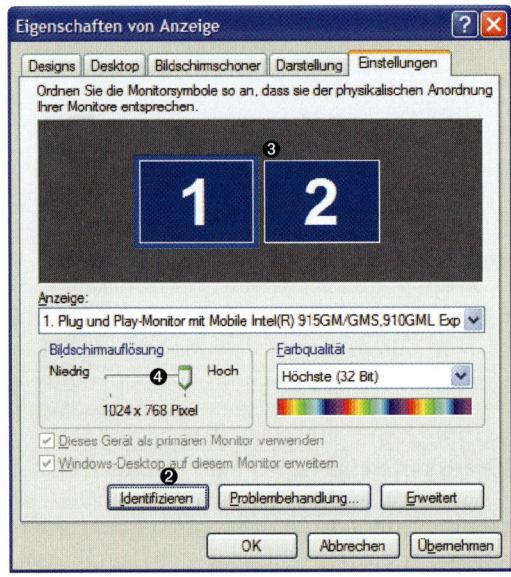

Oben:
Ausschnitt einer Fern-
bedienung

Links:
Einstellungsmöglich-
keiten der Grafikkarte
bei Windows-Betriebs-
systemen

Wählen Sie *Start > Systemsteuerung > Anzeige* und
klicken Sie auf „Einstellungen". Das Fenster zeigt die
Einstellungen der angeschlossenen Monitore bzw.
von Monitor und Beamer. Klicken Sie auf „Identifi-
zieren" ❷, um herauszufinden, welche Einstellungen
für den Monitor und welche für den Beamer gelten. Klicken Sie auf die entsprechende Ziffer ❸. Passen Sie Auflösung an
die Auflösung des Beamers an ❹.
- *Falsche Signalquelle am Laptop*
Laptops besitzen eine Funktionstaste zur
Steuerung der Bildschirmanzeige. Sie
können entscheiden, ob das Bildsignal
nur am Laptop, an Laptop und Beamer
oder nur am Beamer angezeigt werden
soll. Beachten Sie, dass Sie oft eine
Tastenkombination – in der Abbildung ist
dies F5 ❺ und Fn ❻ – betätigen müssen.

Laptops ermöglichen
die Steuerung des
Bildsignals über die
Tastatur

6.3.3 Projektionsfläche

Zur Projektion eignen sich am besten spezielle Projektions- oder Leinwände, da diese das Licht optimal reflektieren. Notfalls kann aber auch eine glatte, weiße Wand zur Projektion herangezogen werden.

Wenn der Beamer nicht fest installiert und an die Projektionsfläche angepasst ist, müssen Sie diese Anpassung manuell vornehmen:

Bildgröße
Zur Anpassung der Bildgröße stellt Ihnen der Beamer am Objektiv ein Zoomrad zur Verfügung. Reicht dies zur Korrektur nicht aus, müssen Sie den Abstand zur Projektionswand verändern.

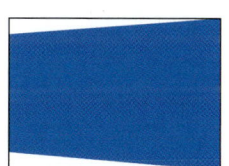

Horizontale Verzerrung
Wird das Bild schräg dargestellt, ist der Beamer nicht parallel zur Projektionswand ausgerichtet. Drehen Sie den Beamer, um die Verzerrung zu korrigieren.

Vertikale Verzerrung
Wird das Bild schräg von unten (Tisch) oder oben (Decke) auf die Projektionsfläche projiziert, ergibt sich zwangsläufig eine trapezförmige Verzerrung. Um diese auszugleichen, besitzen Beamer eine elektronische Trapez- oder Keystone-Korrektur (vgl. ❼ auf linker Seite).

Bildschärfe
Stellen Sie die Bildschärfe durch Drehen des Rades am Objektiv des Beamers ein.

Helligkeit und Kontrast
Blenden Sie das Steuerungsmenü des Beamers ein (vgl. ❽ auf linker Seite). Verändern Sie bei Bedarf die Helligkeits- und Kontrastwerte des Beamers.

6.3.4 Verdunklung

Moderne Beamer sind lichtstark und tageslichttauglich. Dennoch verbessern sich Farben und Kontrast der Projektion, wenn der Raum teilweise abgedunkelt werden kann. Bei direkter Sonneneinstrahlung ist eine Verdunklung unerlässlich. Vergessen Sie nicht, bei der Präsentation die Raumbeleuchtung auszuschalten.

7. OH-Projektor

7.1 Grundlagen

Wer ein Präsentationsmedium sucht, bei dem vorbereitete Charts durch spontane Ideen oder Rück-
meldungen aus dem Publikum ergänzt werden können, der ist in diesem Kapitel richtig. Der OH-Projektor,
auch als Overhead- oder Tageslichtprojektor bezeichnet,
ermöglicht als einziges Medium diese Kombination.

Aufgrund seiner hohen Flexibilität findet sich ein
OH-Projektor nahezu in jedem Schulungs-
raum und Klassenzimmer. Seine Be-
schaffung ist kostengünstig und auch der
Lampentausch im Vergleich zum Beamer
preiswert.

Ein weiterer Vorteil ist im einfachen
Handling zu sehen – technische Vorkenntnisse sind nicht erforderlich. Leider fehlen
bei OH-Präsentationen oft auch die notwendigen gestalterischen Kenntnisse: Überladene
Folien mit kaum zu entziffernder Schrift sind vor
allem im Schulbereich trauriger Alltag. Dies wird Ihnen
nach Lektüre dieses Buches nicht (mehr) passieren! Das
„Handling" der Software zur rechnergestützten Erstellung von OH-Folien finden Sie in Kapitel 14.3.

Abb.: Liesegang

245

Falls Sie sich noch nicht für ein bestimmtes Präsentationsmedium entschieden haben, finden Sie hier die
Zusammenfassung der wichtigsten Vorteile des OH-Projektors:

- Professionelle Vorbereitung der Folien am Computer
  möglich
- Handschriftliche Ergänzungen möglich, z.B. durch
  Einbeziehung des Publikums
- Schrittweises Entwickeln des Bildes durch Aufeinan-
  derlegen mehrerer Folien
- Gute Kopiermöglichkeit der Folien als Handout für
  das Publikum
- Gute Einsatzmöglichkeit, da OH-Projektor entweder
  bereits vorhanden oder gut transportierbar
- Mit lichtstarkem Projektor auch in großen Räumen
  einsetzbar
- Einfaches Handling, keine technischen Vorkenntnisse
- Geringes Ausfallrisiko, da Ersatzlampe normalerwei-
  se im Projektor vorhanden
- Kostengünstig in Anschaffung und Verbrauch

7.2 Technik

Wegen der großen Verbreitung von OH-Projektoren brauchen Sie sich mit technischen Features normalerweise nicht zu beschäftigen und nutzen einfach ein vorhandenes Gerät.

Der Vollständigkeit halber sei hier eine kurze Zusammenfassung der Funktionsweise sowie der technischen Kennwerte eines OH-Projektors gegeben.

7.2.1 Funktionsprinzip

Das Prinzip eines OH-Projektors ist schnell erklärt: Das Licht einer Halogenlampe trifft auf einen Spiegel und

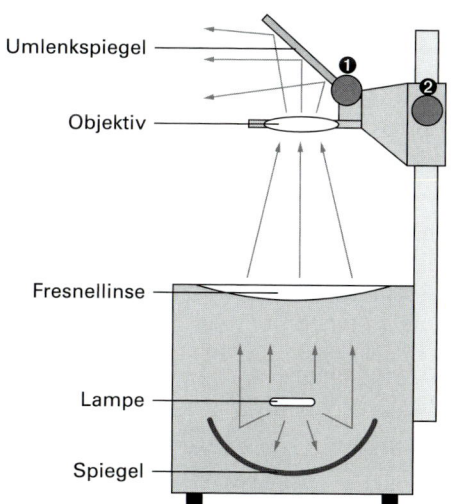

Umlenkspiegel

Objektiv

Fresnellinse

Lampe

Spiegel

wird hierdurch in Richtung Fresnellinse geleitet. Diese ist quadratisch (28,5 cm x 28,5 cm) und dient als Auflagefläche für die Folien. Außerdem bündelt sie den Lichtstrahl und lenkt ihn in Richtung Objektiv. Die Projektion an die Wand erfolgt durch einen Umlenkspiegel, der sich über dem Objektiv befindet. Durch Veränderung des Winkels ❶ beeinflussen Sie die Höhe, in der das Abbild an die Wand projiziert wird.

Beachten Sie unbedingt, dass der Spiegel nicht zugeklappt werden darf, da es in diesem Fall zum Wärmestau kommt. Der Spiegel kann hierdurch zerstört werden.

Die Bildschärfe wird durch Veränderung des Abstands zwischen Fresnellinse und Objektiv eingestellt. Drehen Sie hierzu am Handrad ❷.

7.2.2 Lampe

Das wichtigste Leistungsmerkmal eines OH-Projektors ist die Helligkeit seiner Lampe. Sie ist gekennzeichnet durch die Lampenleistung in Watt, die sich je nach Projektor zwischen 250 und 600 Watt bewegt.

Die eigentliche Bildhelligkeit wird, wie beim Beamer, in Lumen angegeben. Lichtschwache Projektoren besit-

zen um die 2.500 Lumen, Geräte für die Großbildpro-
jektion erreichen mehr als 10.000 Lumen. Die meisten
OH-Projektoren gestatten Ihnen, die Lampenleistung
per Schalter zu reduzieren (Sparschaltung).

Die benötigte Helligkeit bestimmt sich vor allem
durch die Raumgröße und damit Projektionsfläche. Je
größer das projizierte Bild sein muss, umso leistungsfähiger muss Ihr Projektor sein.

Abb.: Liesegang

Wie beim Beamer spielt bei der Kaufentscheidung
auch die Lebensdauer sowie der Preis von Ersatzlam-
pen eine Rolle. Im Vergleich zu Beamern gilt, dass die
Lebensdauer von OH-Lampen mit 50 bis 300 Stunden
deutlich geringer ist. Allerdings kosten Standard-Er-
satzlampen (250 W, 400 W) mit 5 bis 15 Euro auch nur
einen Bruchteil von Beamerlampen. Ausnahmen bilden
Halogen-Metalldampflampen (575 W) für sehr helle Projektoren, die mit über 100 Euro zu Buche schlagen.

7.2.3 Weitere Merkmale

Nützliche Features eines OH-Projektors im Überblick:

- Wenn Sie viel am OH-Projektor schreiben, werden
  Sie für einen Blendschutz dankbar sein. Es handelt
  sich dabei um einen getönte Plexiglasscheibe, durch
  die der Blick auf die helle Linse weitaus angenehmer
  ist.
- Bei Präsentationen darf nichts schief-
  gehen: Ein Lampenwechsler ermöglicht
  den sofortigen Ersatz einer defekten Lampe
  per Knopfdruck. Prüfen Sie vorher aber,
  ob sich auch eine intakte Ersatzlampe im
  Gerät befindet!
- Bessere Projektoren besitzen einen Schärfeaus-
  gleich, um Korrekturen an der Bildschärfe vornehmen zu können. Dies ist insbesondere wichtig, wenn
  Sie schräg nach oben projizieren (vgl. nächster
  Abschnitt).
- Wer örtlich flexibel sein muss, benötigt einen
  tragbaren Projektor. Für diesen Zweck
  wurden spezielle Modelle entwickelt, die wesentlich kompakter und
  leichter sind als die typischen Stand-
  projektoren (vgl. Abbildung).

Technische Daten
Lampe: Leistung: 24V/250W Helligkeit: 2.800 Lm Lebensdauer: 50 h
Lampenwechsler: ja
Blendschutz: nein
Objektiv: 315 mm
Gewicht: 13 kg
Schärfenausgleich: ja

Typische Kennwerte
eines OH-Projektors

Abb.: Kindermann

7.3 Handling

7.3.1 Komponenten

Die Vorbereitung einer OH-Präsentation ist schnell erledigt. Bereiten Sie folgende Komponenten vor:

- OH-Projektor
- Ersatzlampe (befindet sich bei den meisten Projektoren im Gerät)
- Folienstifte
- Evtl. unbeschriebene Folien
- Evtl. Verlängerungskabel zur Steckdose

7.3.2 Aufstellung

Damit Ihr Publikum nicht durch den relativ großen Projektor beeinträchtigt wird, sollte sich dieser auf einem speziellen Wagen für OH-Projektoren befinden. Steht dieser nicht zur Verfügung, muss eventuell die Bestuhlung geändert werden, damit der Projektor keinem Zuschauer die Sicht verdeckt.

Zur Projektion sind in vielen Schulen und Betrieben bereits Projektions- oder Leinwände vorinstalliert. Eine glatte, weiße Wand kann ebenfalls genutzt werden. Ein Problem ergibt sich aus dem Funktionsprinzip des Projektors: Damit das Abbild verzerrungsfrei und scharf projiziert wird, muss sich der Umlenkspiegel in einer 45°-Stellung befinden ❶. In dieser Position ist jedoch das projizierte Bild ❷ für das Publikum oft zu nieder. Aus diesem Grund muss der Winkel vergrößert werden, so dass sich die Projektion nach oben bewegt ❶. Die

Für eine verzerrungsfreie Projektion muss sich der Winkel des Umlenkspiegels in 45°-Position befinden.

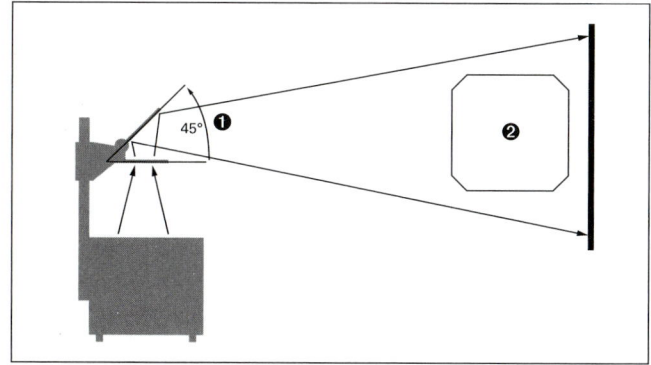

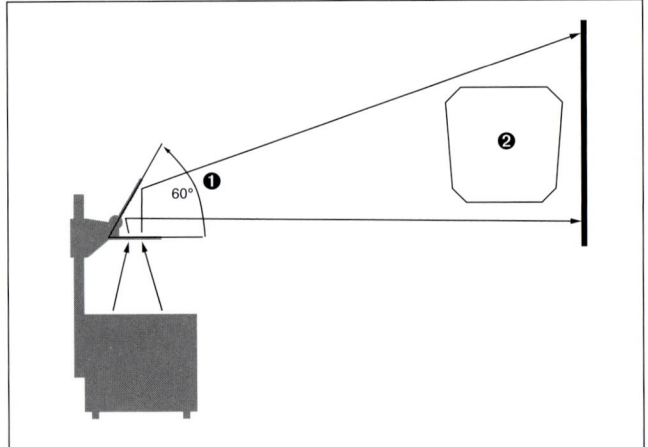

Folge ist die typische Trapezverzerrung ❷, außerdem kann nicht mehr der gesamte Bildbereich scharf dargestellt werden.

Zur Lösung dieses Problems gibt es zwei Möglichkeiten: Manche Projektionswände können nach vorne gekippt werden ❸, so dass die Projektion wieder parallel ❹ und nicht mehr schräg auf die Fläche trifft.
Als zweite Möglichkeit bieten hochwertige Projektoren eine Trapezkorrektur an.

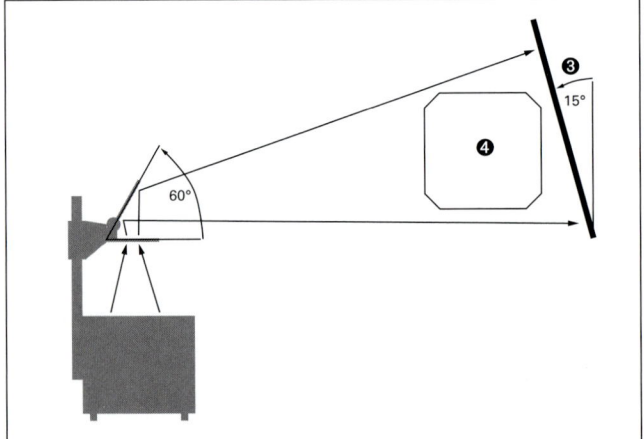

Durch Kippen der Projektionsfläche kann die Verzerrung ausgeglichen werden.

Stehen Ihnen beide Möglichkeiten nicht zur Verfügung, müssen Sie einen Kompromiss zwischen ausreichender Höhe und minimaler Verzerrung finden. Setzen Sie sich zum Testen in die letzte Stuhlreihe.

7.3.3 OH-Folien und -Stifte

Die Wahl der für Ihre Präsentation zu verwendeten Folien hängt von Ihrem Druckertyp ab.

Laserdrucker und Kopierer

Für Laserdrucker oder für den Einsatz im Fotokopierer benötigen Sie hitzebeständige Folien, da diese zum Fixieren des Toners erhitzt werden müssen. Vorsicht: Falsche Folien können Drucker oder Kopierer zerstören!

Folien für Laserdrucker oder Kopierer können alternativ auch mit Folienstiften beschrieben werden. Diese sind in mehreren Farben und mit unterschiedlichen Strichstärken erhältlich. Außerdem können Sie zwischen wasserlöslichen und wasserfesten Stiften wählen.

Wenn Sie wasserlösliche Stifte verwenden, lässt sich die Folie später mit einem feuchten Lappen reinigen. Bei wasserfesten Stiften ist eine Reinigung der Folie nur mit einer speziellen Alkohollösung möglich. Allerdings ist der Preis für Folien mit etwa 10 bis 15 Cent so gering, dass sich dieser Aufwand in der Regel nicht lohnt.

Tintenstrahldrucker

Wenn Sie farbige Folien verwenden möchten – und dies ist bei Präsentationen ratsam – und keinen Farblaserdrucker besitzen, werden Sie auf einem Tintenstrahldrucker ausdrucken. Folien für Laserdrucker oder Kopierer können Sie in diesem Fall nicht verwenden, weil ihre Oberfläche zu glatt ist und die Tinte nicht haftet.

Für Tintenstrahldrucker gibt es aus diesem Grund spezielle Inkjet-Folien, die einseitig aufgerauht sind. Diese sind etwas teurer als Folien für Laserdrucker und kosten ca. 40 Cent.

Verwenden Sie Inkjet-Folien niemals in einem Laserdrucker oder Kopierer – er könnte hierdurch zerstört werden! Beachten Sie auch, dass Sie die Folien auf der richtigen Seite in den Drucker legen müssen, da nur die rauhe Seite bedruckt werden kann.

Ein Nachteil ist, dass sich Inkjet-Folien nur sehr schlecht mit Folienstiften beschreiben lassen. Ein Trick ist, zur Beschriftung eine Laserdruckerfolie auf die Inkjet-Folie zu legen. Dies hat auch den Vorteil, dass Ihre farbige Folie „sauber" bleibt.

Folienstifte sind wasserlöslich (nonpermanent) und wasserfest (permanent) erhältlich.
Abb.: Staedtler

Verwenden Sie Inkjet-Folien niemals in einem Laserdrucker!

7.4 Gestalten von OH-Folien

Kennen Sie das? Eine voll beschriebene DIN-A4-Seite wird ausgedruckt, danach wird am Kopierer „noch schnell eine Folie gezogen".

Obiges Szenario ist leider zumindest in Schulen (grauer) Alltag. Dabei stellt das Medium OH-Projektor seine eigenen Anforderungen an die Gestaltung. Die wesentlichen Unterschiede zum Printmedium sind hierbei:

- der leuchtende, helle Hintergrund,
- das quadratische Format der Projektionsfläche,
- die unterschiedliche Entfernung der Zuschauer,
- die unterschiedliche Position (Winkel) der Zuschauer zur Projektionsfläche.

Genannten Eigenheiten des Mediums müssen bei der Gestaltung berücksichtigt werden.

245

7.4.1 Format

OH-Projektoren besitzen ein quadratisches Format von 28,5 cm x 28,5 cm. Dies hat zur Folge, dass DIN-A4-Seiten (21 cm x 29,7 cm) sowohl im Quer- als auch im Hochformat (fast) auf den Projektor passen.

Das Problem stellt die Projektionsfläche dar, die in den meisten Fällen nicht an den Projektor angepasst ist. Die Konsequenz ist, dass eine DIN-A4-Folie weder im Hoch- noch im Querformat komplett zu sehen ist. Je nach Projektionsfläche wird entweder horizontal oder vertikal ein Stück abgeschnitten (vgl. Abbildung).

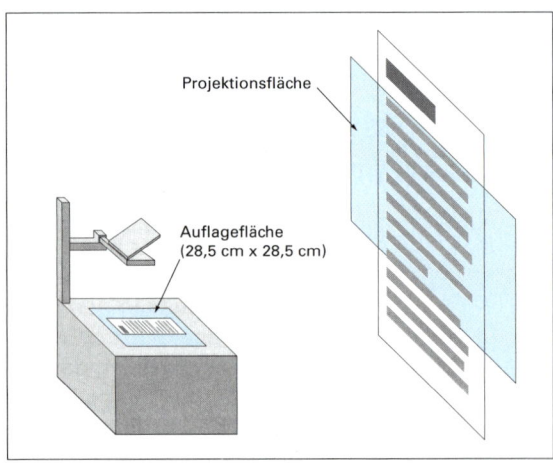

OH-Folien im DIN-A4-Format sind nicht komplett sichtbar.

Das Layout einer OH-Folie sollte aus diesem Grund näherungsweise quadratisch sein. Damit stellen Sie sicher, dass der komplette Inhalt der Folie dargestellt wer-

Für OH-Folien bietet sich die Verwendung eines quadratischen Layouts an.

den kann. Das lästige Verschieben der Folien während der Präsentation entfällt.

Ein quadratisches Format lässt sich realisieren, indem Sie im Textverarbeitungsprogramm, z.B. Writer, einen unteren Rand von etwa 8 cm definieren. Die verbleibende Fläche dient zur Gestaltung Ihrer OH-Folien.

7.4.2 Schriftgröße

Bei der Entscheidung für eine Schriftgröße erfordert das Medium leider einen Kompromiss: So muss die Schrift in der hintersten Reihe noch gut lesbar sein, sollte aber die Zuschauer auf den vorderen Plätzen auch nicht „erschlagen".

Nachfolgendes Gedankenexperiment mag Ihnen bei der „Berechnung" helfen: Nehmen wir der Einfachheit halber an, dass Ihr Layout ein Format von 20 cm x 20 cm und die Projektionsfläche die zehnfache Größe, also 2 m x 2 m, besitzt. Wenn Sie die Schrift ausgedruckt aus einer Entfernung von 50 cm gut lesen können, dann kann sie durch Projektion aus der zehnfachen Entfernung, also aus 5 m Abstand, ebenso gut gelesen werden (da sie ja auch die zehnfache Größe besitzt). Befindet sich der hinterste Zuschauer jedoch in einer Entfernung von 10 m, dann müssen Sie doppelt so groß schreiben, damit auch er die Schrift lesen kann. Aus 15 m Entfernung muss die Schrift die dreifache Größe besitzen, usw.

Obige Überlegung gilt sowohl für geschriebene als auch für am Computer gesetzte Schriften. In der Tabelle finden Sie eine Zusammenfassung des Zahlenbeispiels:

Richtige Wahl der Schriftgröße bei einer Projektionsfläche von 2 m x 2 m.

Max. Abstand	Computerschrift	Handschrift
5 m	11 pt (3,9 mm)	5 mm
10 m	22 pt (7,8 mm)	10 mm
15 m	33 pt (11,6 mm)	15 mm
20 m	44 pt (15,5 mm)	20 mm

Bitte beachten Sie, dass sich die Zahlen der Tabelle auf eine Projektionsfläche der Größe 2 m x 2 m beziehen. Ist die Projektionsfläche kleiner, muss die Schrift größer gewählt werden und umgekehrt.

7.4.3 Farbkontrast

Der leuchtende gelbliche Hintergrund schränkt die
Möglichkeiten der Farbgestaltung Ihrer OH-Folien deutlich ein. Alle hellen Farben (z.B. Gelb, Beige, Orange)
können nicht verwendet werden, da sie keinen ausrei-
chenden Kontrast zum Hintergrund bilden.

Wählen Sie Farben, die einen guten Kontrast zum
hellen Hintergrund bilden: Dunkelrot, Dunkelgrün,
Dunkelblau.

Wenn Sie Bilder oder Grafiken mit hellen Farben
verwenden wollen, müssen Sie diese mit einer dünnen
schwarzen Randlinie versehen. Hierdurch ist gewährleistet, dass sich die Abbildung optisch vom Hintergrund abhebt. Vermeiden Sie jedoch zu dicke Linien, da
diese an den „Trauerrand" von Todesanzeigen erinnern.

Links:
Die Bildbegrenzung
ist unklar, da sich der
helle Himmel kaum
vom Papierweiß
abhebt.

Rechts:
Der Rahmen hilft dem
Betrachter, zwischen
Vorder- und Hinter-
grund zu unterschei-
den.

7.4.4 Dynamische OH-Folien

Ein Vorteil von Bildschirmpräsentationen, die zum
Beispiel mit Impress erstellt werden, ist die Möglichkeit
der Animation, da Sie hiermit die Aufmerksamkeit der
Zuschauer steuern können.

Bei OH-Präsentationen können Sie stattdessen mit
„dynamischen" Folien arbeiten. Dies bedeutet, dass
Folien übereinandergelegt oder nach und nach aufdeckt
werden. Hier ist Ihre Kreativität gefordert. Zur Inspirati-
on zwei Beispiele:

Text nach und nach aufdecken

Ein Zuviel an Information überfordert die Zuschauer. Decken Sie die Folie mit Hilfe eines Blattes Papier

Thesen zur Diskussion	Thesen zur Diskussion	Thesen zur Diskussion
• These 1	• These 1 • These 2	• These 1 • These 2 • These 3

Eine Folie mit Text wird mit einem Blatt Papier abgedeckt und Schritt für Schritt aufgedeckt.

teilweise ab. Der Zuschauer bekommt somit nur die Information geliefert, über die Sie gerade sprechen.

Folien übereinanderlegen

Die Transparenz von Folien eignet sich hervorragend, um einen Gedankengang schrittweise zu visualisieren.

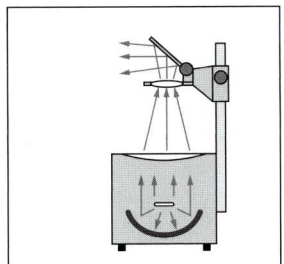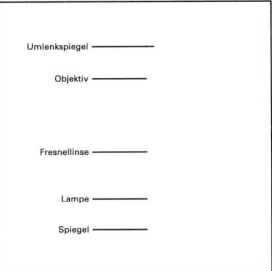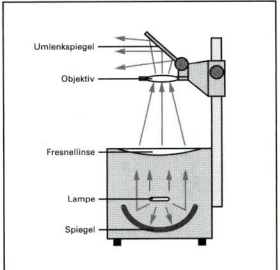

Folien können übereinander gelegt oder handschriftlich vervollständigt werden.

Dabei kann es sich um handschriftliche Ergänzungen handeln. Alternativ können Sie mehrere Folien übereinander legen, die am Computer erstellt wurden.

Selbstverständlich können Folien auch zerschnitten werden, so dass Sie Ihr Gesamtbild in noch kleineren Schritten entwickeln. So könnten im obigen Beispiel die Fachbegriffe zur Beschriftung des OH-Projektors nacheinander aufgelegt werden.

8. Metaplan

www.metaplan.de

8.1 Grundlagen

8.1.1 Einführung

Der Markenname Metaplan steht heute stellvertretend
für eine weit verbreitete Moderations- und Präsen-
tationsmethode. Inhalte werden dabei auf Kärtchen
geschrieben und an Pinnwänden strukturiert. Der Vorteil
dieser Methode liegt in Ihrer Flexibilität. Der Inhalt
der Kärtchen und ihre Anordnung können einfach und
schnell ohne technischen Aufwand verändert werden.
Beiträge aus dem Publikum können Sie dadurch direkt
in Ihrer Präsentation berücksichtigen und in das Ergebnis mit einfließen lassen.

8.1.2 Materialien

Pinnwände
Die Pinnwände bestehen aus leichten Schaumstoff-
platten mit zwei Ständern. Ihre Arbeitsfläche ist meist
145 cm hoch und 125 cm breit. Je nach Hersteller unterscheiden sich die Abmessungen um einige Zentimeter.
Zum einfacheren Transport gibt es zerlegbare und auch
fahrbare Stellwände.

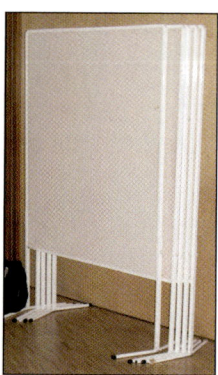

Pinnwände

Packpapier
Bespannen Sie die Metaplanwände grundsätzlich
immer mit Packpapier. Verwenden Sie dazu ca. 140 cm
langes und 120 cm breites festes, hellbraunes Packpapier. An den oberen Rand sollten Sie dabei mehrere
Stecknadeln als griffbereiten Vorrat stecken.

Kärtchen
Die Kärtchen können sich je nach Anbieter der Moderationsmaterialien in den Abmessungen unterscheiden.
Ihre Grundformen in verschiedenen Farben sind aber
immer gleich.
    Sie sollten für Ihre Präsentation ein durchgängiges
Formen- und Farbschema wählen. Mit den Farben und
Formen der Kärtchen strukturieren und gliedern Sie die
Inhalte Ihrer Präsentation. Verwenden Sie deshalb immer Kärtchen mit den gleichen Formen und Farben für
gleiche Inhalte und thematische Zusammenhänge. In
der Wahl der Farben sind Sie nicht frei, da Sie meist mit
vorgegebenem Moderationsmaterial arbeiten müssen.

**Packpapier zum
Bespannen der Pinn-
wände**

Sie können sich aber bei der Farbwahl an den allgemeinen Grundsätzen der Farbgestaltung und Farbpsycho-
logie orientieren. Für die Formen der Kärtchen gelten
allgemeine Richtlinien:

- Streifen
  Überschriften und Thesen
- Rechteckige Kärtchen
  Inhalte und Argumente
- Ovale Kärtchen
  Ergänzungen und Anmerkungen
- Runde Kärtchen
  Markierungen und Nummerierungen

**Kärtchen mit ihren
Standardmaßen**
- Streifen
- Rechteck
- Oval
- Kreis

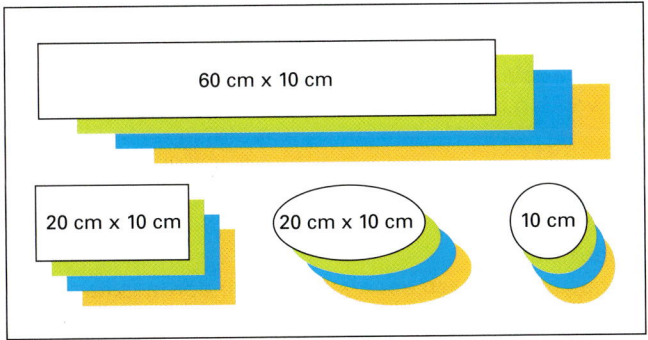

Filzstifte
Die Filzstifte sollten keine runde, sondern eine schräge
geteilte Spitze haben. Sie können damit einfach Linien
verschiedener Stärke zeichnen. Ihre Schrift wird besser
lesbar und durch die automatische Variation der Strichstärke akzentuiert. Verwenden Sie die breite Schreibkante des Stiftes für Überschriften und die schmale
Schreibkante für die Grundtexte. Sie haben dadurch bei
gleichbleibender Schriftgröße ein zusätzliches Gestaltungselement, ohne die Lesbarkeit zu beeinträchtigen.

**Filzstift mit geteilter
schräger Schreibkante**

Die meisten Moderationskoffer enthalten nur rote und schwarze Filzstifte. Zusätzliche Farben führt jeder Laden für Büro- und Schreibwarenbedarf.

Klebepunkte

Klebepunkte in verschiedenen Farben dienen als weiteres Gestaltungselement zur visuellen Gewichtung.

Über eine sogenannte Punktabfrage können Sie das Publikum aktiv in Ihre Präsentation mit einbeziehen. Sie stellen z.B. zwei Thesen auf jeweils einer Karte zur Abstimmung. Die Zuhörer kleben einen Punkt an die Karte mit der These, die ihre Zustimmung findet. Das sich daraus ergebende Meinungsbild ist nicht flüchtig wie bei einer Abstimmung durch Handheben, sondern bleibt präsent.

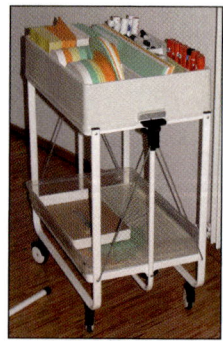

Wagen mit Moderationsmaterialien

Stecknadeln

Verwenden Sie als Stecknadeln Markierungsnadeln mit Kopf. Diese Nadeln sind etwas stabiler und kürzer als normale Stecknadeln aus dem Schneidereibedarf und dadurch besser zu handhaben.

Klebestifte

Klebestifte gehören ebenfalls zur Standardausstattung eines Moderationskoffers bzw. eines Moderationswagens. Mit den Klebestiften können Sie nach Abschluss der Präsentation die Kärtchen fixieren und das Packpapier mit den Kärtchen abnehmen. Sie können dadurch das Präsentationsergebnis mitnehmen und bei einer späteren Veranstaltung wieder einsetzen oder es z.B. als Plakat aufhängen.

Moderationskoffer

Zusätzliche Hilfsmittel

Schere und Klebe- bzw. Kreppband gehören zusätzlich zur Moderations-/Präsentationsgrundausstattung. Sie können damit auf einfache Weise zusätzliche Elemente wie z.B. Halbkreise oder Pfeile herstellen.

8.2 Präsentation

8.2.1 Gliederung und Layout

105

Die Gliederung und das Layout Ihrer Visualisierung müssen Sie ebenso sorgfältig planen und vorstrukturieren wie Ihre gesamte Präsentation. Es genügt nicht, wenn Sie die Kärtchen vorbereiten. Die Anordnung, Reihenfolge und Verknüpfung der Elemente müssen ebenfalls vorher geplant werden.

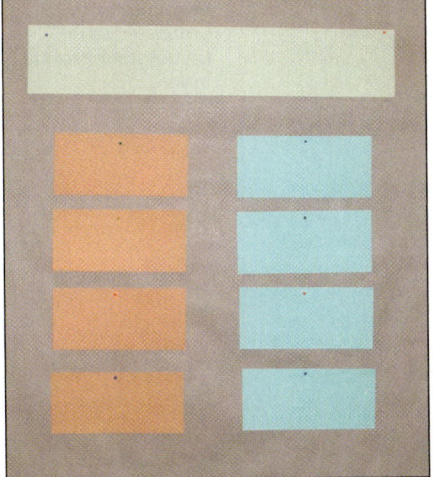
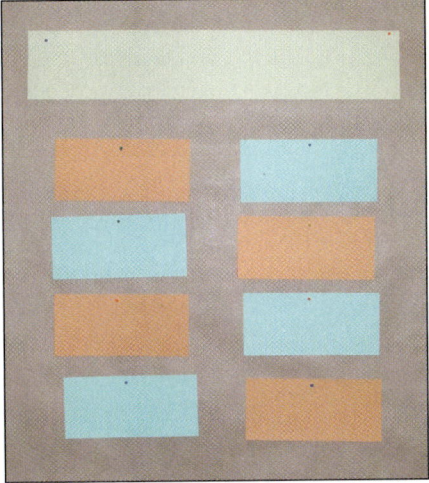

Unterschiedliche Anordnungen

8.2.2 Reihenfolge

Die Reihenfolge, in der Sie die einzelnen Elemente
während Ihres Vortrags an die Stellwand anpinnen, ist
ein wichtiger Teil der Abfolge Ihrer Präsentation. Ähnlich
wie bei einer Beamerpräsentation mit Impress zeigen
Sie die Inhalte erst dann, wenn Sie auch Gegenstand
der Präsentation sind. Machen Sie sich deshalb im
Layout der Präsentation entsprechende Hinweise mit
kleinen Ziffern oder Stichworten.

**Strukturieren und
scribbeln Sie das
Layout Ihrer Präsen-
tation.**

8.2.3 Gestaltungsmittel

Durch die Kombination und das Hinterlegen verschiedener Kärtchen können Sie auf einfache Art und Weise
Hervorhebungen erzielen. Durch das Beschneiden
der vorgegebenen Kärtchen entstehen ebenfalls neue
Gestaltungselemente. Halbkreise oder halbierte Ovale
dienen als Klammern, in der Diagonale geteilte Recht-

ecke oder Quadrate werden Pfeile oder Markierungen für Listenelemente.

Durch mit Filzstift direkt auf das Packpapier gezeichnete Linien gliedern, trennen oder verbinden Sie verschiedene Elemente.

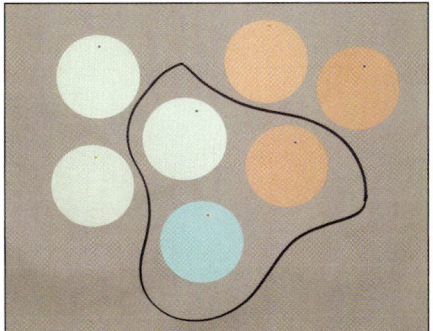
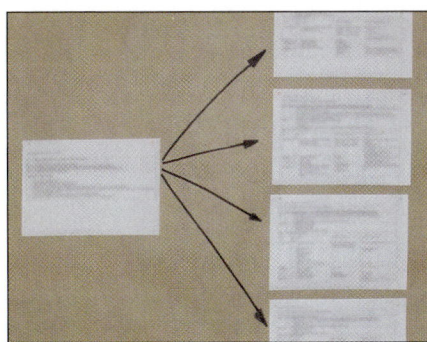
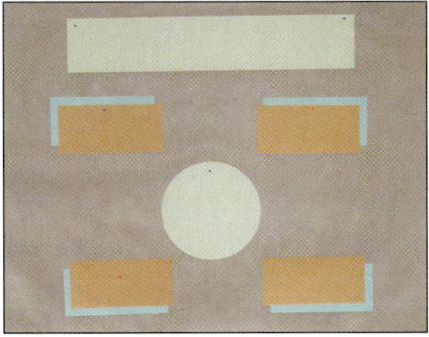

Gestaltungsmittel

8.2.4 Vortrag

Grundsätzlich gelten für die Präsentation mit Metaplan natürlich die gleichen Regeln wie für jede Präsentation. Sie sollten aber zusätzlich noch einige spezifische Dinge beachten:

- Halten Sie sich an Ihr Layout. Sie haben es mit viel Mühe und Überlegungen erstellt. Machen Sie es nicht durch falsche Spontanität kaputt.
- Lesen Sie jedes Kärtchen vor, bevor Sie es anpinnen.
- Zeigen Sie auf den Teil, der gerade Gegenstand Ihrer Präsentation ist. Die Zuhörer werden auch Zuseher und die Aufmerksamkeit und Konzentration dadurch erhöht.

9. Plakat

9.1 Grundlagen

9.1.1 Einführung

Plakate begegnen uns heute überall. Als Werbeplakat
auf der Litfaßsäule, im Kaufhaus und an der Bushalte-
stelle. Werbeplakate konkurrieren mit allen Reizen des
öffentlichen Raums, mit dem Verkehr, Hausfassaden,
Menschen oder wie in unserem Beispiel rechts mit anderen Plakaten um die Gunst Ihres Interesses. Allen Plakaten ist gemeinsam, dass Sie die Aufmerksamkeit des
Betrachters in einem Moment gewinnen müssen. Erst
der zweite Schritt führt zur Vermittlung der Botschaft.
Gute Plakate sind deshalb:

Werbeplakate
Abb.:
www.pixelquelle.de

- auffallend
- ansprechend
- klar strukturiert
- einprägsam
- effektvoll
- einfach
- überschaubar
- leicht erfassbar
- präzise und einprägsam formuliert

9.1.2 Erstellung eines Plakats

Den Einsatz und die Gestaltung eines Plakats müssen
Sie, wie jedes andere Präsentationsmedium, schon in
die Konzeptionsphase der Präsentationsvorbereitung
mit einbeziehen.

- Warum brauche ich ein Plakat?
- Was soll auf das Plakat?
- Wann zeige ich das Plakat?
- Wie präsentiere ich das Plakat?
- Bleibt das Plakat nach der Präsentation stehen?
- Durch welche Medien wird mein Plakat ergänzt?

Wenn Sie nach der Beantwortung dieser Fragen immer
noch der Meinung sind, dass Sie für Ihre Präsentation
ein Plakat benötigen, dann beginnen Sie mit der Mate-
rialrecherche bzw. -bearbeitung. Beachten Sie dabei die
üblichen Regeln zu Schrift, Bild und Grafik sowie Layout. Ein Plakat wird zum Plakat erst durch eine plakative

105

Gestaltung. Wie bei jeder guten Gestaltung erstellen Sie nach der inhaltlichen Konzeption jetzt ein Scribble als ersten Entwurf. Dabei beachten Sie die folgenden Punkte. Ein Plakat braucht ...

- einen Eyecatcher (Blickfang),
- eine Überschrift oder einen Titel,
- eine klare Blickführung,
- eine eindeutige Struktur und Gewichtung der Inhalte,
- eine gute Lesbarkeit.
  Die Schriftgröße und die Größe der Bilder und Grafiken ist dabei von dem von Ihnen geplanten Betrachtungsabstand abhängig.

Unter Beachtung dieser Punkte können Sie für Ihr Plakat die üblichen Elemente verwenden:

77

- Bilder
  Digital fotografiert, aus Bilddatenbanken oder gescannt und ausgedruckt
- Grafiken und Diagramme
  Gezeichnet oder am Computer erstellt und ausgedruckt
- Zeitungsausschnitte
  Im Original oder über ein Fotokopierer vergrößert
- Überschriften und Texte
  Am Computer selbst erstellt und ausgedruckt oder handschriftlich
- ...

Die verschiedenen Elemente ordnen Sie entsprechend dem Layout auf dem Plakatformat an, entweder in Papierform oder am Computer z.B. mit OpenOffice oder Indesign. Die komplette Plakatdatei können Sie dann anschließend auf einem großformatigen Drucker ausdrucken.

**Großformatdrucker
iPF700**
Abb.: Canon

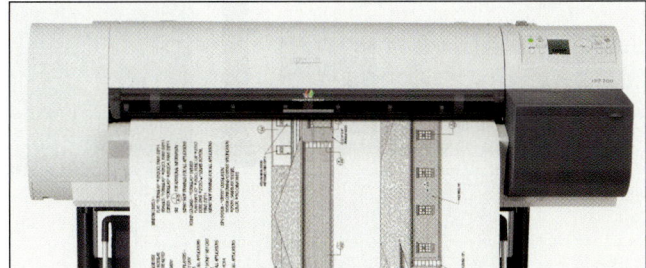

9.2 Plakattypen

9.2.1 Präsentationsplakat

Plakate in Präsentationen dienen zu allererst der Visualisierung und Veranschaulichung der Inhalte einer Präsentation. Das Plakat ist als integraler Bestandteil Ihrer Präsentation ein weiteres Medium neben z.B. Flipchart, Folie oder Beamer. Es hat aber gegenüber einer Folie oder des Screens einer Beamerpräsentation den großen Vorteil der Präsenz über einen längeren Zeitraum hinweg.

Sie können Plakate direkt in die Präsentation einsetzen. Stellen Sie die einzelnen Bereiche vor. Zeigen Sie auf den Teil, der gerade Gegenstand Ihrer Präsentation ist. Aus den Zuhörern werden auch Zuseher und die Aufmerksamkeit und Konzentration dadurch erhöht.

Die zweite Variante der Präsentationsplakate fasst alle wichtigen Inhalte der Präsentation auf einem oder mehreren Plakaten zusammen, die dann direkt anschließend und/oder für längere Zeit dem Publikum zugänglich sind. Bei diesen Plakaten können Sie mehr Text mit

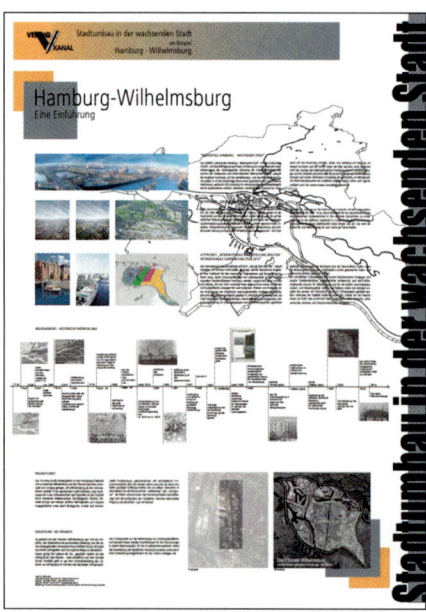
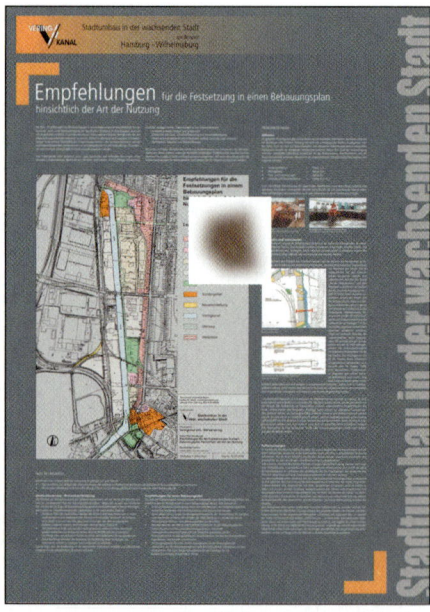

Präsentationsplakate
Abb.:
www.isr.tu-berlin.de

kleinerem Schriftgrad und auch kleinere Abbildungen und detailliertere Grafiken einsetzen, da der Betrachter direkt vor dem Plakat steht und dort längere Zeit verweilen kann.

9.2.2 Lernplakat

Lernplakate sind eine spezielle Form von Plakaten. Sie sind häufig das Ergebnis einer Gruppenarbeit und fassen die Ergebnisse dieser Arbeit in besonderer Form zusammen. Lernplakate hängen nach der Präsentation der Arbeitsergebnisse über längere Zeit im Klassenzimmer oder im Seminarraum. Durch die ständige Präsenz wird die Sicherung und die Vertiefung der Inhalte unterstützt. Dadurch, dass Lernplakate meist nicht Teil einer größeren Präsentation sind, sondern „nur" das Arbeitsergebnis visualisieren und didaktisch aufbereiten sollen, müssen Sie bei der Erstellung einige Besonderheiten berücksichtigen.

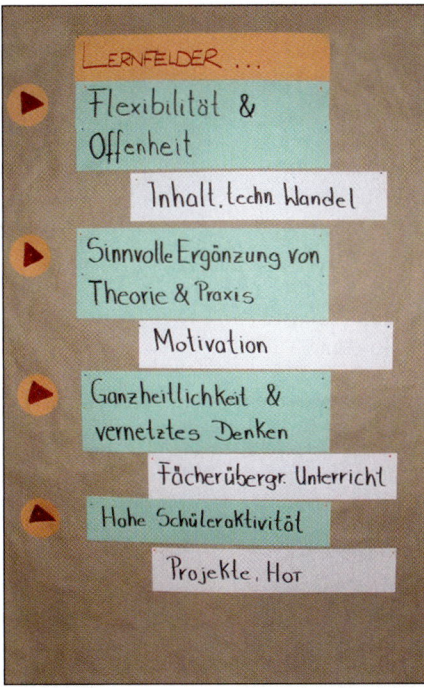
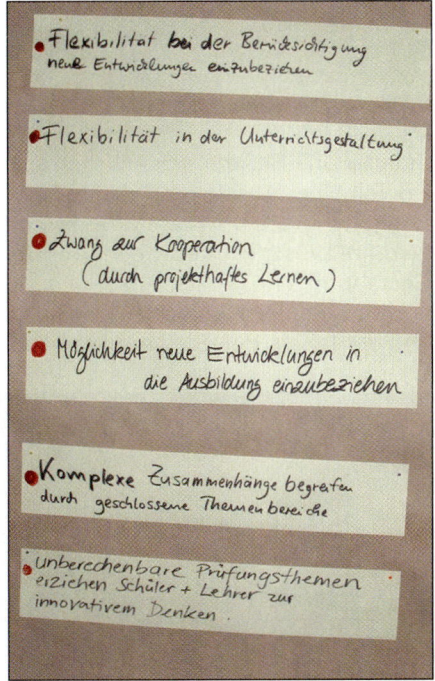

Lernplakate
Thema: Lernfelder

- Das Lernplakat ist meist das einzige Medium und gleichzeitig Gegenstand der Präsentation.
- Das Lernplakat stellt häufig einen Teilbereich eines Fachthemas dar.
- Die anderen Bereiche werden von anderen Lernplakaten repräsentiert.
- Obwohl die einzelnen Lernplakate zum Thema von verschiedenen Personen oder Gruppen erarbeitet und vorgestellt werden, sollten Sie um ein einheitliches Layout und eine gleiche Anmutung bemüht sein.

Lernplakate
Aus der Serie „Ich und Du, wir helfen!" – Erste Hilfe in der Grundschule, Klassenzimmer-Lernplakate zu den Basismaßnahmen bei Notfällen. Zwei Versionen, mit und ohne farbigen Hintergrund. www.drk-ov-offenbach.de

9.2.3 Stand-alone-Plakat

Stand-alone-Plakate präsentieren sich selbst. Sie sind z.B. Teil einer Ausstellung und müssen dort gegen die übrigen Plakate um die Aufmerksamkeit der Besucher werben. Dies stellt besondere Anforderungen an die Gestaltung. Wie bei der Konzeption Ihres Vortrags ist auch hier Ihr Publikum, d.h. die Betrachter des Plakates, und der Inhalt, den Sie vermitteln wollen, die Basis

Stand-alone-Plakate auf einem Kongress

Ihrer Konzeption und Gestaltung. Legen Sie Ihr Augen-
merk vor allem auf die Gesamtwirkung und den Eyecatcher. Der Betrachter nimmt Ihr Plakat wahr, durch die
gelungene Gestaltung wird sein Interesse geweckt, er
schaut Ihr Plakat näher an, liest dann die Texte, betrachtet die Bilder und Grafiken.

Sie können auf dem Plakat deutlich mehr Inhalt
unterbringen als auf einem Plakat, das Teil Ihrer Präsentation ist. Die Texte können länger und ausführlicher
sein, die Bilder und Grafiken detaillierter, da sich die
Betrachter längere Zeit vor dem Plakat aufhalten. Aber
auch hier gilt, dass weniger oft mehr ist. Beschränken
Sie sich auf das wirklich Wichtige.

Plakate als Teil einer Ausstellung müssen selbst-
erklärend sein. Die Struktur Ihres Vortrags wird hier
durch die Gestaltung der Blickführung durch das Plakat
ersetzt. Der Betrachter wird durch das Plakat geleitet.

Wenn Ihr Plakat Teil eine Plakatserie ist, dann müssen Sie sich mit den anderen Plakaterstellern schon
in der Konzeptions- und der Gestaltungsphase gut
abstimmen.

Die Gestaltung Ihres Plakates hat zwei wesentliche
Ziele: Das Plakat zieht den Blick des Betrachters auf sich
und es hinterlässt einen bleibenden Eindruck.

10. Flipchart

10.1 Grundlagen

10.1.1 Einführung

Flipcharts sind unentbehrliche Hilfsmittel für Präsentationen und Besprechungen und werden überwiegend in der Arbeitswelt eingesetzt. Bei Seminaren, Vorträgen, Schulungen und Präsentationen wird gerne mit diesem weitgehend unkomplizierten und kostengünstigen Präsentationsmedium gearbeitet. In Schulen haben sich Flipcharts nicht durchgesetzt, da durch den hohen Papierbedarf die Nutzung insgesamt zu aufwändig ist. Trotz allem wird in Fach-, Meister- und Technikerschulen der Umgang mit Flipcharts ausführlich geübt, da die Anwendung für Tätigkeiten in der Wirtschaft sicher beherrscht werden muss.

Das Flipchart besteht aus einer großen und festen Holz-, Kunststoff- oder Metallplatte. Diese wird von einem Ständer, ähnlich der Staffelei eines Malers, getragen. Auf der Platte wird mittels einer Klemmvorrichtung ein großformatiger Papierblock in Form eines Abreißblocks befestigt. Die Größe des Blocks weist üblicherweise das Format 70 x 100 cm auf. Der Papierblock ist in der Regel unliniert, manchmal wird kariertes Papier mit einem ca. 10 x 10 cm großen Raster verwendet.

Manche, zumeist baulich stabilere Flipcharts können mit Seitenarmen ausgestattet werden, an denen sich zusätzliche Bögen befestigen lassen. Diese Bögen müssen allerdings vorbereitet sein, da sie nicht direkt beschriftet werden können.

Unterschiedliche Bauarten von Flipcharts.

10.1.2 Aufstellung

Ein Flipchart müssen Sie gut sichtbar im Raum aufstellen. Ist Ihr Zuhörerkreis groß, ist es vorteilhaft, wenn Sie Ihr Flipchart etwas erhöht aufstellen. Dadurch wird die Lesbarkeit für die Teilnehmer Ihrer Präsentation deutlich verbessert.

Sie können ein Flipchart bei Gruppengrößen zwischen drei und maximal 15 Personen sinnvoll verwenden. Für größere Gruppen ist dieses Präsentationshilfsmittel nicht geeignet, da die Darstellungsfläche von etwa einem Quadratmeter zu klein und die Lesbarkeit daher nicht mehr gegeben ist.

10.1.3 Einsatzmöglichkeiten

Ideal ist das Flipchart durch seine einfache Handhabung. Sie können es sowohl als Präsentationsmedium als auch als aktives Arbeitsinstrument einsetzen. Bei der Verwendung als Präsentationsmedium kann es bereits vor einem Vortrag aufbereitete Informationen vermitteln. Als Arbeitsinstrument ermöglicht es das Festhalten von Arbeits- und Diskussionsergebnissen, z.B. bei Workshops. Bei Zusammenfassungen von Arbeitsergebnissen wird durch das Verwenden eines Flipcharts die Konzentration einer Arbeitsgruppe wieder auf einen Punkt gelenkt. Ferner können Sie das Flipchart in Arbeitsgruppen als zusammenfassendes Protokollinstrument nutzen.

Das Flipchart ist im Prinzip ein übergroßer Notizblock, der einfach beschrieben wird. Dies macht ihn für viele Personen zum vertrauten Werkzeug, auch wenn die Dimension „des Blocks" und der verwendeten dicken Filzschreiber anfangs durchaus gewöhnungsbedürftig ist. Daher im Folgenden noch ein paar Anmerkungen, wie Sie ein Flipchart sinnvoll beschriften.

Links: Flipchart mit vorbereitetem Inhalt zur Präsentation eines Tagungszeitplanes eines Seminars über Präsentation und Rhetorik (PUR). Der Referent steht offen und freundlich vor der Gruppe und erklärt den Zeitablauf.

Rechts: Zwei Beispiele für vorbereitete Blätter zum Thema Maschinensteuerung: Die Blätter werden für den Vortrag in das Flipchart eingespannt und beim Vortrag Blatt für Blatt nach hinten umgeblättert.

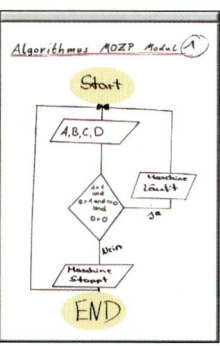

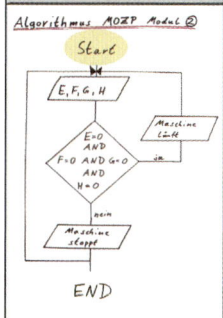

10.2 Handling

Sie können mit dicken farbigen Markern auf den Flipchart-Papierblock schreiben und zeichnen. Den Block verwenden Sie wie eine Tafel oder ein Whiteboard. Im Unterschied zu Tafel und Whiteboard gibt es beim Flipchart allerdings nicht die Möglichkeit des Löschens. Um eine neue Information auf ein leeres Blatt zu bekommen, müssen Sie das beschriebene Blatt vom Block abreißen oder nach hinten umschlagen.

Für das Beschriften eines Flipcharts gibt es eine grundsätzliche Regel, die Sie unbedingt und immer beachten müssen: Schreiben Sie nur einzelne Wörter auf Ihr Papier, keine ganzen Sätze. Einzelne Begriffe prägen sich gut ein, der Wiedererkennungs- und Merkeffekt beim Teilnehmer Ihrer Präsentation oder Ihres Workshops ist dadurch hoch. Schreiben Sie daher auf Ihrem Flipchart

Flipchart-Marker mit unterschiedlichen Spitzen. Diese dienen dazu, unterschiedliche Strichstärken beim Schreiben bzw. Skizzieren zu erreichen.

- nur in großen, gut lesbaren Buchstaben,
- nur mit Stichworten.

Ganze Sätze können Sie, trotz der vermeintlich großen Fläche in großer Schrift nicht vollständig auf Ihre Papierfläche schreiben. Sollten Sie einen vollständigen, aussagefähigen Satz auf Ihr Flipchart bekommen, ist er in der Regel in zu kleiner Schrift geschrieben und daher für einen großen Teil Ihrer Arbeitsgruppenteilnehmer nicht mehr lesbar. Die Schwierigkeit der Flipchart-Beschriftung besteht also darin, dass Sie die wesentlichen Inhalte Ihrer Information auf die entscheidenden Begriffe reduzieren und diese als Stichwortsammlung auf Ihr Flipchart schreiben.

Schreiben auf leicht kariertes Flipchart-Papier mit großen Flipchart-Marker

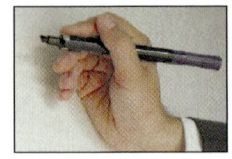

10.2.1 Bedeutung der Schriftgröße

Beim Schreiben auf Ihrem Flipchart passiert es gerne, dass Sie Begriffe unbeabsichtigt in unterschiedlicher Größe auf das Papier schreiben. Dabei müssen Sie Folgendes beachten: Begriffe, die größer auf dem Papier stehen, werden unbewusst als wichtiger wahrgenommen als Begriffe in kleinerer Schrift. „Kleine Worte" sind optisch und damit auch inhaltlich weniger bedeutsam als „große Worte". Sie können sich diesen beim Zuschauer unbewusst wirkenden Effekt insofern zu Nutze machen, als Sie die von Ihnen bewusst in den

Mittelpunkt gesetzten Kernaussagen größer schreiben und Ergänzungen oder weniger bedeutsame Punkte gezielt kleiner darstellen. Damit können Sie Ihre Zuhörer bewusst beeinflussen. Das ist bei einer Präsentation oder bei einem Workshop legitim, da Sie ja Ihre Vorstellungen von einer Sache vermitteln wollen.

10.2.2 Arbeiten mit dem Flipchart

Die folgenden Regeln müssen Sie bei der Verwendung eines Flipcharts beachten:

- Geben Sie jeder beschrifteten Seite eine Überschrift, ein deutliches Schlagwort oder eine einprägsame Abkürzung.
- Schreiben Sie in einer angemessen großen Schrift, die in der letzten Reihe von Ihren Zuhörern noch gelesen werden kann.
- Zeichnen Sie übersichtlich, klar und deutlich, so dass Skizzen von Ihren Zuschauern noch in der letzten Reihe erkannt und verstanden werden.
- Entwerfen Sie Bilder, Grafiken und Diagramme zuerst auf DIN-A-4-Papier, bevor Sie diese auf einem Flipchart zeichnen.
- Schwierige Bilder sollten Sie mit einem feinen Bleistift vorzeichnen, bevor Sie die Filzstifte benutzen. Mit einem Radiergummi sind so leicht Verbesserungen durchführbar und Sie können Abstände und Proportionen Ihrer Zeichnungen und Grafiken besser abschätzen.
- Vorbereitete Blätter lassen sich bei Präsentationen mit zwei Flipcharts abwechslungsreich darstellen.

Präsentieren Sie sich, wenn immer möglich Ihren Zuhörern so, dass Sie offen, einladend und freundlich wirken und Ihr Flipchart immer für alle Teilnehmer gut erkennbar ist. Die linke und rechte Abbildung zeigen Ihnen dies sehr deutlich.

- Nutzen Sie Flipchart-Papier mit Gitterlinien. Dies macht das Schreiben einfacher.
- Testen Sie die Lesbarkeit Ihrer Schriftgröße und die Sichtverhältnisse für Ihre Präsentation von der letzten Reihe aus.
- Achten Sie auf eine blendfreie Beleuchtung.
- Machen Sie sich vor Ihrer Präsentation mit dem Papierwechsel vertraut – üben Sie das Umblättern und Abreißen der Papierbögen.
- Perforationen an der Oberseite erleichtern das Abreißen der Blätter – achten Sie darauf.
- Verwenden Sie Flipcharts durchaus zusammen mit anderen Präsentationsmedien wie Overheadprojektor, Beamer, Tafel usw.
- Legen Sie Ersatzpapier und Ersatzschreiber bereit.
- Verwenden Sie immer klare und eindeutige Symbole bei Ihren Darstellungen. Setzen Sie für eine festgelegte Bedeutung immer das gleiche Symbol ein.
- Bereiten Sie bei Präsentationen die einzelnen Papierbögen in Ruhe vor.
- Dynamisieren Sie Ihren Vortrag durch Ergänzungen während der Präsentation. Setzen Sie in vorbereitete Blätter Punkte, Bilder, Symbole (z.B. Wolke, Sprechblase, Ausrufezeichen) ein.
- Mit dem Bleistift können Sie Anmerkungen und wichtige Begriffe für den Vortrag auf das Blatt vorschreiben, ohne dass es die Zuhörer sehen.

Gestaltungsbeispiele zweier Flipcharts
Große Schrift, Schlagworte, klare Symbole, gut und schnell zu erfassen.
Links: Flipchart-Tipps
Rechts: Arbeitsplan für ein Visualisierungsseminar

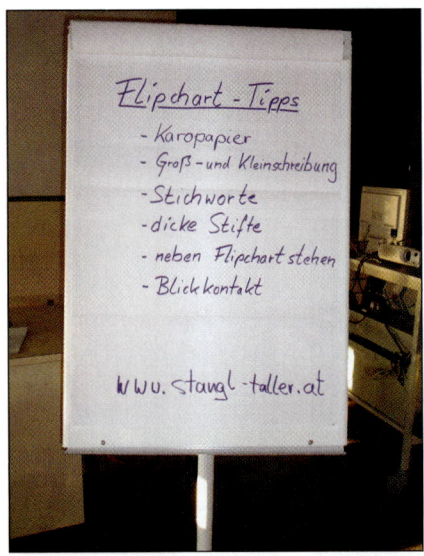

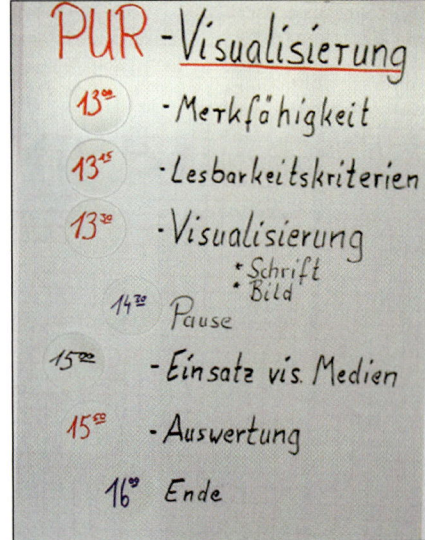

- Verwenden Sie Groß- und Kleinschreibung und Druckbuchstaben. Die ist auch bei größerer Entfernung für die Zuschauer leichter zu lesen.
- Verwenden Sie unterschiedliche Farben, aber nicht mehr als drei. Schlecht lesbare Farben wie Orange und Rosa dürfen nicht eingesetzt werden.
- Legen Sie Elemente, die Sie während Ihres Vortrages zur Unterstreichung Ihrer Aussagen noch anbringen wollen, übersichtlich zurecht, damit Sie gut darauf zugreifen können.
- Wenn Sie wichtige Charts während Ihres Vortrages entwickelt und dargestellt haben, hängen Sie diese z.B. mit Magneten an ein vorhandenes Whiteboard, eine Tafel oder Raumwand, damit Sie bei Nachfragen und Nachbesprechungen sofort im Blick der Zuschauer verfügbar sind.
- Das letzte Blatt stellt die Kernaussage Ihres Vortrages in Kurzform dar und bleibt als Erinnerungstext stehen, bis alle eventuellen Nachfragen aus dem Publikum zu Ihrer Präsentation beantwortet sind.

Flipchart mit Seitenarmen
Die vorbereiteten Blätter an den Seitenarmen können nicht beschriftet werden, da die Blätter ohne Unterlage an den Armen aufgehängt sind.

Noch ein wichtiger praktischer Hinweis: Mit einer Digitalkamera ist die Dokumentation von Flipcharts einfach durchzuführen. Die Bilder können Sie auf jedem PC mit einem Drucker ausgeben und stehen damit allen Teilnehmern einer Veranstaltung zur Verfügung.

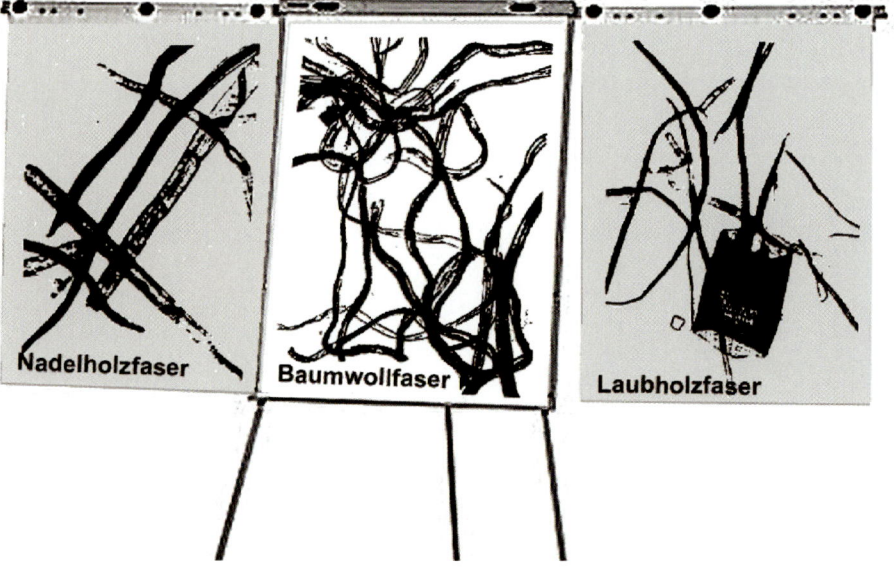

Nadelholzfaser   Baumwollfaser   Laubholzfaser

11. Tafel und Whiteboard

11.1 Tafel

11.1.1 Funktionen der Tafel

Die Wandtafel ist aus dem Lehr- und Darstellungsge-
schehen nicht wegzudenken – sie ist in der Handhabung
einfach und unkompliziert, jeder kann an der Tafel an
Lehrprozessen aktiv beteiligt werden. Die Arbeit mit
der Tafel wirkt sehr direkt, da eine Gruppe an einem
gemeinsamen Objekt konzentriert arbeitet. Die Tafel
ist eine einfache, oftmals diffamierte Methode aus der
„frühen Kreidezeit", aber sie ist ohne Aufwand zu vielen
verschiedenen Anlässen anzuwenden.

Die Arbeit mit der Tafel kann kommunikativ sein, da
sich mehrere Personen direkt beteiligen können, alle
am Lernprozess Beteiligten können interaktiv gemeinsam arbeiten. Das visuelle, anschauliche Lernen wird
sehr gut unterstützt und der Lernerfolg mittels eines
guten Tafelbildes ist als hoch einzuschätzen.

Sie sehen, die Tafel hat in der Erarbeitung und Präsentation von Wissen nach wie vor ihre Vorzüge, aber

Die Arbeit an der Tafel
wirkt sehr direkt, ist
kommunikativ und
mit wenig Aufwand
verbunden.

Links erkennen Sie
den Alptraum eines
jeden Schülers oder
Studenten: einen
Ausschnitt aus dem
Tafelbild eines Ma-
thematikers am Ende
seiner Vorlesung.
Kaum jemand wird
hier noch sagen kön-
nen, welchen Zweck
und welches Ziel mit
diesem Tafelbild ver-
folgt wurde. Unklar
und nicht erkennbar
strukturiert wurde
hier „Mathematik
gemacht".

Damit Ihnen das
bei Ihren Präsentati-
onen nicht so ähnlich
geht, beachten Sie
die Inhalte in diesem
Kapitel zur Tafelbild-
präsentation.

auch zumindest einen gravierenden Nachteil: Sie wird nach Gebrauch gelöscht, alles ist unwiderruflich weg.

Die Funktionen der Tafel als Präsentationsmedium lassen sich wie folgt festhalten:

Ergebnistafelbild
Die Ergebnisse des Unterrichts oder einer Arbeitsgruppe werden übersichtlich in knapper, einprägsamer Form dokumentiert.

Systematisiertes Tafelbild
Die Ergebnisse aus dem Unterrichtsgeschehen werden systematisch und übersichtlich während des Unterrichts dargestellt.

Das systematisch entwickelte Tafelbild wird üblicherweise von der jeweiligen Lehrperson, die den Unterricht hält, selbst entwickelt an der Tafel festgehalten. Diese Tafelbilder bleiben meist während des Unterrichts stehen und werden abgeschrieben, wenn

* bedeutender Lerninhalt enthalten ist,
* der Inhalt wichtig für anstehende Hausarbeiten ist,
* der Inhalt die Grundlage für den folgenden Unterricht bildet.

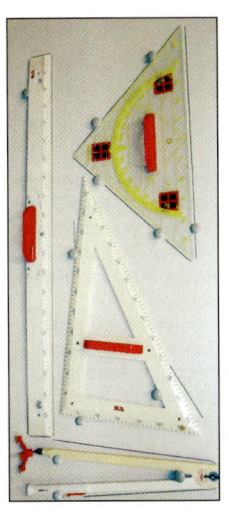

Schreib-/Zeichenzubehör zu einer Schultafel. Der Umgang mit diesen Geräten gehört zur Grundkompetenz des Arbeitens mit der Tafel.

Statisches Tafelbild
Diese Art von Tafelbild wird vor dem Unterricht oder einer Präsentation vorbereitet und am Stück vorgestellt. Es wird für vorgeplante Präsentationen mehrheitlich verwendet, da es schnell und übersichtlich dargestellt werden kann.

Das statische Tafelbild wird von Ihnen nicht erst während einer Präsentation entwickelt, sondern ähnlich einer Layoutentwicklung von Ihnen auf Papier vorgeplant. Nach der Planungsphase wird die Präsentation mit geeigneten Materialien so von Ihnen ausgeführt, dass Sie Ihr Tafelbild darstellen, erläutern und entwickeln.

Dabei dürfen Sie den Begriff des statischen Tafelbildes nicht falsch interpretieren: Ein statisches Tafelbild ist von Ihnen vorgeplant und sollte Elemente enthalten, die während Ihrer Präsentation erst ins Bild kommen. Dieses Tafelbild kann also durchaus dynamische Teile z.B. in Form von Moderationskarten, Plakaten oder Texttafeln enthalten, die während des Vortrags von Ihnen an der Tafel mit Magneten befestigt werden.

11.1.2 Tafelarten

Die meisten Bildungseinrichtungen verfügen über die folgenden Tafelarten:

* Wandtafeln zum Verschieben, zum Teil mit integrierter Projektionsfläche
* Klappbare Tafeln mit der Möglichkeit, Darstellungen an der Tafel abzudecken

Je nach Verfügbarkeit müssen Sie für Ihre Präsentationsplanung diese beiden Tafelgrundtypen berücksichtigen. Bei Klapptafeln können Sie mehrere Präsentationsstufen erstellen, da es möglich ist, Teile der Präsentation für die Teilnehmer nicht sichtbar vorzubereiten. Bei der reinen Wandtafel ist Ihnen dies nicht möglich – alles, was Sie vorbereiten, ist sofort präsent und muss „nur" noch zusammenhängend erläutert werden.

11.1.3 Materialien

Ihr Hauptschreibwerkzeug ist Kreide in allen verfügbaren Farben. Das Schreiben an der Tafel ist mühsam und oft nicht unbedingt mit einem zufriedenstellenden Ergebnis gekrönt. Hier hilft Ihnen nur das Üben mit der Kreide. Orientieren Sie sich an den feinen Hilfslinien der Tafel, führen Sie die Kreide schräg und versuchen Sie eine möglichst gleichmäßige Schrifthöhe zu erreichen.

Wenn Ihnen das Schreiben mit Kreide Probleme bereitet, können Sie aus dem meist vorhandenen Moderationskoffer geeignete Materialien verwenden, die Sie leichter beschriften können. Die Befestigung wird in der Regel mittels Magneten erfolgen. Das Verwenden von Moderationskarten an der Tafel weist eine Reihe von Vorteilen auf. In der Planungsphase können Sie bereits

Tafel unten: Wandtafel mit zwei Klappflügeln. Die Klapptafeln können auf Vorder- und Rückseite beschrieben werden.
Der ikonografische Schwerpunkt: Das Wichtigste steht bei der Klapptafel immer in der Mitte!

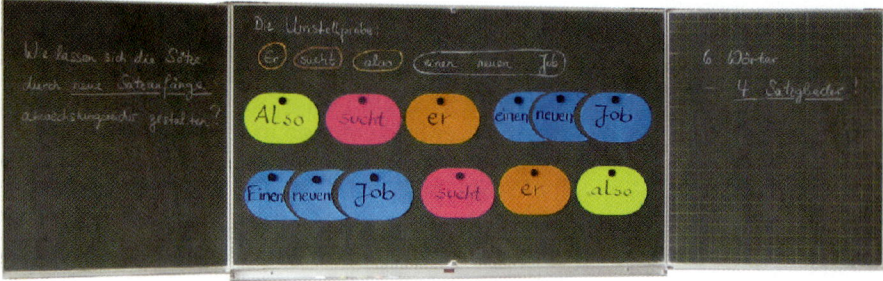

alle Inhalte schreiben oder zeichnen und unabhängig von der Tafel die Anordnung und Ihren Vortrag üben. Die Moderationskarten lassen bei einer Präsentation auch eine gewisse Dynamik und die Entwicklung von Schaubildern zu, da die Tafel zu Beginn des Vortrages durchaus leer sein kann. Des Weiteren können Sie durch Moderationselemente auch Veränderungen, Umstellungen und Entwicklungen relativ einfach an der Tafel herausarbeiten. Damit ist es möglich, dass mit den gleichen Elementen verschiedene Situationen in einem Entwicklungsprozess dynamisch dargestellt werden.

Tafelbildanpassung mit unterschiedlichen Materialien, die alle in gleicher Größe erstellt wurden. Dadurch lassen sich während einer Präsentation Inhalte schnell und wirkungsvoll austauschen. Allerdings ist die Erstellung solcher wirkungsvollen Materialien aufwändig, eine typische Teamarbeit und erfordert in der Regel einen PC und einen guten Großformatdrucker.

11.1.4 Was kommt auf das Tafelbild?

Die Tafel ist als Präsentationsmedium zwar flexibel, kann aber große Informationsmengen schlecht darstellen. Hier ist sie elektronischen Präsentationen oder Folienpräsentationen deutlich unterlegen. Das Tafelbild muss von Ihnen mit einer größeren Text- und/oder Bildmenge entwickelt werden.

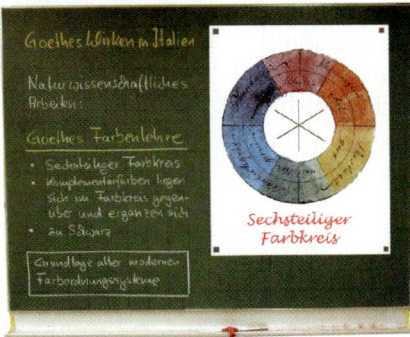

Die Funktion der Tafel besteht dabei vor allem darin, dass Ihre Informationen

- vorübergehend dargestellt werden,
- situationsabhängig festgehalten werden,
- häufig nicht sehr lange sichtbar sind,
- schnell entfernt und durch andere ersetzt werden.

Dieser Wechsel der Tafelbildinhalte ist durch Abwischen der Tafelanschriebe nur bedingt lösbar. Daher sollten für Präsentationen Plakate, Bilder, Karten oder beschriftete Tafeln verwendet werden, die alle ein gleiches Rastermaß aufweisen. Damit wirkt eine Präsentation, die an der „alten Tafel" durchgeführt wird, durchaus modern und informativ.

11.1.5 Planung des Tafelbildes

In unserem Kulturkreis gilt für Sie, die erlernte Aufnahmestruktur des Lesens von links nach rechts sinnvoll auf die Tafel zu übertragen. Allerdings ist die Tafelart dafür entscheidend, ob dies konsequent umgesetzt werden kann. Bei einer Klapptafel mit einer großen mittigen Fläche erwarten wir das Wichtigste in der Mitte. Hier können Sie auch „interaktive" Elemente einsetzen, da diese hier einen hohen Beachtungsgrad bewirken. Die beiden Klappflügel sind für Zusatzinformationen zu verwenden. Zusammenfassungen und Ergebnisse stehen auf den äußeren, zuerst nicht sichtbaren Flügeln.

☞
182

Die verschiebbare Wandtafel wirkt bei einer Tafelpräsentation ähnlich dem Plakat oder der Stellwand. Der Lesefluss geht über den Einstiegspunkt von oben links nach rechts unten. Die wichtigen Inhalte müssen Sie deutlich herausarbeiten und darstellen, da hier keine optische Mitte vorhanden ist. Da für Sie bei einer derartigen Tafel- und Projektions-Wand-Kombination eine Projektion mit OH-Projektor oder Beamer möglich ist, bietet sich hier oft eine Präsentation an, bei der Sie verschiedene Medien kombinieren können.

11.1.6 Tafelbildlayout

Vorgehensweise
Tafelbilder müssen klare Lese- und Inhaltsstrukturen
aufweisen. Das fertige Tafelbild muss ein ganzheitliches
Bild ergeben: Dazu gehen Sie wie folgt vor:

* Entwerfen Sie Ihre Tafelpräsentation auf Papier und
  übertragen Sie den Entwurf auf die Tafel. Legen Sie
  auf Papier Inhalt, Proportion und Einteilung fest.
* Übernehmen Sie Ihr Tafelbild aus Ihren Planungsun-
  terlagen, freie Kreationen werden nichts.
* Erstellen Sie ein klares Gesamtbild mit gut erkenn-
  barer Struktur.
* Sorgen Sie für eine eindeutige Zuordnung Ihrer
  Texte zu Grafik und/oder Bild.
* Passen Sie Ihre Schriftgröße an die Raumsituation
  an. Es gibt nichts Schlimmeres als Zuhörer bzw.
  Leser, die Ihre Darstellung nicht lesen können.
* Wenn Sie sich über die Wirkung Ihrer Schrift nicht
  sicher sind, testen Sie das Aussehen und die Größe
  vor der Präsentation und üben Sie das Schreiben
  – es wird Ihrer Darstellung an der Tafel zu einem
  besseren Ergebnis verhelfen.
* Wenn Ihre Tafel mit einer Scheinwerferanlage ausgestattet ist, nutzen Sie diese. Der Kontrast wird
  erhöht und die Lesbarkeit deutlich verbessert.
* Arbeiten Sie wie beim Plakat mit einem Rastersystem, das Sie auf die Tafel übertragen können.
* Verwenden Sie das Rastersystem der Tafel zu Ihrer
  gestalterischen Orientierung.

Viele Tafeln haben
ein Rastersystem mit
Quadraten der Größe
10 cm x 10 cm.

**Tafel mit Rastersys-
tem und dreispaltiger
Tafelbilddarstellung**
Die linke Spalte hält
sich nicht exakt an
die Spalteneintei-
lung – das ist bei
einer Handschrift ❶
manchmal schwierig
und geringe Abwei-
chungen sind erlaubt.
Plakate ❷ müssen
exakt gleich in der
Abmessung sein,
damit sie während
einer Präsentation
auswechselbar sind.
Die Haftung erfolgt
durch Magnete.

Planungskarten

Planungskarten mit dem Seitenverhältnis der Tafel erleichtern die Planung Ihres Tafelbildes. Auf Papier lässt
sich im verkleinerten Maßstab das Tafelbild handschriftlich entwickeln und später auf die „große Tafel" weitgehend maßstäblich übertragen. Durch die Entwurfsarbeit
auf Papier fällt Ihnen die Entwicklung leichter, da Sie
übersichtlicher planen können. Wenn Sie vor der Tafel
stehen, müssen Sie wissen, was wo zu positionieren
ist. Im untenstehenden Beispiel wird Ihnen eine solche
Planung und deren Umsetzung beispielhaft vorgestellt.

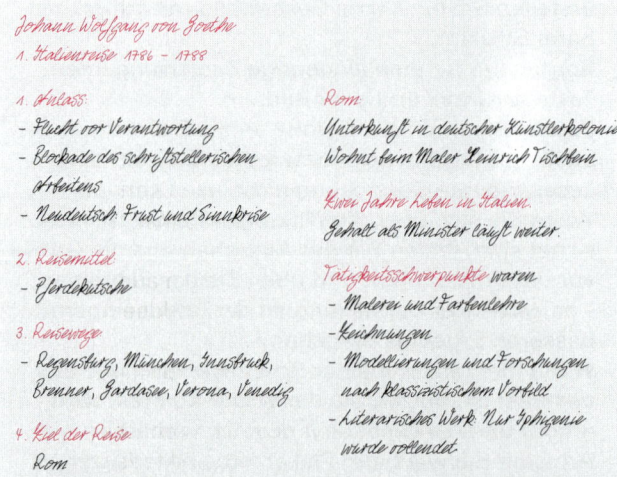

Handschriftliche Tafel-
bildplanung auf maß-
stabsgerecht geschnit-
tener Planungskarte.
Mit einiger Übung
lassen sich von Ihnen
hier Tafelbilder so ent-
wickeln, dass Sie
später tatsächlich gut
auf die große Tafel
passen. Die Hilfslinien
der Tafel erleichtern
Ihnen das Übertragen.

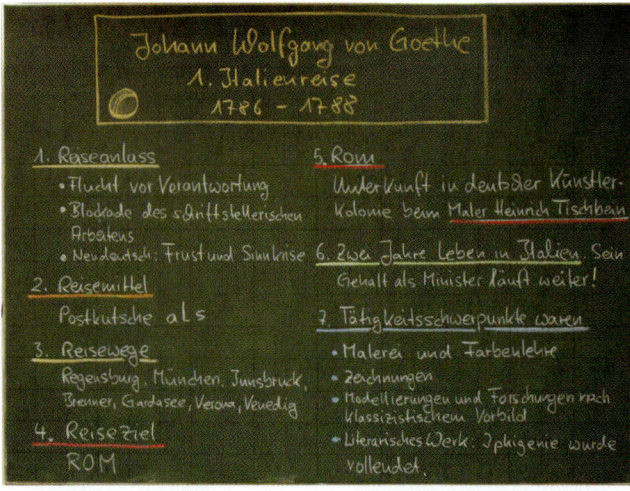

Tafelbildumsetzung
des obigen Entwurfs.
Die Umsetzung wurde
um einige Punkte ver-
ändert. Die Headline
ist tafelbildgerecht in
Form eines Kastens
geschrieben. Bei
der Farbdarstellung
wurde versucht, durch
Unterstreichungen
das Tafelbild aufzu-
lockern und zu opti-
mieren. Insgesamt ist
die Darstellung aber
zu überladen und zu
unruhig.

11.1.7 Visualisierungsregeln

Die Visualisierung einer Tafelbildpräsentation muss vorbereitet werden. Neben der Schrift können Sie hier noch andere Gestaltungselemente verwenden. Karten, Bilder, Linien, Pfeile, Punkte u.Ä. können genutzt werden. Wichtig dabei ist, dass Schrift und die verwendeten Zusatzelemente immer zielgerichtet und in der gleichen Bedeutung und Systematik eingesetzt werden. Dadurch ist es möglich, dass Sie für Ihren Zuschauer den so genannten „roten Faden" einer Präsentation sichtbar machen.

Um mit Schrift an Tafel und Whiteboard richtig umzugehen, müssen Sie eine Reihe von Regeln beachten, die dem Zuschauer die Informationsaufnahme erleichtern. Diese Regeln sind:

- Bilden Sie eindeutige Textblöcke an der Tafel.
- Vermeiden Sie zu breit geschriebene Schrift.
- Schreiben Sie, wenn Sie können, schmal. Das ist leichter lesbar.
- Schreiben Sie kurze Sätze. Sie können auch Stichworte verwenden, die Gedanken und Ideen gut transportieren.
- Verwenden Sie gleiche Schriftgröße für gleichartige Aussagen.
- Groß- und Kleinbuchstaben verwenden. Die Kleinbuchstaben ergeben durch den charakteristischen Wechsel zwischen Ober-, Unter- und Mittellängen typische Wortbilder, die wir gewohnt sind und daher schneller aufnehmen können. Ein ganz praktischer Hinweis: Auf einer Zeile lassen sich mehr Klein- als Großbuchstaben unterbringen, also auch mehr Informationen.
- Lesegewohnheiten beachten – wir lesen von links oben nach rechts unten.
- Geschriebenes muss aus größerer Entfernung gut lesbar sein. Ein Klassenzimmer hat in der Regel die Tiefe von fünf bis acht Metern. Um eine gut lesbare Schrift zu schreiben, sollten Ihre Buchstaben etwa 10 bis 15 cm hoch werden.
- Stellen Sie Zusammenhänge durch gleiche Farben, Linien und Formen her.
- Verwenden Sie nur Abkürzungen, die allen bekannt sind. Unbekannte Kürzel verwirren.

11.1.8 Technik des Schreibens

Sollten Sie die Wahl zwischen verschiedenen Kreidesorten haben, dann testen Sie die verschiedenen Sorten und suchen Sie sich diejenige aus, mit der Sie gut und geräuschlos schreiben können. Das Letztere ist wichtig – für die Teilnehmer einer Präsentation gibt es kaum etwas Unangenehmeres als quietschende Kreide. Darum noch ein paar Tipps zum Schreiben:

- Schreiben Sie immer auf eine gut geputzte und vor allem trockene Tafel.
- Halten Sie die Kreide immer schräg.
- Halten Sie immer einen trockenen Lappen für eventuelle Korrekturen bereit. Nur ein trockener Lappen ergibt kein Geschmier auf der Tafel.
- Benutzen Sie nie eine frische Kreide – wenn es nicht anders geht, brechen Sie die Kreide in der Mitte durch und schreiben Sie mit der Bruchstelle.
- Orientieren Sie sich beim Schreiben an den Hilfslinien der Tafel. Dadurch wird die Beschriftung ansehlich und Sie schreiben waagrecht.
- Versuchen Sie Ihre Schriftgröße immer gleich groß zu halten. Wenn das nicht klappt, ziehen Sie sich eine dünne Hilfslinie für die Mittellängen der Schrift. Daran können Sie die Kleinbuchstaben in der Höhe gut ausrichten und gleichmäßig groß schreiben. Das sieht für den Betrachter gut aus und erhöht die Lesbarkeit deutlich.
- Schreiben Sie, vor allem am Anfang, langsam an die Tafel. Dies erhöht die Darstellungsqualität Ihres Schriftbildes und gibt Ihnen Sicherheit für das gute Aussehen Ihrer Tafelpräsentation.
- Wenn es mit dem Schreiben überhaupt nicht klappt, verwenden Sie vorbereitete Moderationsmaterialien und heften Sie diese mit Magneten an die Tafel. Derartige Materialien finden Sie in Moderationskoffern wie rechts abgebildet. Diese Koffer mit den entsprechenden Materialien gibt es an jeder Bildungseinrichtung – Sie müssen nur danach fragen.

Moderationskoffer mit Standardfüllung

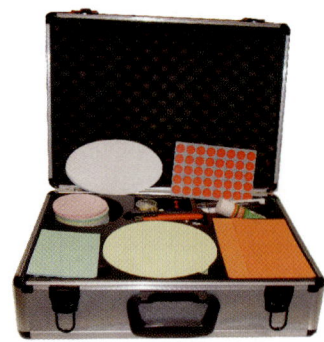

11.2 Whiteboard

11.2.1 Whiteboard-Arten

Hierbei handelt es sich um eine weiße Kunststofftafel. Whiteboards gibt es üblicherweise in drei analogen und einer interaktiven, digitalen Ausführung:

- Fest an die Wand montiert mit einer Schreibfläche, in der Höhe nicht veränderbar
- Dreiteilige, aufklappbare oder an Schienen verschiebbare Kunststofftafel an der Wand
- Kunststofftafel auf einem Fahrgestell mit einer Schreibfläche oder als aufklappbares Whiteboard
- Interaktives Whiteboard oder berührungsempfindliches Whiteboard, das im Zusammenspiel mit PC, Beamer und elektronischen Stiften eine multimediale oder interaktive Wandtafel (Smartboards) ergibt.

Beispiel für eine Whiteboard-Darstellung im Fach Wirtschaftskompetenz mittels unterschiedlicher Stifte und Farben. Da Whiteboards in der Regel von Hand beschrieben werden, muss wie bei der Tafel auf eine klare Schreibstruktur und auf eine gute Farbwahl für die Marker geachtet werden.

11.2.2 Whiteboards – die modernen Tafeln

Whiteboards sind die modernen Varianten einer Tafel. Diese Modernität ist daran zu erkennen, dass ergänzende Halterungen, Haltearme, Klammern o.Ä. für die zusätzliche Medienaufnahme angebracht sind. Dadurch ist es möglich, z.B. Karten, Flipchart-Informationen,

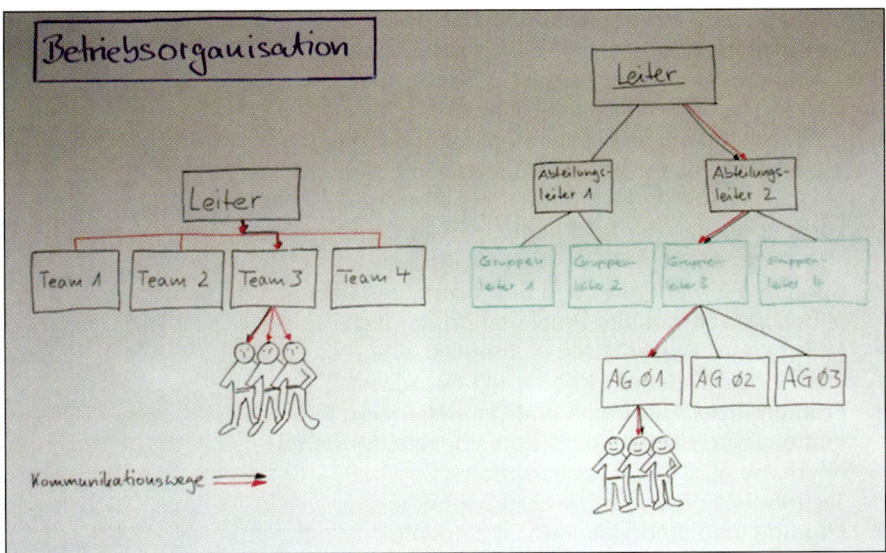

Organisationspläne, Bilder oder Plakate anzubringen. Whiteboards sind immer magnethaftend. Damit können z.B. Moderationsmaterialien gut angeheftet werden.

11.2.3 Whiteboards beschriften und reinigen

Whiteboards werden mit speziellen Filzschreibern beschriftet. Zum Schreiben dürfen nur diese so genannten Boardmarker verwendet werden. Deren Tinte lässt sich, bedingt durch die Spezialbeschichtung der Oberfläche leicht mit einem trockenen Schwamm oder Lappen abwischen.

Der große Nachteil des Whiteboards ist, wie bei der Tafel, dass Sie während des Beschriftens Ihren Zuhörern den Rücken zuwenden. So kann es sein, dass Sie während Ihrer Präsentation den direkten optischen Kontakt zu Ihrem Publikum verlieren. Dies reduziert die Spannung und Aufmerksamkeit, Ihre Zuhörer haben faktisch eine kleine Pause. Denken Sie mal intensiv darüber nach, was in solchen Pausen alles schon von Ihnen bewerkstelligt wurde – Papierkugeln schnippen, Nachbarn ärgern, Vordermann anmachen...

11.2.4 Layout auf Whiteboards

Es gelten dieselben Regeln wie bei der Tafel. Eine Orientierung an einem frei gewählten Raster ist sinnvoll, wird in der Präsentationspraxis aber eher selten praktiziert. Entscheidend bei der Entwicklung einer Präsentationsdarstellung ist auch hier die Klarheit Ihrer Schriftdarstellung. Wenn Ihnen dies Probleme bereitet, verwenden Sie für Ihre Whiteboard-Präsentation Moderationsmaterialien, die Sie vor und während Ihres Vortrages schnell und problemlos an der Tafel befestigen können.

- Spontane Erweiterung und Ergänzung des Tafelbildes ist während der Präsentation möglich.
- Mehrteiliges Präsentieren ist möglich, wenn es die Tafel- oder Whiteboard-Konstruktion zulässt.
- Problemloses Anbringen und Darstellen von Informationsmaterial wie Ausdrucke, Plakate, Moderationsmaterial, Bilder, Flipchartinfos...
- Technisches Wissen ist nicht notwendig.
- Planung auf Planungskarten ist sinnvoll.

Interaktives Whiteboard im Klassenraum (Quelle Smartboard)

Smart-Pens, so genannte virtuelle Stifte

Smartboard-Kontrollleiste zur Steuerung des interaktiven Whiteboards

Fahrbares interaktives Whiteboard der Firma SMART Technologies Inc.
www.smartboard.de

11.2.5 Interaktives Whiteboard

„In spätestens 10 Jahren ersetzen interaktive Whiteboards die traditionellen Kreidetafeln der Klassenzimmer", so die Numonics Corporation 2005.

Das interaktive Whiteboard ist ein großes, berührungsempfindliches Whiteboard, das in Verbindung mit dem PC und einem Beamer wie ein riesiger Computerbildschirm funktioniert, der von Lehrern und Schülern einfach durch Berührung bedient werden kann.

Der Finger dient dabei als „Maus" oder „Stift". So können nahezu alle Computeranwendungen bedient, Dateien geöffnet, im Internet gesurft oder interaktive Präsentationen aufgerufen werden. Mit virtuellen Stiften und digitaler Tinte kann über Anwendungen geschrieben und Ergebnisse des Schreibens gespeichert werden.

Die Navigation erfolgt über eine kleine Kontrollleiste, über die die Speicherung, das Schreiben und Ausdrucken des Tafelbildes vorgenommen wird.

Einsatzmöglichkeiten

Das interaktive Smartboard kann als Präsentationsmedium, als elektronisches Flipchart und sogar für die Erarbeitung von gemeinsamen Daten eingesetzt werden. Über Netmeeting lässt sich auch in Gruppen an einem Board arbeiten! Mit dem Smartboard können Sie:

- Den PC durch Berührung des Boards bedienen
- Handschriftliche Notizen (z.B. Tafelbilder) erstellen und speichern
- Mehrere „Tafelbilder" in einer Datei erstellen
- Grafiken oder Bildschirmdarstellungen anderer Programme in die „Tafelbilder" kopieren
- Während einer Präsentation handschriftliche Ergänzungen auf Bildschirmdarstellungen beliebiger Programme machen und als „Tafelbild" speichern und die „Tafelbilder" ausdrucken
- Bei vernetzten PCs im Team an einem „Tafelbild" arbeiten
- Arbeitsergebnisse einschließlich Navigation als HTML-Dateien speichern

Software

12. Installation

12.1 Open Source

12.1.1 Definition

Wörtlich übersetzt steht der Begriff „Open Source" für „offene Quelle". Gemeint ist hier nicht die Quelle eines Flusses, sondern der Quellcode einer Software. Diese Software muss von ihren Entwicklern programmiert werden. Hierbei kommen normalerweise höhere Programmiersprachen wie beispielsweise C++ oder Java zum Einsatz. Diese Programme werden als Code oder Quellcode bezeichnet.

Wenn Sie sich einmal die Komplexität heutiger Programme betrachten, dann werden Sie schnell verstehen, dass für deren Programmierung viel Zeit und „Manpower" benötigt wird. Der Quellcode derartiger Programme ist ein gut gehütetes Firmengeheimnis. Die Nutzung der Software müssen Sie (oft teuer) bezahlen, indem Sie eine Lizenz erwerben.

Nun kommen wir auf den Begriff „Open Source" zurück: Grundlegende Idee dabei ist, die Entwicklung einer Software nicht (nur) einer Firma zu überlassen, sondern jedem, der daran Interesse hat. Hierzu muss der Quellcode der Software offengelegt werden – „Open Source" eben.

Während die Offenlegung des Quellcodes vermutlich wenige Leser dieses Buches interessiert, definiert die Open-Source-Initiative weitere „Freiheiten":

Open Source
Programme, deren Quellcode offengelegt ist. Open-Source-Programme sind frei zugänglich und kostenlos.

Merkmale von Open-Source-Software

- Die Software darf *uneingeschränkt und für jeden Zweck* genutzt werden. Sogar eine kommerzielle Nutzung ist zulässig!
- Der Quellcode der Software ist offengelegt.
- Der Quellcode darf nach Belieben verändert werden. Die veränderte Version darf weitergegeben werden – allerdings muss der veränderte Quellcode nach denselben Regeln wiederum offengelegt werden.

12.1.2 Lizenzierung

Mittlerweile gibt es zahlreiche Open-Source-Programme, die Sie bedenkenlos auf Ihrem Rechner installieren oder an Freunde weitergeben dürfen. Bei der Installation werden Sie sich möglicherweise wundern, dass Sie – wie bei kommerzieller Software – vor der Installation die Lizenzbedingungen per Mausklick bestätigen müssen.

Diese Lizenz ist jedoch anderer Natur als bei käuflich erworbener Software: Es handelt sich hierbei um eine GPL (General Public License) der Free Software Foundation. Mit Ihrer Bestätigung stimmen Sie zu, die im vorherigen Abschnitt beschriebenen Regeln für Open-Source-Software einzuhalten. Die Bestätigung dieser Lizenz ist also völlig unbedenklich und verhindert den Missbrauch der freien Software.

GPL
General Public License der Free Software Foundation

12.2 OpenOffice.org

12.2.1 „Freies" Office-Paket

www.de.openoffice.org

Wie im Namen angedeutet, handelt es sich bei „OpenOffice.org" (kurz: OOo) um ein frei verfügbares, also kostenloses Office-Paket. Es beinhaltet unter anderen Programme zur Textverarbeitung, Tabellenkalkulation und Präsentation. Näheres hierzu erfahren Sie im nächsten Abschnitt.

OpenOffice.org ist die Weiterentwicklung des Ihnen vielleicht bekannten Office-Pakets „StarOffice", das von der Firma Sun Microsystems aufgekauft und dann veröffentlicht wurde.

OpenOffice.org 1.0 kam 2002 auf den Markt, die derzeit aktuelle Version 2.1 ist seit 2006 verfügbar. Die nächste Version 3.0 ist für 2007 vorgesehen. Da weltweit viele Entwickler beteiligt sind, wird das Produkt mit jeder Version verbessert. Dies kann man von kommerzieller Software nicht immer behaupten! Das Motto „Was nichts kostet, ist auch nichts!" können Sie hier getrost vergessen. Sie werden staunen, wie leistungsfähig die Software bereits heute ist. Und Sie werden sich darüber freuen, dass Sie kein Geld in eine kommerzielle Alternative investiert haben.

12.2.2 Komponenten

Bei OpenOffice.org handelt es sich um ein vollständiges Office-Paket, wie Sie es von Microsoft Office kennen. Aufgrund der großen Ähnlichkeit der Benutzerober-

flächen ist der Umstieg von Microsoft auf OpenOffice.
org einfach und erfordert fast keine Einlernzeit. Aber
natürlich spielt auch oder gerade am PC die „Macht
der Gewohnheit" eine große Rolle, und wer schon
viele Jahre mit „Word & Co." erfolgreich gearbeitet hat,
wird vor diesem Schritt zögern. Hier kann aus eigener
Erfahrung gesagt werden: Wagen Sie den Versuch! Sie
werden sich wundern, wie ähnlich die Bedienung ist.

Im Folgenden stellen wir Ihnen kurz die Komponenten von OpenOffice.org vor:

Writer

Writer ist das Textverarbeitungsprogramm und damit
das Gegenstück zu Microsoft Word. Das Programm
bietet im Wesentlichen die Möglichkeiten, die Sie von
Word her kennen.

Writer-Dateien besitzen die Endung ODT (für Open
Document Text). Word-Dateien können mit Writer geöffnet werden. Außerdem können Sie Writer-Texte auch
im bekannten DOC-Format abspeichern und danach in
Word öffnen.

Writer
Textverarbeitung
Dateiendung ODT
bei Microsoft: Word

Calc

Calc ist eine vollwertige Tabellenkalkulation und somit
das Pendant zu Excel. Im Vergleich mit Excel schneidet
Calc bereits gut ab, lediglich bei sehr komplexen Tabellen liegt Excel noch in Führung.

Calc-Dateien besitzen die Dateiendung ODS (für
Open Document Sheet). Wie bei Writer gilt: Calc kann
Excel-Dateien öffnen und in das Excel-Format exportie-
ren.

Calc
Tabellenkalkulation
Dateiendung ODS
bei Microsoft: Excel

Impress

Als Ersatz für PowerPoint kommt Impress zum Einsatz.
Die Ähnlichkeit beider Programme ist unverkennbar.
Lediglich im Bereich der Animationen ist PowerPoint
derzeit noch im Vorteil.

Die Dateiendung von Impress-Dateien lautet ODP
(für Open Document Presentation). Impress-Präsenta-
tionen können auch im PowerPoint-Format gespeichert
werden.

Impress
Präsentationssoftware
Dateiendung ODP
bei Microsoft: Pow-
erPoint

Base

Mit Base stellt OpenOffice.org eine Datenbank-Software zur Verfügung. Mit Microsoft Access kann dieses
Programm derzeit noch nicht konkurrieren. Hier müssen

Base
Datenbank-Software

Dateiendung ODB
bei Microsoft: Access

die nächsten Versionen abgewartet werden.

Die Dateiendung von Base-Dateien lautet ODB (für Open Document Base).

Draw
Grafikerstellung
Dateiendung ODG
bei Microsoft: –

Draw
Ohne Gegenstück bei Microsoft ist Draw, ein Grafik-programm, das sich sehr gut zur Erstellung kleinerer Grafiken in zwei- oder dreidimensionaler Darstellung eignet, z.B. für Organigramme, Blockschaltbilder, Ablaufpläne.

Draw-Dateien erhalten die Endung ODG (für Open Document Graphic). Ein Exportieren in bekannte Formate wie JPG, GIF oder TIF ist ebenfalls möglich.

Math
Formeleditor
Dateiendung ODF
bei Microsoft: Formel-editor

Math
Bei Math handelt es sich um einen Editor für mathematische Formeln. Er kann als eigenes Programm verwendet werden, startet aber auch automatisch, wenn Sie über *Einfügen > Objekt > Formel* eine Formel in einem der anderen Programme einfügen möchten.

Mit mehreren Komponenten arbeiten
In jedem OpenOffice.org-Programm finden Sie in der Menüleiste oben links einen kleinen Pfeil. Durch Anklicken dieses Pfeils erhalten Sie das links dargestellte Fenster und können direkt jede beliebige andere Anwendung starten. Wie Sie sehen, bietet Ihnen OpenOffice.org weitere Features wie das Erstellen von Visitenkarten oder von Webseiten an.

Das parallele Arbeiten mit mehreren Komponenten ist also sehr komfortabel. Im Menü *Fenster* finden Sie alle aktuell in Bearbeitung befindlichen Dokumente.

12.2.3 Vorteile gegenüber Microsoft Office

Falls wir Sie noch nicht überzeugen konnten, finden Sie hier eine Zusammenfassung der wichtigsten Vorteile im Vergleich zu Microsoft Office:

- OpenOffice.org ist kostenlos – eine Schüler- oder Lehrerlizenz für das Microsoft-Office-Paket kostet etwa 120 Euro.
- OpenOffice.org ist für alle gängigen Betriebssysteme erhältlich, z.B. Windows, Mac OS, Linux. Microsoft Office gibt es nur für Windows und Mac OS.

- OpenOffice.org kann Microsoft-Office-Dateien öffnen – umgekehrt funktioniert dies nicht.
- OpenOffice.org kann Dateien ins Microsoft-Office-Format umwandeln – umgekehrt geht dies nicht.
- OpenOffice.org kann PDF-Dateien erzeugen – Microsoft Office kann dies nicht.

Bei allem Lob für OpenOffice.org soll nicht verschwiegen werden, dass Microsofts Office-Paket seit vielen Jahren auf dem Markt und deshalb ziemlich ausgereift ist. OOo hingegen gibt es erst seit einigen Jahren, so dass der eine oder andere Programmierfehler nicht zu übersehen ist. In seltenen Fällen müssen Sie auch mit einem Programmabsturz rechnen. Die nächsten Versionen werden jedoch weitere Verbesserungen dieses jetzt schon sehr guten Produktes bringen.

12.2.4 Download und Installation

Sie können OpenOffice.org wahlweise aus dem Internet laden oder die Version auf beiliegender CD-ROM verwenden. Den Download der aktuellen Version von OOo finden Sie unter: www.de.openoffice.org

Die Dateigröße von cirka 100 Megabyte erfordert einen schnellen DSL-Zugang ins Internet, da Sie andernfalls sehr lange warten müssten. Verfügen Sie nicht über einen derartigen Zugang, empfehlen wir die Verwendung der auf beiliegender CD-ROM befindlichen Version.

Die Installation von OpenOffice.org können Sie bedenkenlos vornehmen, auch wenn Sie bereits das Microsoft-Office-Paket installiert haben. Die Pakete stören sich gegenseitig nicht.

Zur Installation der Software (auf Windows 2000, XP oder Vista) müssen Sie auf Ihrem Rechner über Administratorrechte verfügen, da andernfalls nicht in Systemverzeichnisse geschrieben werden kann.

Zur Installation sind Administratorrechte erforderlich!

1. Doppelklicken Sie auf die heruntergeladene oder von CD-ROM kopierte Installationsdatei.

2. Nach einem Begrüßungsbildschirm wird diese große Datei zunächst in ein Systemverzeichnis entpackt.

3. Im nächsten Fenster müssen Sie die Lizenzbedingungen – wie in Abschnitt 12.2.1 beschrieben – ak-
   zeptieren.

4. Nun können Sie entscheiden, ob Sie die Software
   vollständig oder benutzerdefiniert (also nur teilweise) installieren wollen. Wählen Sie hier „Vollständige
   Installation".

5. Im nächsten Fenster können Sie entscheiden, ob Ihre
   vorhandenen Word-, Excel- oder PowerPoint-Dateien
   bei Doppelklick zukünftig mit OpenOffice geöffnet
   werden sollen. Dies sollten Sie nur wählen, wenn
   Sie nur noch mit OpenOffice arbeiten wollen.

6. Die eigentliche Installation beginnt nun und dauert
   hardwareabhängig eine gewisse Zeit.

7. Nach dem Beenden des Installations-Assistenten
   ist OpenOffice.org einsatzbereit. Ein Neustart des
   Rechners ist nicht erforderlich.

Sie können die gewünschte Komponente unter *Start
> Programme > OpenOffice.org 2.0* auswählen und
starten. Nach dem ersten Start stellt Ihnen die Software
in der Taskleiste rechts unten einen „Schnellstarter"zur
Verfügung. Klicken Sie auf das Symbol ❶ mit der
rechten Maustaste und wählen Sie dort die gewünschte
Komponente.

12.2.5 Änderungen oder Deinstallation

Falls Sie sich – wider Erwarten – dazu entschließen sollten, OpenOffice.org wieder zu deinstallieren, so ist auch
dies problemlos möglich.

Klicken Sie wie bei der Installation auf die Installationsdatei. Die Software erkennt die vorhandene Installation und Sie können entscheiden, ob Sie die Software
Ändern ❷, Reparieren ❸ oder Entfernen ❹ wollen.

Hinweis: Bei einem Update auf eine neuere Version,
sollten Sie im Voraus die alte Version deinstallieren.

12.3 Microsoft PowerPoint 2003

12.3.1 SSL-Lizenz

Im Unterschied zu OpenOffice.org handelt es sich bei PowerPoint 2003 um ein kommerzielles Programm. Aus diesem Grund können wir Ihnen das Programm auf CD-ROM leider nicht zur Verfügung stellen. Weil in diesem Jahr Microsoft Office 2007 auf den Markt kommt, stellt Microsoft leider auch keine Demoversion mehr zur Verfügung.

Aufgrund seiner hohen Verbreitung in Schulen, Hochschulen und Betrieben haben wir uns zu einem Kapitel über PowerPoint entschlossen. Allerdings können Sie (fast) das Gleiche auch mit kostenloser Software erreichen. Lesen Sie das Kapitel über „Impress" und Sie werden staunen, wie nahe dieses kostenlose Programm an PowerPoint herankommt.

Das Microsoft-Office-Paket besteht derzeit aus folgenden Programmen:

- Word
- Excel
- PowerPoint
- Outlook
- Access (nur bei Professional-Version)

Wenn Sie Schüler, Student oder Lehrer sind, können Sie eine deutlich günstigere SSL-Lizenz von derzeit etwa 140 Euro bzw. 200 Euro (mit Access) erwerben.

Abb.:
www.amazon.de

12.3.2 Office 2007

Wer Office 2007 testen möchte, kann sich eine 60-Tage-Version bei Microsoft herunterladen:
http://germany.trymicrosoftoffice.com/
(Möglicherweise stimmt der Link bei Erscheinen dieses Buches nicht mehr.)

Bitte beachten Sie, dass es sich bei PowerPoint 2007 *nicht* um die in diesem Buch beschriebene Software handelt. Da das „neue" Office zum Zeitpunkt der Bucherscheinung erst seit wenigen Monaten auf dem Markt ist, verwenden wir in diesem Buch die verbreitete Version PowerPoint 2003.

12.4 GIMP

www.gimp.org

GIMP, GNU Image Manipulation Program, ist ein Bild-verarbeitungsprogramm und wie OpenOffice.org eine Open-Source-Software. 1996 wurde die erste Version von GIMP an der University of Berkley in Kalifornien in der Version 0.54 veröffentlicht. Mittlerweile sind wir bei Version 2.2.13 und GIMP hat sich zu *dem* Open-Source-Bildverarbeitungsprogramm entwickelt. In der RGB-Bildverarbeitung ist GIMP durchaus mit Adobe Photo-shop vergleichbar. Es unterstützt allerdings weder das Farbmanagement mit ICC-Profilen noch bietet es die Möglichkeit, gezielt nach CMYK zu separieren. Da Sie aber die Bilder für Ihre Präsentation und nicht für die Druckvorstufe bearbeiten, reicht der Funktionsumfang von GIMP vollkommen aus.

12.4.1 Download und Installation

Sie können GIMP ebenso wie OpenOffice.org ent-weder aus dem Internet laden oder die Version auf beiliegender CD-ROM verwenden. Den Download der aktuellen Version finden Sie unter: www.gimp.org/downloads/

Vor der eigentlichen Installation von GIMP müssen Sie das Benutzerinterface von GIMP installieren. Das GTK, GIMP Tool Kit, können Sie ebenfalls von www.gimp.org herunterladen oder direkt von unserer CD aus installieren.

Zur Installation sind Administratorrechte erforderlich!

Die Installation beider Programme erfolgt, wie Sie es von anderen Programmen gewohnt sind. Folgen Sie einfach den Dialogfeldern der Installationsroutine.

12.4.2 GIMP auf Deutsch

GIMP hat eine deutsche Benutzeroberfläche. Bei der Installation erkennt GIMP die eingestellte Sprache im Betriebssystem und übernimmt diese für seine Benut-zeroberfläche. Falls Sie eine andere Sprache möchten, dann können Sie dies in den erweiterten Systemeinstel-lungen Ihres Computers angeben.

12.5 Adobe Reader (PDF)

12.5.1 PDF-Dateien

Dank seiner hervorragenden Eigenschaften hat sich PDF zum weltweiten Standardformat für den komfortablen Austausch von Daten entwickelt.

316

   Zum Öffnen von PDF-Dateien benötigen Sie lediglich den kostenlosen Adobe Reader, der sich vermutlich schon längst auf Ihrer Festplatte befindet. Falls dies nicht der Fall ist, finden Sie die derzeit neueste Version 8 des Adobe Readers zum Download im Internet oder auf beiliegender CD-ROM. Falls Sie eine ältere Version des Readers installiert haben, empfehlen wir Ihnen ebenfalls ein Update. Der neue Reader ist deutlich übersichtlicher geworden und optisch ansprechender als seine Vorgänger!

12.5.2 Download und Installation

Sie können Adobe Reader wahlweise aus dem Internet laden oder die Version auf beiliegender CD-ROM verwenden. Den Download der aktuellen Version des Adobe Readers finden Sie unter:
www.adobe.com/de/products/
   Möglicherweise hat sich beim Erscheinen des Buches der angegebene Link bereits geändert. Starten Sie dann Google (www.google.de) und geben Sie als Suchkriterien z.B. adobe reader download ein.
   Zur Installation der Software (auf Windows 2000, XP oder Vista) müssen Sie auf Ihrem Rechner über Administrator-Rechte verfügen, da andernfalls nicht in Systemverzeichnisse geschrieben werden kann.

1. Doppelklicken Sie auf die heruntergeladene oder von CD-ROM kopierte Installationsdatei. Die Installation läuft von alleine ab.

2. Nach der Installation steht Ihnen der Adobe Reader als neues Programm zur Verfügung. Zusätzlich wurde mit der Installation eine Erweiterung für Webbrowser installiert. Dies bedeutet, dass Sie PDF-Dateien auch in Ihrem Webbrowser (Firefox, Internet Explorer) öffnen können.

12.6 Mindjet MindManager

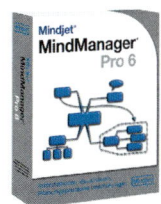

Abb.:
www.mindjet.com

Das Programm Mindjet MindManager ist eine Software
für die Visualisierung von komplexen Informationen
und Zusammenhängen. Es unterstützt einzelne Nutzer
und Arbeitsgruppen bei der Planung, Organisation und
Darstellung unterschiedlichster kreativer Prozesse.

Die Erstellung von so genannten Mindmaps wurde
ursprünglich mit Papier und Bleistift durchgeführt. Mit
dem Programm MindManager wurde Mindmapping
PC-fähig und ist für den Einsatz in Bildung und Beruf
nicht mehr wegzudenken.

12.6.1 Download und Installation

Zur Installation sind
Administratorrechte
erforderlich!

Auf der Buch-CD-ROM ist eine 21-Tage-Testversion zur
Installation auf Windows-PCs bereitgestellt. Den Download der aktuellen Version finden Sie unter:
www.mindjet.com/de/download/.

Die Installation des Programms erfolgt, wie Sie es
von anderen Programmen gewohnt sind. Folgen Sie
einfach den Dialogfeldern der Installationsroutine.

12.6.2 Installation des Viewers

Wenn Sie fertige Mindmaps nur öffnen und betrachten,
aber nicht neu erstellen oder bearbeiten möchten, reicht
der kostenlose „Viewer" aus. Auch diesen finden Sie
zur Installation auf CD-ROM. Die aktuelle Viewer-Version
kann alternativ im Internet unter
www.mindjet.com/de/download/mindmanager_viewers
heruntergeladen werden.

13. Impress

13.1 Einführung

13.1.1 Präsentieren ohne PowerPoint?

Für das digitale Präsentieren ist eine brauchbare Software unerlässlich. Lange Zeit kam hierfür fast ausschließlich die Präsentationssoftware „PowerPoint" aus dem Office-Paket von Microsoft in Frage.

Mit „Impress" steht nun ein *kostenloses* Konkurrenzprodukt zur Verfügung, das eine sehr gute Alternative zu PowerPoint darstellt. Lesen Sie in Kapitel 12 die Argumente nach, die für die Verwendung dieser kostenlosen Präsentationssoftware sprechen. Dort finden Sie auch die Installationsanleitung.

199

Wer bereits mit PowerPoint gearbeitet hat, wird den Umstieg völlig intuitiv und problemlos bewerkstelligen, da sich Impress sehr stark an PowerPoint orientiert. Wagen Sie den Versuch – Sie werden überrascht und begeistert sein!

13.1.2 Benutzeroberfläche

Um den Einstieg in Impress zu erleichtern, lernen Sie zunächst die wichtigsten Bereiche der Benutzeroberfläche kennen:

Arbeitsbereich
Im Arbeitsbereich ist standardmäßig die gerade bearbeitete Folie (bei Impress auch als Seite bezeichnet) sichtbar. Durch Anklicken der „Register" ❶ über dem Hauptbereich können Sie zu anderen Darstellungen wechseln, beispielsweise um Notiz- oder Handzettel zu Ihrer Präsentation zu erstellen. Im Menü *Ansicht > Maßstab* lässt sich die Darstellungsgröße ändern.

Folienbereich
Der Folienbereich kann im Menü *Ansicht > Folienbereich* ein- oder ausgeblendet werden. Er zeigt eine Vorschau aller Folien in der Reihenfolge Ihrer Präsentation an. Durch Anklicken einer Folie wird diese in den Arbeitsbereich geladen. Um die Reihenfolge zu ändern, verschieben Sie die Folien mit gedrückter Maustaste nach unten oder oben.

Folienbereich   Arbeitsbereich   Aufgabenbereich

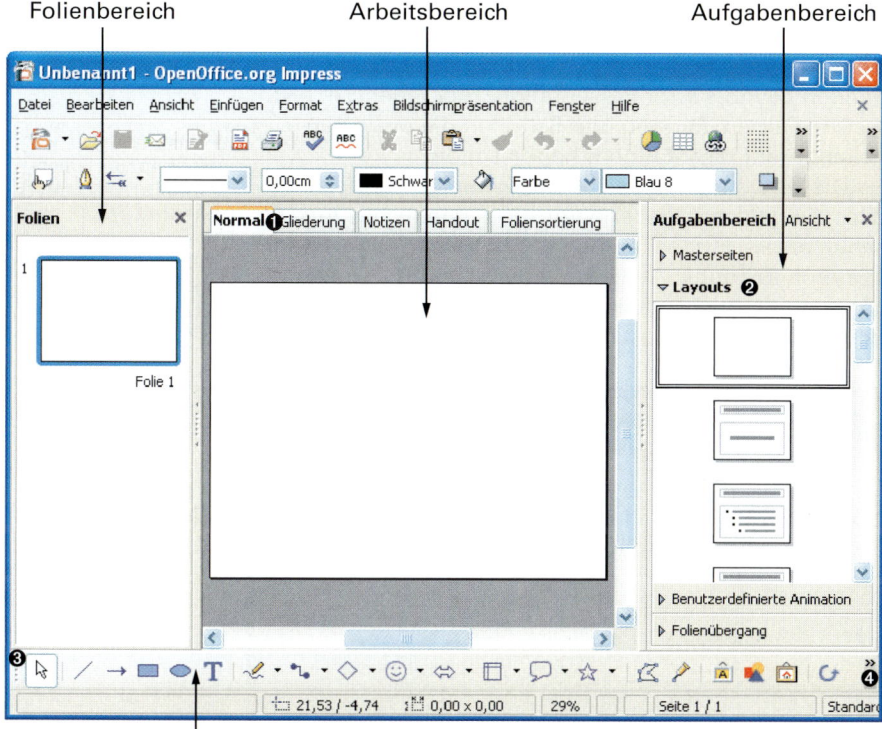

Symbolleiste

Aufgabenbereich
Der Aufgabenbereich kann im Menü *Ansicht > Aufgabenbereich* ein- und ausgeblendet werden. Eine erhebliche Erleichterung bei der Folienerstellung bietet der Bereich „Layouts"❷, weil Sie hier den einzelnen Folien bereits vordefinierte Layouts zuordnen können.

Symbolleisten
Symbolleisten enthalten grafische Symbole zur Vereinfachung der Arbeit mit Impress.
- Alle Symbolleisten lassen sich über das Menü *Ansicht > Symbolleisten* ein- oder ausblenden.
- Sie können die Position der Symbolleisten ändern, indem Sie sie am linken Rand ❸ mit gedrückter Maus verschieben.
- Eine Veränderung des Inhalts (der Symbole) erfolgt durch Anklicken des kleinen Pfeils am rechten Rand der Symbolleiste ❹.

13.2 Folienmaster

Der Folienmaster dient zur Erstellung des grundle-
genden Layouts Ihrer Präsentation. Hier legen Sie fest,
welche Farben, Formen und Schriften die einzelnen
Folien Ihrer Präsentation erhalten sollen.

    Die Verwendung des Folienmasters gewährleistet,
dass die gesamte Präsentation ein einheitliches Aussehen erhält. Ein weiterer Vorteil ist, dass Sie zu einem
späteren Zeitpunkt Änderungen am Layout vornehmen
können. Diese wirken sich automatisch auf alle Folien
der Präsentation aus.

Folienmaster
Mit Hilfe des Folien-
masters bestimmen
Sie das Layout
Ihrer Präsentation.
In diesem Workshop
erstellen Sie eine klei-
ne Präsentation über
„Farben".

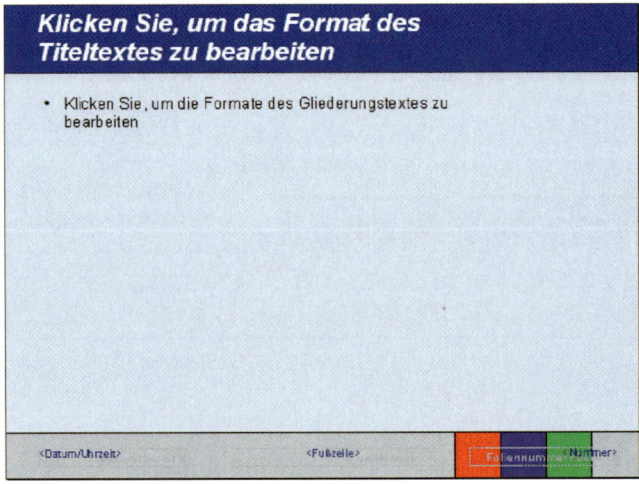

1. Starten Sie Impress durch Doppelklick auf das Programm-Symbol. Falls er nicht deaktiviert ist, wird
   zunächst der Präsentations-Assistent gestartet. Wählen Sie die Option *Leere Präsentation* und klicken Sie
   auf die Schaltfläche *Fertig stellen.*

2. Wählen Sie *Ansicht > Master > Folienmaster.*

3. Versehen Sie den Master mit einer Hintergrundfarbe: *Format > Seite... > Hintergrund.* Wählen Sie den
   Farbton „Blaugrau" aus.

4. Erstellen Sie einen dunkelblauen Balken, um damit
   die Überschriften zu hinterlegen:
   • Blenden Sie – falls nicht sichtbar – über *Ansicht
   > Symbolleisten > Zeichnen...* die Zeichen-Werk-

zeuge ein.

- Wählen Sie das Rechteckwerkzeug ❶ und ziehen Sie mit gedrückter Maustaste an einer beliebigen Stelle ein kleines Rechteck auf.
- Platzieren und formatieren Sie das Rechteck im Menü *Format > Position und Größe*:
  Position X: 0 cm (ganz rechts)
  Postion Y: 0 cm (ganz oben)
  Breite: 28 cm (Gesamtbreite)
  Höhe: 3 cm
- Färben Sie das Rechteck im Menü *Format > Fläche* im Farbton „Blau 2" ein.
- Verschieben Sie das Rechteck in den Hintergrund, so dass es die Textrahmen nicht überdeckt: Wählen Sie *Anordnen > Ganz nach hinten* in der Zeichenpalette ❷.

5. Wiederholen Sie Schritt 4:
   - Erstellen Sie ein Rechteck zur Kennzeichnung der Fußzeile.
   - Platzieren und formatieren Sie das Rechteck:
     Position X   0 cm
     Position Y: 19 cm
     Breite: 28 cm
     Höhe: 2 cm
     Farbton: Grau 20 %
   - Verschieben Sie das Rechteck in den Hintergrund.

6. Ergänzen Sie die drei farbigen Quadrate und platzieren Sie diese wie im Screenshot links dargestellt.

7. Formatieren Sie nun den Textrahmen für den Titel:
   - Klicken Sie mit der Maus in die Textzeile.
   - Nehmen Sie mit Hilfe der Symbolleiste „Text Format" folgende Formatierungen vor:
     Schriftart: Arial ❸
     Schriftschnitt: fett und kursiv ❹
     Schriftgrad: 32 (pt) ❺
     Ausrichtung: linksbündig ❻
     Schriftfarbe: Weiß ❼

- Positionieren Sie den Textrahmen *(Format > Position und Größe)*:
- Position X: 1,5 cm (linker Rand)
- Position Y: 0 cm (oberer Rand)
  Breite: 20 cm
  Höhe: 3 cm

8. Markieren und löschen Sie den Text „Zweite Gliederungsebene" bis „Neunte Gliederungsebene" im Objektbereich. Formatieren Sie den verbliebenen Text wie folgt:
   Schrift: Arial, 22 pt, linksbündig, schwarz
   Position: X: 1,5 cm; Y: 4 cm
   Größe: Breite: 20 cm; Höhe: 12 cm

9. Wiederholen Sie Schritt 8 für die Rahmen „Datum/Uhrzeit", „Fußzeile" und „Nummer":
   Schrift: Arial, 14 pt, dunkelblau
   Positionieren Sie die Rahmen wie im Screenshot dargestellt. Achten Sie darauf, dass sich alle drei Rahmen auf derselben Höhe befinden (Position Y).

10. Beenden Sie den Folienmaster: *Ansicht > Normal.*

11. Speichern Sie die Datei unter dem Namen „farbenlehre.odp" ab.

Datei speichern

| Strg | S |

13.3 Folien

Nachdem Sie im vorherigen Kapitel das Folienlayout Ihrer Präsentation angefertigt haben, ist das Erstellen der eigentlichen Folien (bei Impress als Seiten bezeichnet) fast schon ein Kinderspiel. Im Folgenden lernen Sie das Erstellen von Folien mit unterschiedlichen Inhalten (Text, Bild, Diagramm, Tabelle) kennen.

13.3.1 Folien mit Text und Bild

1. Öffnen Sie Ihre bereits erstellte Präsentation oder die Datei „master.odp" von CD-ROM (nach Kopie auf Festplatte).

2. Wählen Sie *Ansicht > Kopf- und Fußzeile*:

 Wichtig!
Kopieren sie die Dateien von CD-ROM immer zuerst auf Ihre Festplatte, da eine CD nicht beschrieben werden kann!

- Geben Sie das gewünschte Datum und den Fußzeilentext „Grundwissen Farbe" ein.
- Setzen Sie das Häkchen bei „Foliennummer".

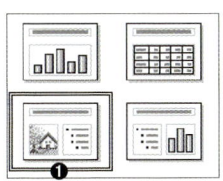

3. Blenden Sie – falls nicht sichtbar – den Aufgabenbereich ein: *Ansicht > Aufgabenbereich* und wählen
   Sie die Registerkarte „Layouts". Ordnen Sie Ihrer
   ersten Folie den Typ „Titel, Clipart, Text" zu ❶.

4. Geben Sie der Folie den Titel „Farbenlehre".

5. Doppelklicken Sie auf das Grafik-Symbol ❷ des Bildrahmens und laden Sie das Bild „goethe.jpg" von
   der CD-ROM.

6. Die Texte zur Präsentation sind bereits vorbereitet
   und in einer Textdatei auf CD-ROM gespeichert.
   - Öffnen Sie die Datei „texte.rtf" in Writer.
   - Markieren Sie mit gedrückter Maustaste den Text
     zu Folie 1 und kopieren Sie ihn in die Zwischen-
     ablage: *Bearbeiten > Kopieren* (oder Strg + C).
   - Wechseln Sie zu Impress und fügen Sie den Text
     im Textrahmen ein: *Bearbeiten > Einfügen* (oder
     Strg + V).

Text kopieren

Text einfügen
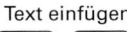

7. Fügen Sie eine zweite Folie ein: *Einfügen > Seite*.
   Gestalten Sie die Folie wie in der Abbildung auf der
   nächsten Seite dargestellt. Wiederholen Sie hierzu
   die Schritte 3 bis 6 unter Verwendung der Grafik

„farbmischung.gif" von der CD-ROM und des Textes zu Folie 2 aus der Textdatei „texte.rtf".

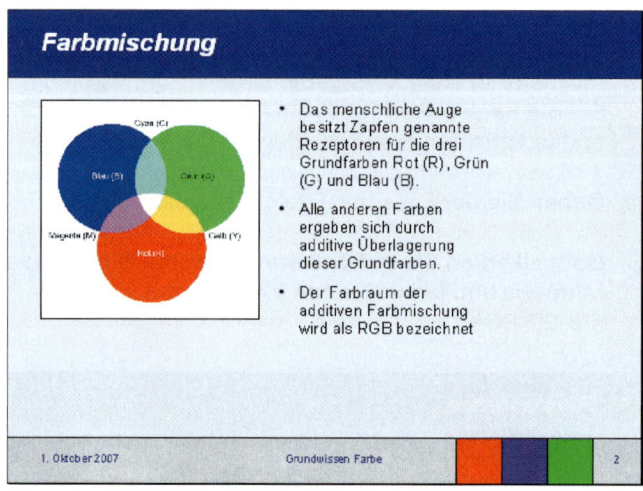

13.3.2 Folien mit Tabellen

1. Fügen Sie eine neue Folie ein: *Einfügen > Seite* und ordnen Sie der Folie das Layout „Titel und Tabelle" ❶ zu.

2. Geben Sie der Folie den Titel „Farbwirkung".

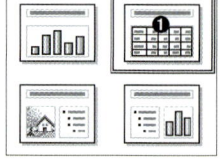

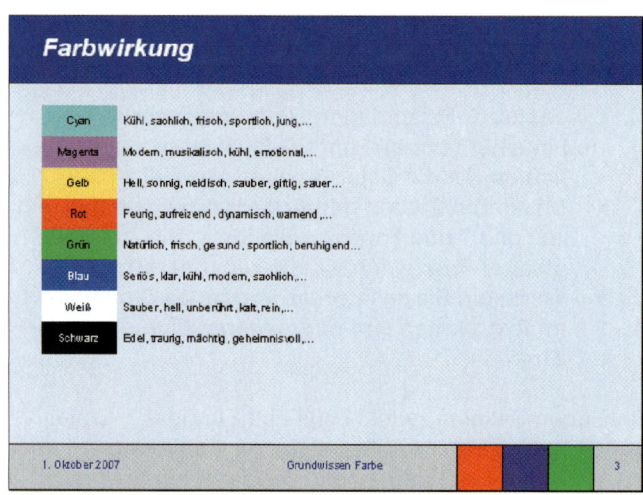

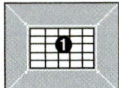

3. Doppelklicken Sie auf das Tabellen-Symbol ❶. Das sich öffnende Tabellenblatt besitzt starke Ähnlichkeit mit Excel.

4. Um den Text nicht manuell eingeben zu müssen, wird dieser über die Zwischenablage eingefügt:
   - Öffnen Sie die Datei „texte.rtf" in Writer.
   - Markieren Sie mit gedrückter Maustaste den gesamten Text der Tabelle zu Folie 3 und kopieren Sie ihn in die Zwischenablage: *Bearbeiten > Kopieren*.
   - Wechseln Sie zu Impress und klicken Sie in die obere linke Tabellenzelle. Fügen Sie nun den Text ein: *Bearbeiten > Einfügen.*

Text kopieren

Strg	C

Text einfügen

Strg	V

5. Formatieren Sie die Tabelle:
   - Markieren Sie eine Spalte durch Anklicken des grauen Feldes, z.B. Spalte A. Verändern Sie die Breite der Spalte durch Verschieben der Randlinie, z.B. der Linie zwischen A und B.
   - Markieren Sie die Zeilen 1 bis 8 mit gedrückter Maus. Geben Sie im Menü *Format > Zeilen > Höhe* eine Zeilenhöhe von 1,4 cm ein.
   - Markieren Sie alle Zellen mit der gedrückter Maustaste. Wählen Sie im Menü *Format > Zellen > Umrandung* die Option „Keine Umrandung zeichnen" ❷.
   - Wählen Sie für alle Zellen unter *Format > Zellen > Schrift* die Schrift Arial in 14 pt.
   - Richten Sie den Text unter *Format > Zellen > Ausrichtung* unter „Vertikal" in „Mitte" aus.
   - Definieren Sie unter *Format > Zellen > Umrandung* unter „Abstand zum Inhalt" einen Rand von 3 mm ❸.
   - Ordnen Sie den Zellen der Spalte A die korrekten Farben zu: *Format > Zellen > Hintergrund* (vgl. Abbildung links).

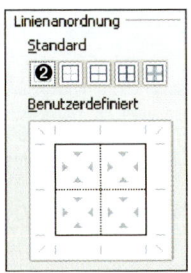

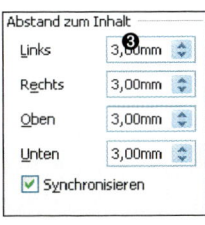

6. Beenden Sie den Tabelleneditor, indem Sie auf eine beliebige Stelle außerhalb der Tabelle klicken. (Durch Doppelklick auf die Tabelle können Sie diese erneut bearbeiten.)

13.3.3 Folien mit Diagramm

1. Fügen Sie eine neue Folie ein und ordnen Sie der Folie das Layout „Titel, Diagramm" ❶ zu.

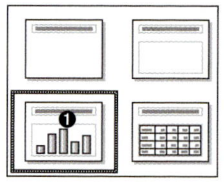

2. Geben Sie der Folie den Titel „Lieblingsfarben der Männer".

3. Doppelklicken Sie auf das Diagramm-Symbol ❷. Zunächst müssen die gewünschten Daten eingegeben werden:

   - Wählen Sie *Bearbeiten > Diagrammdaten.*
   - Klicken Sie auf das Symbol, um weitere Zeilen einzufügen ❸.
   - Löschen Sie die nicht benötigten Spalten: Klicken Sie in eine beliebige Zelle der Spalte und danach auf das Löschen-Symbol ❹.
   - Ändern Sie die Tabellendaten wie in der Abbildung rechts gezeigt. Klicken Sie hierzu in die Datenzelle und überschreiben Sie deren Wert.
   - Schließen Sie das Fenster durch Anklicken des roten Symbols rechts oben. Wählen Sie „Ja" bei der Abfrage, ob die Änderungen übernommen werden sollen.

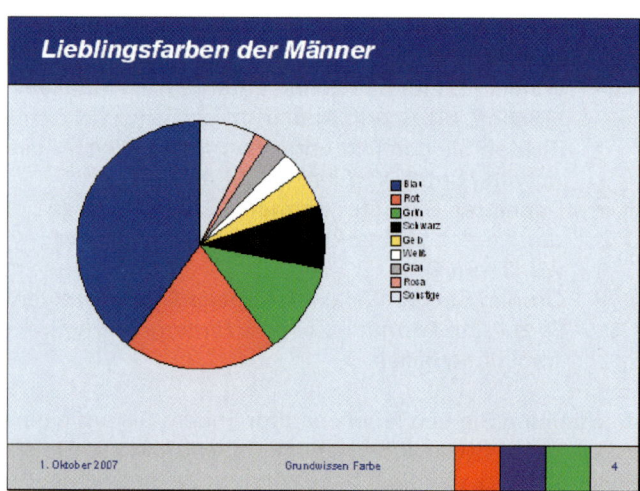

4. Formatieren Sie das Diagramm:
   - Ändern Sie den Diagrammtyp im Menü *Format > Diagrammtyp...* in ein Kreisdiagramm.
     Hinweis: Doppelklicken Sie auf das Diagramm,

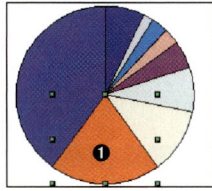

falls das Menü *Format* den Menüeintrag *Dia-grammtyp* nicht enthält.

- Löschen Sie den „Haupttitel": Anklicken, danach Entf-Taste drücken.
- Ordnen Sie den Kreissegmenten die korrekten Farben zu. Markieren Sie das gewünschte Segment mit der Maus ❶. Wählen Sie danach im Menü *Format > Objekteigenschaften > Fläche* die gewünschte Farbe.
- Weisen Sie im Menü *Format > Legende... > Zeichen* die Schrift Arial in einer Größe von 14 Punkt zu. Wählen Sie unter *Linie* den Stil „Unsichtbar".
- Entfernen Sie den weißen Diagrammhintergrund, indem Sie *Format > Diagrammfläche... > Transparenz 100 %* wählen.

5. Duplizieren Sie die formatierte Folie „Lieblingsfarben der Männer": *Einfügen > Seite duplizieren:*
   - Geben Sie der neuen Folie den Titel „Lieblingsfarben der Frauen".
   - Ändern Sie Diagrammdaten ab. Öffnen Sie hierzu die Textdatei „texte.rtf" von der CD-ROM.
   - Passen Sie die Farben entsprechend an.

13.3.4 Übersichtsfolie

Impress ermöglicht das automatisierte Erstellen einer Übersichtsfolie mit den Titeln aller Folien Ihrer Präsen-

Übersichtsfolie
Eine Folie als Inhaltsverzeichnis mit den Titeln aller Folien kann durch Impress per Mausklick erstellt werden.

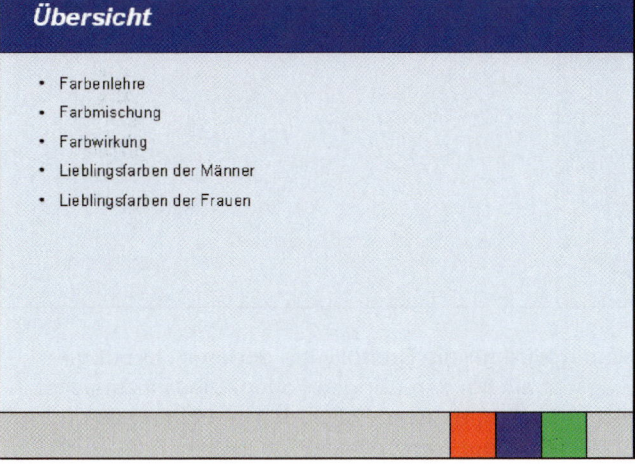

tation. Sie kann als „Inhaltsübersicht" zu Beginn der
Präsentation gezeigt werden.

1. Blenden Sie – falls nicht sichtbar – den Folienbereich
    ein: *Ansicht > Folienbereich.* Klicken Sie im Folienbe-
    reich links auf die oberste Folie ❶.

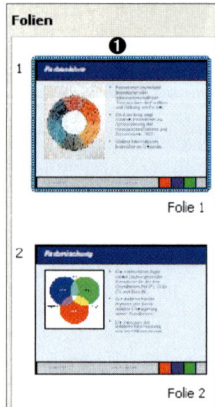

2. Wählen Sie im Menü *Einfügen > Übersichtsseite.* Die
    neue Folie wird – etwas ungünstig – am Ende der
    Präsentation eingefügt.
    *   Geben Sie der neuen Folie den Titel „Übersicht"
        (vgl. Abbildung auf der vorherigen Seite).
    *   Verschieben Sie diese Folie *im Folienbereich* mit
        gedrückter Maustaste ganz nach oben, also über
        die Folie „Farbenlehre".

13.3.5 Titelfolie

Als letzte Folie dieses Workshops erstellen Sie eine
Titelfolie für Ihre Präsentation. Auf dieser werden üblicherweise das Thema sowie eventuell Ort und Datum
der Präsentation und der Name des Präsentierenden
genannt.

Titelfolie
Für eine Titelfolie mit
einem eigenen Layout
muss ein zweiter
Folienmaster erstellt
werden.

Häufig wird für die Titelfolie ein anderes Layout gewünscht als bei den übrigen Folien. Dies ist zunächst
nicht möglich, da allen Folien das im Folienmaster
erstellte Layout zugeordnet wird.

Abhilfe schafft die Erstellung eines zweiten Folienmasters:

1. Gehen Sie über *Ansicht > Master > Folienmaster* in den Layoutbereich des Folienmasters und fügen Sie über *Einfügen > Seite* einen zweiten Folienmaster ein.

2. Gestalten Sie den Folienmaster Ihrer Titelseite nach eigenen Vorstellungen oder orientieren Sie sich an der Abbildung auf der vorherigen Seite. Lesen Sie gegebenenfalls nochmals in Kapitel 13.2 nach, wie die einzelnen Elemente erstellt werden.
Hinweis:
Die Felder „Datum/Uhrzeit", „Nummer" und „Fußzeile" werden nicht benötigt und können unberücksichtig bleiben. Sie sind nicht sichtbar, wenn sie nach Verlassen des Folienmasters nicht über *Ansicht > Kopf- und Fußzeile* aktiviert werden.

3. Beenden Sie den Folienmaster: *Ansicht > Normal.*

4. Fügen Sie eine neue Seite ein und verschieben Sie diese im Folienbereich links an die oberste Position.

5. Wählen Sie im Aufgabenbereich rechts die Rubrik „Masterseiten". Rechtsklicken Sie auf das neue Layout und wählen Sie „Für ausgewählte Folien übernehmen" ❶.

6. Beschriften Sie die Titelseite wie gewünscht. Nehmen Sie gegebenenfalls Änderungen im Titelmaster vor, falls Ihnen die Darstellung Ihrer Titelfolie nicht gefällt.

Präsentation starten

7. Testen Sie Ihre Präsentation: *Bildschirmpräsentation > Bildschirmpräsentation.* Nehmen Sie gegebenenfalls abschließende Verbesserungen an Ihren Folien vor.

Datei speichern

8. Speichern Sie die Präsentation ab.

13.4 Folienübergänge und Animationen

Impress bietet zahlreiche digitale Effekt an, mit denen
Sie Folien überblenden oder einzelne Objekte animieren können. Lassen Sie sich aber nicht zur „Effekthascherei" verführen! Die Gefahr ist groß, dass Sie damit
Ihre Präsentation ins Lächerliche ziehen.

Umgekehrt kann durch den Einsatz von Animationen
die Aufmerksamkeit des Betrachters gesteuert werden,
beispielsweise indem der Text einer Folie – passend
zum Vortrag – erst nach und nach eingeblendet wird.

Weniger ist mehr!
Ein „Zuviel" an
Animationen zieht
eine Präsentation ins
Lächerliche!

13.4.1 Folienübergänge

Folienübergänge ermöglichen das Überblenden von
einer Folie zur nächsten. Um den Betrachter nicht zu
verwirren, sollte allen Folien der gleiche Effekt zugeordnet werden.

1. Öffnen Sie Ihre bereits erstellte Präsentation oder
    laden Sie die Datei „folien.odp" von der CD-ROM
    (nach Kopie auf Festplatte).

2. Blenden Sie – falls nicht sichtbar – den Aufgabenbe-
    reich ein: *Ansicht > Aufgabenbereich* und klicken Sie
    auf „Folienübergang".

3. Wählen Sie einen Folienübergang, z.B. „Über
    Schwarz blenden". Die Vorschau zeigt Ihnen den Ef-
    fekt an. Klicken Sie auf die Schaltfläche „Für alle Fo-
    lien übernehmen", um den Übergang auf alle Folien
    zu übertragen. Das Vorhandensein eines Folienüber-
    gangs zeigt das kleine Symbol ❶ im Folienbereich.

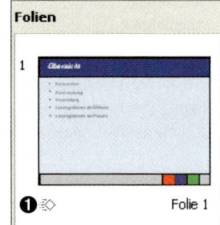

13.4.2 Animationen

Mittels „Benutzerdefinierte Animation" lassen sich die
einzelnen Objekte einer Folie (Texte, Grafiken) animieren. Im Vergleich zu PowerPoint ist Impress im Bereich
der Animationen (derzeit noch) unterlegen. So ermöglicht PowerPoint beispielsweise, Diagramme nicht nur
als Gesamtobjekt, sondern Schritt für Schritt zu animieren. Diese Option fehlt in Impress bislang. Animieren
Sie den Text auf der Folie „Farbenlehre":

1. Markieren Sie durch Anklicken den Textrahmen.

2. Wählen Sie im Aufgabenbereich (rechts) die Regis-
   terkarte „Benutzerdefinierte Animation".
   - Klicken Sie auf die Schaltfläche „Hinzufügen"
     und wählen Sie unter „Eingang" den Effekt
     „Erscheinen".
   - Gehen Sie folgendermaßen vor, damit der Text
     abschnittsweise erscheint: Klicken Sie auf die
     Schaltfläche mit den drei Punkten ❶. Wählen
     Sie unter „Textanimation" die Option „Nach
     1. Abschnittsebene".
   - Testen Sie die Animation durch Anklicken der
     Schaltfläche „Bildschirmpräsentation".
   - Im letzten Schritt soll erreicht werden, dass der
     erste Absatz automatisch und nicht erst nach
     Mausklick angezeigt wird. Klicken Sie hierzu auf
     das kleine Plus-Symbol ❷. Nun den gewünschten
     Abschnitt anklicken ❸ und danach unter „Star-
     ten" die Option „Mit Vorheriger" wählen ❹.

3. Wiederholen Sie die Schritte 1 und 2 zur Animation
   des Textes auf der Folie „Farbmischung".

4. Abschließend soll das Diagramm auf der letzten Fo-
   lie nach Mausklick ausgeblendet und dafür ein Text
   „Vielen Dank für Ihre Aufmerksamkeit!" eingeblen-
   det werden:
   - Markieren Sie das Diagramm.
   - Klicken Sie auf die Schaltfläche „Hinzufügen"
     und wählen Sie unter „Beenden" den Effekt
     „Weiches Abblenden".
   - Wählen Sie das Textwerkzeug der Zeichnen-Werk-
     zeuge und ziehen Sie einen Textrahmen auf. Ge-
     ben Sie den oben genannten Text ein und plat-
     zieren Sie den Textrahmen an der gewünschten
     Stelle.
   - Klicken Sie auf die Schaltfläche „Hinzufügen"
     und wählen Sie unter „Eingang" den Effekt
     „Weiches Erscheinen". Stellen Sie abschließend
     unter „Starten" die Option „Nach Vorheriger" ❺
     ein.

Präsentation starten

5. Testen Sie Ihre Präsentation: *Bildschirmpräsentation
   > Bildschirmpräsentation*. Speichern Sie Ihr Ergebnis
   ab.

13.5 Präsentieren

13.5.1 Software

Wer im glücklichen Besitz eines Laptops ist, braucht sich über das Vorführen seiner Präsentation (fast) keine Gedanken zu machen. Im Vortragsraum muss der Beamer lediglich über die VGA- oder DVI-Schnittstelle mit dem Laptop verbunden werden. Impress ist auf dem eigenen Laptop installiert, so dass Sie sofort loslegen können.

VGA-Schnittstelle

Steht kein eigenes Laptop zur Verfügung oder ist die Mitnahme zu umständlich, muss auf die im Vortragsraum vorhandene Hard- und Software zurückgegriffen werden. Ihre Präsentation bringen Sie dann via Memorystick oder gebrannter CD mit.

139

Im Vortragsraum muss geklärt werden, ob Impress auf dem Präsentationsrechner verfügbar ist oder eventuell noch installiert werden kann. Ist dies nicht der Fall, gibt es mehrere Alternativen:

PowerPoint
Wenn auf dem Präsentationsrechner PowerPoint vorhanden ist, speichern Sie Ihre Präsentation einfach im PowerPoint-Format ab: Wählen Sie *Datei > Speichern unter...* und wählen Sie als „Dateityp" „Microsoft PowerPoint". Sie erkennen den Dateityp an der Dateiendung: Während Impress die Dateiendung ODP (für Open Document Presentation) verwendet, enden PowerPoint-Dateien mit PPT, also z.B.:

- „farben.odp" = Impress-Datei
- „farben.ppt" = PowerPoint-Datei

Ein großer Vorteil von Impress ist, dass auch Power-Point-Dateien geöffnet werden können. Umgekehrt lassen sich Impress-Dateien in PowerPoint nicht öffnen!

Hinweis: Sie können die ins PowerPoint-Format konvertierte Datei in PowerPoint erst öffnen, wenn Sie sie in Impress geschlossen haben.

Adobe Reader
Im eher unwahrscheinlichen Fall, dass auf dem Präsentationsrechner weder Impress noch PowerPoint vorhanden ist, können Sie Ihre Präsentation im PDF-Format abspeichern: *Datei > Exportieren als PDF.*

Der zum Anzeigen von PDF-Dateien notwendige Adobe Reader ist auf den meisten Rechnern installiert oder kann aus dem Internet kostenlos geladen werden.

204

Lesen Sie hierzu bitte Kapitel 12.5.

Das PDF-Dateiformat ist unabhängig vom Betriebssystem einsetzbar, so dass Sie PDF-Dateien über die Windows-Welt hinaus auch auf Apple- oder Linux-Rechnern betrachten können.

Auch der Adobe Reader besitzt einen Präsentationsmodus: *Anzeige > Vollbild*. Auf Ihre Animationen müssen Sie allerdings leider verzichten.

Softwareunabhängige Lösung

Wenn alle oben beschriebenen Möglichkeiten nicht funktionieren, Sie aber auf Ihrem eigenen Rechner über PowerPoint verfügen, können Sie folgenden „Trick" anwenden: Speichern Sie die Präsentation im Power-Point-Format ab. Öffnen Sie die Präsentation in Power-Point und speichern Sie sie dort als ausführbare Datei ab: *Datei > Verpacken für CD* (bei Microsoft Office 2003). Die Datei kann wahlweise auf eine CD gebrannt oder in einen Ordner kopiert werden. Der zum Betrachten notwendige „Viewer" wird mitgespeichert, so dass die Präsentation nun unabhängig von zusätzlicher Software gestartet werden kann. Einer der wenigen Punkte, in denen PowerPoint Impress noch überlegen ist ;-).

Ausführbare Datei
Ausführbare Dateien erkennen Sie an der Dateiendung EXE (für „executable"). Sie können durch Doppelklick gestartet werden.

13.5.2 Handout

Vor allem im Schulbereich besteht oftmals die Notwendigkeit, Ihrem Publikum die Präsentation in kompakter Form mit nach Hause zu geben. Neudeutsch werden derartige Unterlagen als „Handout" bezeichnet. Zur Erstellung eines Handouts stellt Impress einen Layouteditor bereit:

1. Öffnen Sie die im vorherigen Kapitel erstellte Datei oder laden Sie die Datei „farben.odp" von der CD-ROM (nach Kopie auf Festplatte).

2. Öffnen Sie im Menü *Ansicht > Handout* den Editor zur Gestaltung Ihrer Handzettel:
   • Wählen Sie im Aufgabenbereich (rechts) unter „Layouts" das Layout „Zwei Seiten".
   Hinweis: Impress spricht von „Seiten" statt von Folien. Gemeint sind hier *nicht* Seiten, die ausgedruckt werden, sondern die Folien einer Präsentation.

- Platzieren Sie die beiden Folien wie in der Abbildung oben gezeigt.
- Ergänzen Sie mit Hilfe des Linienwerkzeugs ❶ horizontale Linien, damit auf dem Handzettel eigene Notizen hinzugefügt werden können. Arbeiten Sie über *Bearbeiten > Kopieren* und *Bearbeiten > Einfügen*, damit Sie nicht alle Linien manuell erstellen müssen.

- Ergänzen Sie Textfelder ❷ mit dem Inhalt „Platz für Ihre Notizen:" und platzieren Sie diese wie in der Abbildung gezeigt.
- Formatieren und platzieren Sie die vordefinierten Felder:
  <Kopfzeile>:
  Arial, 12 pt, fett
  <Fußzeile>, <Datum/Uhrzeit>, <Nummer>:
  Arial, 10 pt, Standard
- Geben Sie im Menü *Ansicht > Kopf- und Fußzeile...* unter „Notizblätter und Handzettel" die Texte der vordefinierten Felder ein:
  Kopfzeile z.B. „Handout zur Präsentation Grundwissen Farbe"
  Fußzeile z.B. Ihr Vor- und Nachname
  Hinweis: Leider werden diese Texte in der derzeit vorliegenden Impress-Version im Layout nicht angezeigt – glücklicherweise aber ausgedruckt!

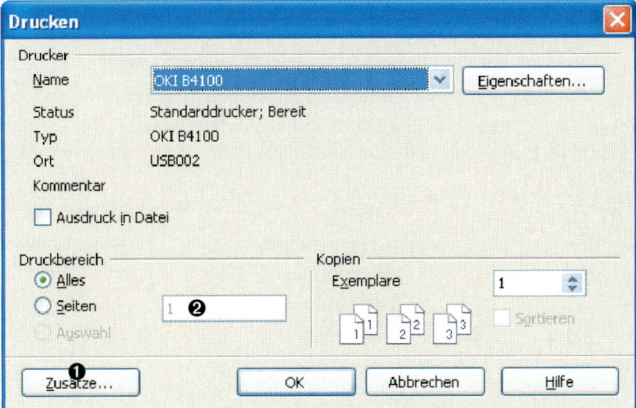

Datei drucken

3. Um die Handzettel auszudrucken, wählen Sie *Datei > Drucken...* (oder Strg + P) und klicken Sie dann auf die Schaltfläche „Zusätze"❶. Setzen Sie das Häkchen bei „Handzettel" und löschen Sie das Häkchen bei „Zeichnung". Bestätigen Sie mit „Ok". Die Seitenangabe ❷ im Druckfenster bezieht sich auf die auszudruckenden Folien und nicht auf die gedruckten Seiten. Beispiel: Wenn Sie die ersten vier Folien ausdrucken wollen, dann geben Sie 1 – 4 ein. Die vier Folien werden gemäß Layout auf zwei Seiten ausgedruckt.

14. Writer

14.1 Einführung

14.1.1 Writer statt Word

Word kennt jedes Kind! Und da wir Menschen bekannt-
lich „Gewohnheitstiere" sind, fällt es uns besonders
schwer, sich auf eine Alternative einzulassen.

Der Versuch lohnt sich jedoch! Mit „Writer" von
„OpenOffice.org" steht eine komplette Textverarbeitung
zur Verfügung, die nicht nur kostenlos, sondern Word in
einigen Punkten sogar überlegen ist. Darüber hinaus ist
die Ähnlichkeit zu Word unübersehbar und ein Umstieg
daher problemlos möglich.

Lesen Sie in Kapitel 12.2 nach, wie sich das Open-
Office-Paket installieren lässt. Das eventuell vorhandene Microsoft-Office-Paket muss hierzu *nicht* deinstalliert
werden. Selbst die Weiterverwendung von Word-Doku-
menten ist denkbar einfach: Word-Dokumente können
in Writer geöffnet werden und Writer-Dokumente lassen
sich im Word-Format abspeichern. Testen Sie die Word-
Alternative ohne jegliches Risiko!

☞
200

14.1.2 Benutzeroberfläche

Die Oberfläche von Writer ist sehr einfach und in wenigen Worten erklärt:

Arbeitsbereich
Im Arbeitsbereich ist ein Ausschnitt des aktuellen Doku-
mentes zu sehen. Der dargestellte Maßstab kann im
Menü *Ansicht > Maßstab...* oder durch Anklicken des
Lupen-Symbols geändert werden. Um eine Vorschau
der gesamten Seite zu erhalten, klicken Sie auf das
Symbol „Seitenansicht" ❶.

Symbolleisten
Symbolleisten enthalten grafische Symbole zur Verein-
fachung der Arbeit mit Writer.

- Alle Symbolleisten lassen sich über das Menü *An-
  sicht > Symbolleisten* ein- oder ausblenden.
- Sie können die Position der Symbolleisten ändern,
  indem Sie sie am linken Rand ❷ mit gedrückter
  Maus verschieben.
- Eine Veränderung des Inhalts (der Symbole) erfolgt

Lineale   Arbeitsbereich   Symbolleisten

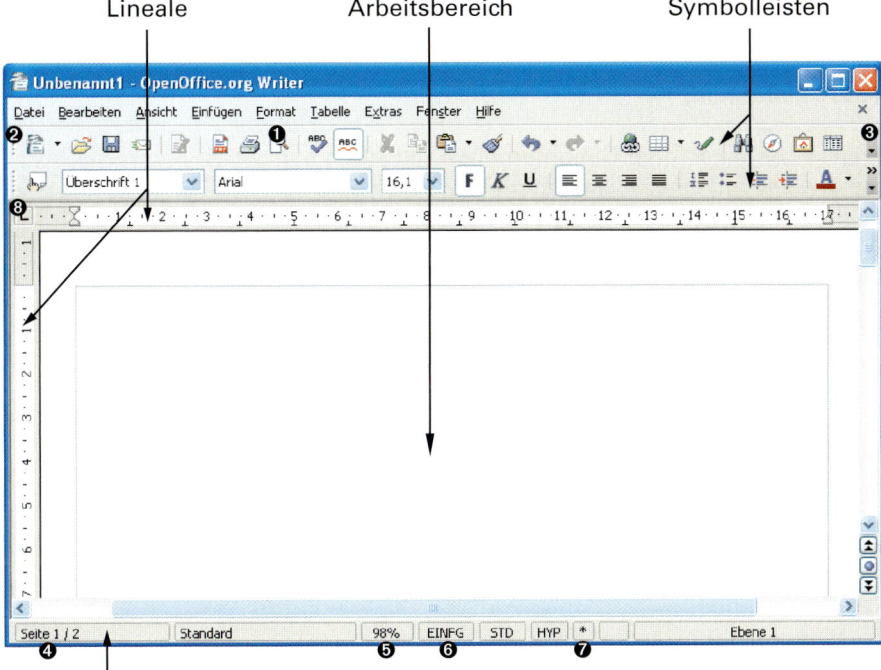

Statusleiste

durch Anklicken des kleinen Pfeils am rechten Rand der Symbolleiste ❸.

Statusleiste

Auch die Statusleiste kann nach Wunsch ein- oder ausgeblendet werden: *Ansicht > Statusleiste.* Wesentliche Informationen der Statusleiste sind:

- Aktuelle Seite und Gesamtseitenzahl ❹
- Seitenmaßstab, kann durch Rechts- oder Doppelklick geändert werden ❺
- Wechsel von Einfügemodus (EINFG) in den Überschreibmodus (ÜBER) ❻
- Das *-Zeichen ❼ zeigt, dass das Dokument geändert, aber noch nicht gespeichert wurde.

Lineale

Die Seitenlineale können im Menü *Ansicht > Lineal* ein- und ausgeblendet werden. Mit Hilfe der Lineale können Sie beispielsweise die Seitenränder verändern oder Tabulatoren ❽ setzen. Durch einen Rechtsklick auf ein Lineal kann die angezeigte Einheit geändert werden.

14.2 Präsentationsmappe

14.2.1 Einführung

Projekt-, Seminar- oder Diplomarbeiten schließen normalerweise mit einer Präsentation ab. Diese ist für den
oder die Kandidaten von großer Bedeutung, weil die
Präsentation in die Benotung der Arbeit einfließt. Eine
gute Vorbereitung lohnt sich also.

In vielen Fällen ist es ratsam, den Zuschauern – bzw.
Prüfern – etwas „an die Hand" zu geben. Im einfachsten
Fall ist dies ein so genanntes Handout, dessen Erstel-
lung in Kapitel 13.5.2 beschrieben ist.

☞
223

Die „professionelle" Alternative zum Handout ist die
Präsentationsmappe. Inhaltlich stellt sie eine Zusammenfassung Ihrer Präsentation bzw. Projekt-, Seminar-
oder Diplomarbeit dar. Hierzu können gehören:

- Titel oder Thema
- Zielsetzung
- Name(n), Projektteam
- Ablauf, Umsetzung, Realisation
- Ergebnisse, Evaluation, Resümee

Eine Präsentationsmappe sollte eine ansprechende
und einheitliche Gestaltung besitzen. Achten Sie auch
darauf, dass Ihre Präsentationsmappe möglichst keine
Rechtschreibfehler enthält. Es empfiehlt sich, den Text
von verschiedenen Personen Korrekturlesen zu lassen.

Im Folgenden lernen Sie, wie Sie mit Hilfe von Writer eine mehrseitige Präsentationsmappe erstellen.

14.2.2 Layout

Mit dem Layout legen Sie die Erscheinung und Wir-
kung Ihrer Präsentationsmappe fest. Ein gut gemachtes
Layout animiert zum Blättern und Lesen – es weckt das
Interesse des Betrachters.

Folgende Parameter bestimmen das Layout:

Seitenformat
Standardmäßig besitzen Seiten das DIN-A4-Format (21
cm x 29,7 cm). Der Vorteil dieses genormten Formats
ist, dass es gut zu verarbeiten ist (Ausdruck, passende
Ordner und Hüllen). Um einem Produkt eine besondere

Note zu geben, können Sie jedoch auch vom DIN-Format abweichen. Die Seiten müssen dann allerdings nach dem Ausdruck auf des gewünschte Endformat zugeschnitten werden.

Seitenränder

Jede Seite besitzt vier Seitenränder: oben, unten, innen und außen. Der hierdurch begrenzte innere Bereich wird als Satzspiegel bezeichnet. Die Wahl der Seitenränder erfolgt nach folgenden Kriterien:

a. Praktischen Aspekten, z.B. Loch- oder Heftrand, Rand zum Umblättern, Rand für Seitenzahl

b. Ästhetischen Aspekten: Symmetrische Satzspiegel wirken langweilig, der untere Rand ist meistens größer als der obere Rand.

Satzspiegel
Der Satzspiegel (hellblau) kennzeichnet die bedruckte Fläche einer Seite. Er wird von den vier Seitenrändern umgeben.

Spaltenanzahl

Die notwendige Anzahl an Spalten hängt im Wesentlichen von der gewählten Schrift und Schriftgröße ab. Zu lange Zeilen von über 70 Zeichen pro Zeile behindern die Lesbarkeit, da das Auge leicht in der Zeile verrutscht. In diesem Fall ist es besser, mit zwei oder sogar drei Spalten zu arbeiten.

Kopf- und Fußzeilen

Der Kopfbereich einer Seite enthält häufig Informationen, die sich auf den Seiteninhalt beziehen. Im vorliegenden Buch finden Sie in der Kopfzeile beispielsweise die jeweilige Kapitelüberschrift.

Im Fußbereich befindet sich normalerweise die Seitenzahl. Wie Sie sehen, wird in diesem Buch von dieser Regel abgewichen.

Übung

Erstellen Sie folgendes Layout für Ihre Präsentationsmappe:

1. Starten Sie Writer durch Doppelklick auf das Programm-Symbol.

2. Nehmen Sie im Menü *Format > Seiteneinstellungen... > Seite* folgende Randeinstellungen vor:
   - Links: 3,00 cm
   - Rechts: 5,00 cm
   - Oben: 3,00 cm
   - Unten: 2,00 cm

3. Aktivieren Sie die Fußzeile im Menü *Format > Seiten-einstellungen... > Fußzeile* und geben Sie unter „Abstand" 2 cm ein.

4. Damit auf jeder Seite automatisch die korrekte Seitenzahl angezeigt wird, muss diese als „Feldbefehl" eingefügt werden:
   - Klicken Sie mit der Maus in die Fußzeile.
   - Wählen Sie *Einfügen > Feldbefehl > Seitennummer*.
   - Markieren Sie die Seitenzahl mit der Maus und wählen Sie die Schrift Arial ❶ in einer Größe von 24 (pt) ❷. Geben Sie ihr eine dunkelrote Farbe ❸.
   - Ordnen Sie die Seitenzahl rechtsbündig an ❹.
   - Um die Seitenzahlen über den rechten Rand hinaus zu verschieben, geben Sie im Menü *Format >*

Absatz > Einzüge und Abstände bei „Hinter Text"
einen Wert von –3,00 cm ein.

5. Aktivieren Sie die Kopfzeile im Menü *Format >
   Seiteneinstellungen... > Kopfzeile* und geben Sie
   unter „Abstand" (zum Textrahmen) 1 cm ein.

6. In der Kopfzeile soll automatisch die aktuelle Kapitel-
   überschrift angezeigt werden:
   • Wählen Sie unter *Einfügen > Feldbefehl > An-
     dere...* den Feldtyp „Kapitel" und das Format
     „Kapitelname". Schließen Sie das Fenster.
   • Da es noch keine Kapitelüberschrift gibt, ist ledig-
     lich ein graues Kästchen sichtbar. Klicken Sie zum
     Testen in den Textblock und geben Sie einen Text,
     z.B. „Kapitel 1" ein. Ordnen Sie dem Text die For-
     matvorlage „Überschrift 1" ❶ zu. Er müsste nun
     auch in der Kopfzeile sichtbar werden.
   • Markieren Sie den Text in der Kopfzeile. Forma-
     tieren Sie ihn in der Schrift Arial in einer Größe
     von 9 pt.

7. Blenden Sie – falls nicht sichtbar – über *Ansicht >
   Symbolleisten > Zeichnen* die Zeichenwerkzeuge ein.
   Sie befinden sich unter dem Arbeitsbereich.
   • Zeichnen Sie mit Hilfe des Linienwerkzeugs die
     vertikale und horizontale Linie.
   • Formatieren Sie die Linien mittels Symbolleiste
     „Zeichnungsobjekt-Eigenschaften" (Das Wort
     wird hoffentlich noch verbessert!). Geben Sie
     den Linien eine Stärke von 0,05 cm ❷ und eine
     rote Farbe ❸.
   • Zeichnen Sie mittels Kreiswerkzeug einen kleinen
     Kreis und platzieren Sie ihn im Schnittpunkt der
     Linien.
   • Geben Sie der Kreislinie eine Stärke von 0,05 cm
     und eine rote Farbe. Wählen Sie als „Farbe" der
     Kreisfläche „Unsichtbar" ❹.

Datei speichern

8. Speichern Sie Ihr fertiges Layout unter dem Namen
   „kreativität.odt" ab: *Datei > Speichern* oder Tastenkombination Strg + S.

Strg   S

14.2.3 Formatvorlagen

Bei mehrseitigen Produkten ist es unerlässlich, dass alle Seiten einheitlich gestaltet sind. Dem Leser wird hierdurch die Orientierung erleichtert, er lernt intuitiv, sich zurechtzufinden.

Ein wesentliches Kriterium der Gestaltung ist es, dass Gleichartiges auch gleich gestaltet werden muss. So müssen sämtliche Überschriften einheitlich formatiert werden. Dies gilt auch für Unterüberschriften, den eigentlichen Text, Bildunterschriften, Kopfzeilentext usw.

Gleichartiges muss gleich gestaltet werden!

Nun wäre es sicher ungeschickt, eine derartige Formatierung von Hand, also Seite für Seite durchzuführen. Stellen Sie nach dem Ausdruck fest, dass eine Schrift doch zu groß oder zu klein ist, müssen erneut sämtliche Seiten formatiert werden.

Zur Vereinfachung stellt Writer Formatvorlagen bereit. Diese ermöglichen es, alle Formatierungseinstellungen an zentraler Stelle vorzunehmen und per Mausklick auf die gewünschten Absätze anzuwenden. Bei späterer Änderung der Formatvorlage ändern sich alle mit dieser Vorlage versehenen Absätze automatisch.

Formatvorlagen
Mit Hilfe von Formatvorlagen lassen sich mehrseitige Dokumente rasch und einheitlich formatieren.

Übung
Für das im vorherigen Abschnitt angefertigte Layout Ihrer Präsentationsmappe werden nun die benötigen Formatvorlagen erstellt.

1. Verwenden Sie die im vorherigen Abschnitt erstellte Datei oder kopieren Sie die Datei „layout.odt" von der CD-ROM auf die Festplatte und öffnen Sie diese Datei.

Wichtig!
Kopieren Sie Dateien von CD-ROM immer zuerst auf die Festplatte, da eine CD nicht beschrieben werden kann!

2. Damit es etwas zu formatieren gibt, kopieren Sie einen Text über „Kreativitätstechniken" von der CD-ROM in Ihre Layoutdatei:
   - Öffnen Sie die Datei „text.rtf" von der CD-ROM in Writer: *Datei > Öffnen...*
   - Markieren Sie über *Bearbeiten > Alles auswählen* (oder Strg + A) den gesamten Text.
   - Kopieren Sie den Text in die Zwischenablage: *Bearbeiten > Kopieren* (oder Strg + C).
   - Wechseln Sie im Menü *Fenster* in die bereits geöffnete Datei „layout.odt".
   - Platzieren Sie den Cursor im Textfenster und fügen Sie ihn über *Bearbeiten > Einfügen* (oder Strg + V) in die Datei ein.

Text markieren

Text kopieren
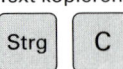

Text einfügen

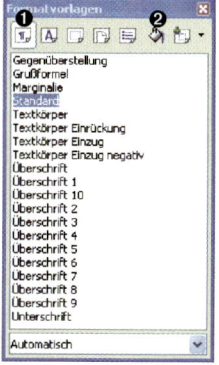

3. Blenden Sie über *Format > Formatvorlagen* das Fenster mit den Formatvorlagen ein. Sie sehen die Vorlagen, die Ihnen Writer standardmäßig anbietet. Beachten Sie, dass es sich hierbei um Absatzvorlagen ❶ handelt. Wie der Name sagt, formatieren sie jeweils einen gesamten Absatz – also alle Zeilen bis zum nächsten Return. (Nicht behandelt werden in diesem Abschnitt Formatvorlagen für Zeichen, Rahmen und Seiten.)

4. Zunächst wenden Sie die vorhandenen Vorlagen auf den Text an. Hierzu gibt es zwei alternative Vorgehensweisen:
Variante 1:
- Klicken Sie im Text mit der Maus an eine beliebige Stelle des zu formatierenden Absatzes oder markieren Sie mehrere Absätze mit der Maus.
- Doppelklicken Sie dann auf die gewünschte Absatzvorlage.
Variante 2:
- Aktivieren Sie das „Gießkannen"-Symbol ❷.
- Wählen Sie durch Anklicken die gewünschte Absatzvorlage in der Liste aus.
- Klicken Sie nun im Text alle Absätze an, die diese Formatierung erhalten sollen.
- Klicken Sie erneut auf das Gießkannen-Symbol, um diesen Modus zu beenden.
Formatieren Sie nun gemäß Variante 1 oder 2 den gesamten Text durch Zuordnung folgender Absatzvorlagen:

Absatzvorlage	Anwenden auf...
Überschrift 1	Kapitelüberschriften (1., 2., 3., ...)
Überschrift 2	Absatzüberschriften (1.1, 1.2, ...)
Textkörper	restlicher Text

5. Ändern Sie die Absatzvorlagen. Beginnen Sie mit der Absatzvorlage „Überschrift 1":
- Klicken Sie mit der rechten Maustaste auf die Absatzvorlage „Überschrift 1" und wählen Sie „Ändern...".
- Geben Sie unter „Schrift" für die Schriftart „Arial", den Schriftschnitt „Standard" und die Schriftgröße „18pt" ein. (Die Einheit „pt" steht für den typografischen Punkt. Dieser entspricht 0,3528 mm. Die Prozentangabe ist nicht sinnvoll!)

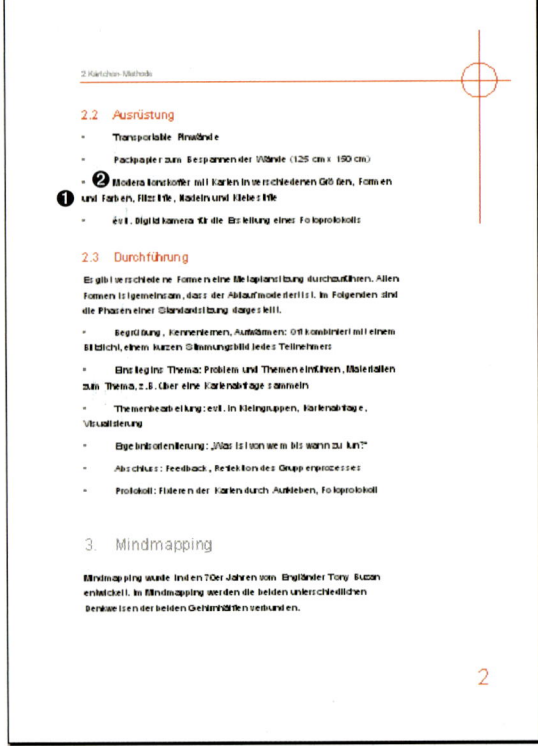

- Ändern Sie unter „Einzüge und Abstände" „Über Absatz" auf 1,2 cm und „Unter Absatz" auf 0,6 cm.
- Wählen Sie unter „Schrifteffekte" als Schriftfarbe „Grau 40 %" – dies wirkt eleganter als Schwarz.
- Bestätigen Sie mit „OK".

6. Wiederholen Sie Schritt 5 für die Vorlage „Überschrift 2" nach folgenden Vorgaben:
   - Schrift: Arial, Standard, 14 pt
   - Einzüge und Abstände:
     Über Absatz: 0,6 cm; unter Absatz: 0,3 cm
   - Schrifteffekte: Farbe „Rot 2"

7. Wiederholen Sie Schritt 5 für die Vorlage „Textkörper" nach folgenden Vorgaben:
   - Schrift: Arial, Standard, 11 pt
   - Einzüge und Abstände:
     Über Absatz: 0,3 cm; unter Absatz: 0 cm
     Zeilenabstand: Fest mit 0,6 cm

- Aktivieren Sie unter „Textfluss" die automatische Silbentrennung.

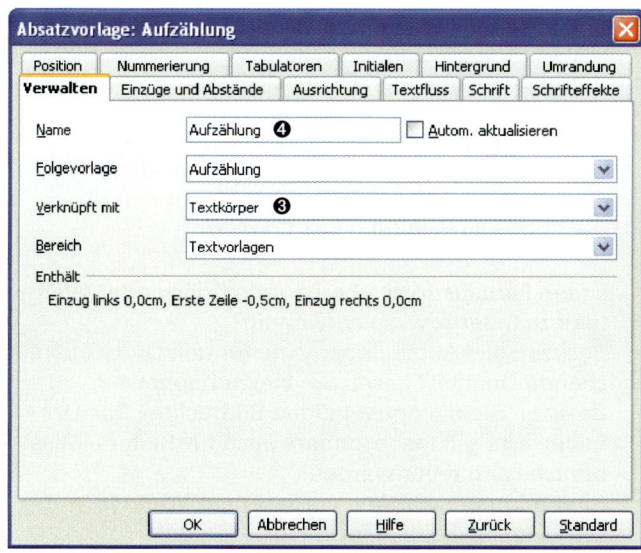

8. Bei Aufzählungen ist es falsch, wenn die zweite Zeile nicht eingerückt ist (❶ linke Seite). Außerdem ist der Abstand zwischen Aufzählungspunkt und Text deutlich zu groß (❷ linke Seite). Um dies zu ändern, erstellen Sie eine neue Absatzvorlage „Aufzählung":

- Klicken Sie mit der *rechten* Maustaste auf die Absatzvorlage „Textkörper" und wählen Sie „Neu". Dies hat den Vorteil, dass die neue Vorlage alle Formatierungen der Vorlage „Textkörper" übernimmt ❸.
- Geben Sie der neuen Vorlage den Namen „Aufzählung" ❹.
- Ändern Sie lediglich die Einstellungen unter der Rubrik „Einzüge und Abstände": Geben Sie bei „Vor Text" 0,50 cm und bei „Erste Zeile" –0,5 cm ein. Dies bewirkt, dass alle Zeilen außer der ersten um einen halben Zentimeter nach rechts eingerückt werden ❺.
- Bestätigen Sie mit „OK" und wenden Sie die neue Absatzvorlage auf alle Aufzählungen an.

2.2 Ausrüstung

- Transportable Pinwär
- Packpapier zum Bespa
- Moderationskoffer mit Ka
❺ Farben, Filzstifte, Nadeln
- evtl. Digitalkamera für die

Datei speichern

Strg   S

9. Speichern Sie Ihr formatiertes Dokument ab.

14.2.4 Abbildungen

Vorüberlegungen
Mit Bildern und Grafiken werten Sie eine Präsentations-
mappe optisch und inhaltlich auf. Leicht gesagt, doch
nicht immer leicht getan. Denn „schnell mal aus dem
Internet ziehen" ist weder zulässig noch sinnvoll, da die
Bildqualität dort in der Regel nicht ausreichend ist.

Das Erstellen von Abbildungen kann deshalb
deutlich aufwändiger sein als das Schreiben der Texte.
Klären Sie im Vorfeld folgende Fragen:

- Ist ein Farbausdruck überhaupt möglich oder eventuell zu teuer bzw. zu aufwändig?
- Besitzen alle Abbildungen eine für den Druck ausrei-
  chende Qualität? Lesen Sie hierzu Kapitel 4.8.
  90
- Besitzen Sie die notwendigen Bildrechte? Das Urheberrecht gilt insbesondere auch für Bilder – Missbrauch kann teuer werden!
- Sind Bildunterschriften vorgesehen? Wenn ja, müssen diese einheitlich formatiert werden.
- Erhalten die Abbildungen einen Rahmen? Wenn ja,
  muss die Linienstärke einheitlich gewählt werden.

Gestaltungsraster
Professionelle Produkte zeichnen sich dadurch aus,
dass die Bilder und Grafiken nicht willkürlich platziert,
sondern in das Gestaltungsraster eingepasst werden.
Dieses Raster wird durch die Seitenränder, die Grund-
zeilen des Textes und – im Fall mehrerer Spalten – durch
die Spaltenhilfslinien bestimmt. Die Grafik rechts zeigt,
wie sich Abbildungen in dieses Raster einfügen lassen.

Vielleicht wenden Sie jetzt ein, dass in vielen Zeitschriften Bilder über den Satzspiegel hinaus bis zum
Seitenrand platziert werden. Diese Bilder werden in
der Fachsprache als „randabfallend" bezeichnet. Für
den Ausdruck benötigen Sie einen Drucker, der randlos
drucken kann. Für das Format DIN A4 ist dies ein DIN-
A4+- oder ein DIN-A3-Drucker. Nach dem Druck muss
das Produkt auf das gewünschte Endformat beschnitten
werden. Wegen dieses hohen Aufwandes ist es oft sinnvoll, auf randabfallende Bilder zu verzichten.

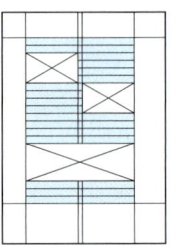

Gestaltungsraster
Der Satzspiegel
(hellblau) ist begrenzt
durch die Randhilfsli-
nien. Die Abbildungen
(weiße Kästen mit
Kreuz) sind ein- oder
zweispaltig einge-
passt.

Screenshots
Häufig wird die Frage gestellt, wie sich Screenshots in
eine Präsentation oder Präsentationsmappe einfügen

lassen. Ihr Betriebssystem Windows stellt Ihnen hierfür zwei Möglichkeiten zur Verfügung:

Screenshot des gesamten Bildschirms

- Durch Betätigung der Druck-Taste wird der Bildschirminhalt in die Zwischenablage kopiert. Über *Bearbeiten > Einfügen* lässt sich der Screenshot an beliebiger Stelle ins Dokument einfügen.

Screenshot des aktiven Fensters

- Die Tastenkombination Alt + Druck kopiert nicht den gesamten Bildschirm, sondern lediglich das gerade aktive Fenster in die Zwischenablage.

Wer es komfortabler haben möchte, kann auf eines der kostenlosen Programme zurückgreifen, die im Internet zu diesem Thema verfügbar sind. Hervorragend bewährt sich die Freeware „Hardcopy" (www.info. hardcopy.de) oder das in diesem Buch beschriebene Programm GIMP.

311

Übung

In der im vorherigen Abschnitten angefertigten Präsentationsmappe werden einige Abbildungen hinzugefügt.

Die im unteren Bildteil erkennbare Abbildung wurde an die Breite des Satzspiegels angepasst und mit einem Rahmen sowie einer Bildunterschrift versehen.

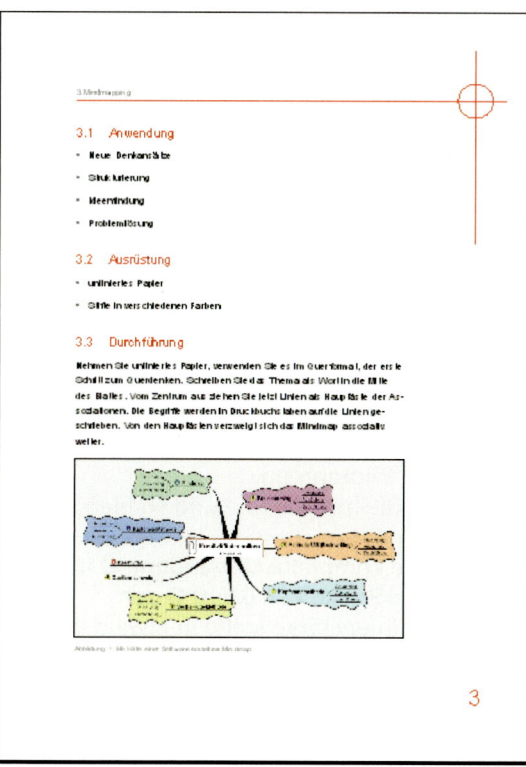

1. Verwenden Sie Ihre Datei aus dem vorherigen Abschnitt oder die Datei „abbildungen.odt" von der CD-ROM (nach Kopie auf Festplatte!).

2. Platzieren Sie den Cursor im Abschnitt 3.3 auf Seite 3 des Dokumentes.

3. Wählen Sie *Einfügen > Bild > Aus Datei...* und laden Sie die Abbildung „mindmap.tif" von der CD-ROM.

4. Die Breite des Satzspiegels beträgt 13 cm (Formatbreite – linker Rand – rechter Rand). Passen Sie die Abbildung an diese Breite an:
   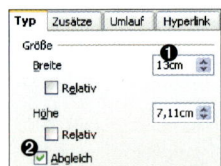
   • Klicken Sie auf das Bild mit der *rechten* Maustaste und wählen Sie *Bild... > Typ.*
   • Geben Sie als neue Breite 13 cm ein ❶. Beachten Sie, dass das Häkchen bei „Abgleich" ❷ gesetzt sein muss, da das Bild sonst verzerrt würde.
   • Bestätigen Sie mit „OK".

5. Ergänzen Sie die Bildbeschriftung:
   • Rechtsklicken Sie erneut auf das Bild und wählen Sie *Beschriftung...*
   • Geben Sie den Beschriftungstext ein: Mit Hilfe einer Software erstelltes Mindmap.
   • Bestätigen Sie mit „OK". Die grau hinterlegte Bildnummer wird bei weiteren Abbildungen automatisch erhöht.
   • Klicken Sie an eine beliebige Stelle außerhalb des Bildes, um danach in den Text der Bildunterschrift klicken zu können.
   • Öffnen Sie das Fenster mit den Formatvorlagen *(Format > Formatvorlagen)*: Die Absatzvorlage „Abbildung" müsste nun aktiviert sein.
   • Ändern Sie die Vorlage wie in Kapitel 14.2.3 unter Schritt 5 beschrieben: Arial, Standard, 8 pt.

6. Ergänzen Sie den Bildrahmen:
   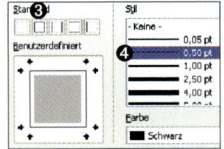
   • Rechtsklicken Sie auf das Bild und wählen Sie *Bild... > Umrandung.*
   • Wählen Sie die komplette Umrandung ❸ und geben Sie eine Stärke von 0,5 pt ❹ vor.
   Hinweis: Die Linienstärke sollte in etwa der Stärke der Schrift entsprechen.
   • Bestätigen Sie mit „OK".

7. Abschließend soll der Abstand zwischen Abbildung und Bildunterschrift etwas vergrößert werden:
   - Rechtsklicken Sie auf das Bild und wählen Sie *Bild... > Umlauf.*
   - Geben Sie unter „Abstände" bei „Unten" 0,3 cm ein.
   - Bestätigen Sie mit „OK".

8. Wiederholen Sie die Schritte 4 bis 7 und fügen Sie weitere Abbildungen ein:

Kapitel	Dateiname	Bildbeschriftung
5	methode635.tif	Formblatt zur Methode 635
6	sechshüte.tif	Sechs-Hüte-Methode

9. Fügen Sie eine Abbildung ein, die von Text „umflossen" wird:

   - Platzieren Sie den Cursor in Abschnitt 2.2 und laden Sie die Datei „moderationskoffer.tif".

- Geben Sie der Abbildung wie unter Schritt 4 beschrieben eine Breite von 6,5 cm (halbe Satzspiegelbreite).
- Damit die Abbildung von Text umflossen werden kann, klicken Sie mit der rechten Maustaste auf das Bild und wählen *Umlauf > Seitenumlauf.*
- Platzieren Sie die Abbildung am rechten Rand des Satzspiegels.
- Beschriften Sie die Abbildung mit dem Text „Moderationskoffer".

10. Speichern Sie Ihr Dokument ab.

Datei speichern

Strg   S

14.2.5 Seitenumbruch und -vorschau

Nachdem alle Texte und Abbildungen ergänzt sind, müssen Sie Seite für Seite prüfen, ob das Layout Ihren Vorstellungen entspricht. Achten Sie darauf, dass

- sich keine einzelne Textzeile oder Überschrift am Ende einer Seite befindet,
- sich keine einzelne Textzeile am Anfang einer Seite befindet,
- das Dokument keine unnötigen Leerzeilen enthält,
- die Abbildungen so platziert werden, dass sie einen sinnvollen Bezug zum Text besitzen.

1. Verwenden Sie Ihre Datei aus dem vorherigen Abschnitt oder laden Sie die Datei „seiten.odt" von der CD-ROM (nach Kopie auf Festplatte!).

2. Jedes Kapitel (1., 2., 3.,...) soll auf einer neuen Seite beginnen. Um dies zu erreichen, fügen Sie manuelle Seitenumbrüche in Ihr Dokument ein:
   - Platzieren Sie den Cursor am Anfang der Zeile „2. Kärtchen-Methode".
   - Wählen Sie *Einfügen > Manueller Umbruch > Seitenumbruch.*
     Hinweis: Ein Seitenumbruch lässt sich auch über die Tastenkombination Strg + Return erzwingen.
   - Wiederholen Sie den Schritt bei allen weiteren Kapiteln.

3. Mittels Seitenansicht erhalten Sie einen Überblick

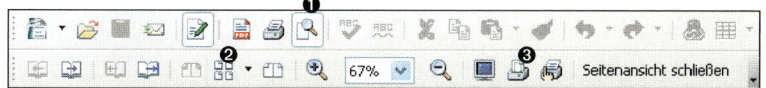

über alle Seiten Ihrer Präsentationsmappe:

- Blenden Sie durch Anklicken des Symbols ❶ die Seitenansicht ein.
- Durch Anklicken des Symbols ❷ können Sie mehrere Seiten auf einmal betrachten und erhalten einen guten Überblick über Ihr Produkt.
- Um Korrekturen auf einer Seite vorzunehmen, doppelklicken Sie auf die Vorschau dieser Seite. Die Seitenvorschau wird hierdurch verlassen und die gewünschte Seite kann bearbeitet werden.
- Die verkleinerten Seiten können auch ausgedruckt werden ❸. Dies ist sinnvoll, um den Text zu korrigieren. (Am Bildschirm werden Rechtschreibfehler häufig übersehen ...)

In der „Seitenansicht" erhalten Sie einen Überblick über die Seiten Ihres Dokumentes.

Datei speichern

4. Speichern Sie das Dokument ab.

14.2.6 Inhaltsverzeichnis

Ein weiterer Vorteil der Verwendung von Formatvorlagen besteht darin, dass Sie mit wenigen Mausklicks ein Inhaltsverzeichnis erstellen können.

1. Platzieren Sie den Mauscursor auf Seite 1 *vor* der Überschrift „1. Kreativität".

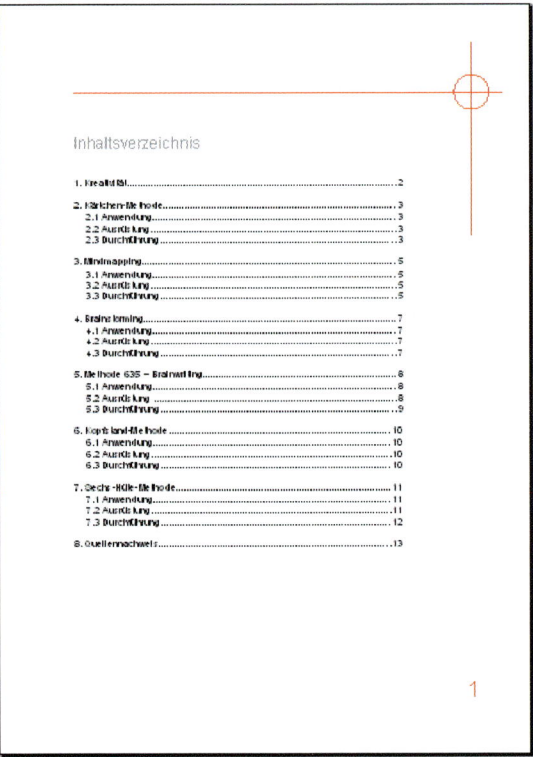

2. Fügen Sie über *Einfügen > Manueller Umbruch > Seitenumbruch* eine neue erste Seite ein.

3. Platzieren Sie den Cursor auf der leeren Seite und wählen Sie *Einfügen > Verzeichnisse > Verzeichnisse...* Alle Voreinstellungen stimmen bereits, so dass Sie mit „OK" bestätigen können.

4. Formatieren Sie das Inhaltsverzeichnis durch Änderung der Formatvorlagen:
   - Vorlage „Inhaltsverzeichnis Überschrift": Arial, Standard, 18 pt, Grau 40 %
   - Vorlage „Inhaltsverzeichnis 1": Arial, Standard, 11 pt, Schwarz, Abstand über Absatz 0,3 cm
   - Vorlage „Inhaltsverzeichnis 2": Arial, Standard, 11 pt, Schwarz

5. Speichern Sie die fertige Präsentationsmappe ab.

☞
317

Das Abspeichern Ihres Dokumentes als PDF finden Sie in Kapitel 18.2.

14.3 OH-Folien

14.3.1 Einführung

Der OH-Projektor dürfte im schulischen und betrieblichen Alltag noch immer das wichtigste Präsentationsmedium sein. Seine Bedienung ist denkbar einfach, und OH-Folien lassen sich schnell und kostengünstig mittels Kopierer oder Drucker produzieren.

Trotz seines langjährigen Einsatzes ist die Qualität der gezeigten Folien oft mangelhaft: Kaum zu entziffernde Schrift, völlig überladene Folien, die nur teilweise sichtbar sind. „Schieben Sie die Folie nach oben?" dürfte zu den Top Ten der Schülerfragen gehören …

In diesem Workshop erstellen Sie eine Vorlage für OH-Folien. Dabei wird auf die Erstellung eines Layouts bzw. von Formatvorlagen nicht mehr im Detail eingegangen, da dies im vorherigen Kapitel erfolgt ist. Wenn 230 Sie noch keine Writer-Vorkenntnisse besitzen, sollten Sie zunächst Kapitel 14.2 bearbeiten.

14.3.2 Layout

 144 Wie Sie in Kapitel 7 nachlesen können, besitzen OH-Projektoren eine Auflagefläche von 28,5 cm x 28,5 cm. Daraus könnte man ableiten, dass eine DIN-A4-Seite (21 cm x 29,7 cm) sowohl im Hoch- als auch im Querformat

Das Schema zeigt, dass Folien wegen der ungünstigen Größe der Projektionsfläche nur teilweise zu sehen sind.

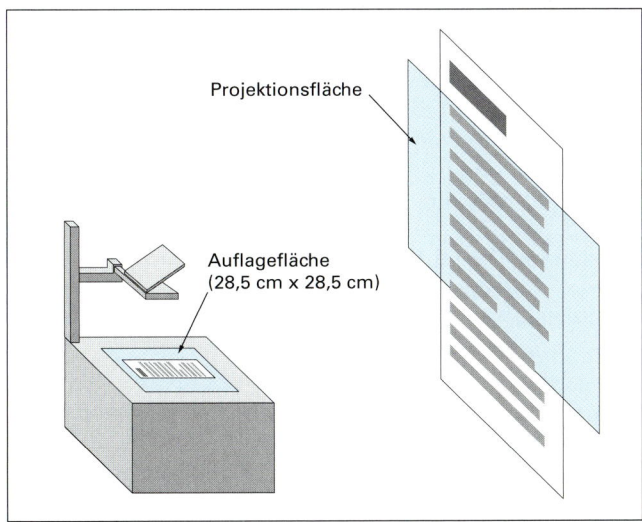

Projektionsfläche

Auflagefläche
(28,5 cm x 28,5 cm)

verwendet werden kann. Die Praxis sieht anders aus: In den meisten Fällen ist die Projektionsfläche weder quadratisch noch groß genug. Die Folge ist, dass nur ein Ausschnitt der Auflagefläche und damit der OH-Folie sichtbar wird. Schieben Sie den Projektor näher an die Leinwand, ist die Folie zwar komplett zu sehen, aber in den letzten Stuhlreihen nicht mehr zu entziffern.

Während fest montierte Projektionsflächen eher querformatig sind, besitzen die im Schulbereich ebenfalls verbreiteten ausziehbaren Leinwände ein senkrechtes Format. Für Ihr Folienlayout folgt daraus, dass Sie

- die Gegebenheiten des Raumes kennen oder
- einen Kompromiss finden müssen, der für möglichst viele Raumsituationen passt.

Übung

1. Starten Sie Writer.

2. Aus oben beschriebenen Gründen erstellen Sie ein Layout, das nahezu quadratisch ist. Nehmen Sie im Menü *Format > Seiteneinstellungen... > Seite* folgende Randeinstellungen vor:
   - Links: 2,00 cm
   - Rechts: 2,00 cm
   - Oben: 1,00 cm
   - Unten: 8,00 cm

3. Blenden Sie im Menü *Format > Seiteneinstellungen... > Kopfzeile* die Kopfzeile ein und formatieren Sie diese:
   - Abstand: 1,00 cm
   - Höhe: 1,50 cm
   - Laden Sie die Grafik „dreieck.gif" von der CD-ROM und passen Sie diese rechtsbündig in der Kopfzeile ein.

4. Blenden Sie im Menü *Format > Seiteneinstellungen... > Fußzeile* die Fußzeile ein und formatieren Sie diese:
   - Abstand: 0,50 cm
   - Höhe: 0,50 cm
   - Ergänzen Sie linksbündig den Text „Präsentation von *Vorname Nachname* am *Datum*".
   - Bewegen Sie den Cursor mit der Tabulatortaste zum rechtsbündigen Tabulator und geben Sie

Tabulatortaste

Durch den großen unteren Rand ergibt sich ein fast quadratisches Folienlayout. Die Folien können hierdurch auch auf kleinen Projektionsflächen komplett dargestellt werden.

zunächst den Text „Folie " ein. Wählen Sie nun *Einfügen > Feldbefehl > Seitennummer*, so dass automatisch die korrekte Seitenzahl eingefügt wird. Schreiben Sie „von " und wählen Sie *Einfügen > Feldbefehl > Seitenanzahl,* damit die Gesamtseitenzahl eingefügt wird.

- Markieren Sie den gesamten Text der Fußzeile und formatieren Sie ihn in der Schrift Arial, Standard, 12 pt.

5. Platzieren Sie den Cursor im mittleren Textrahmen und wählen Sie im Menü *Format > Spalten* ein zweispaltiges Layout. Formatieren Sie Spalten asymmetrisch („Automatische Breite" deaktivieren):
   - Linke Spalte: 9 cm
   - Rechte Spalte: 7 cm
   - Abstand: 1 cm

Datei speichern

Strg	S

6. Speichern Sie das Folienlayout unter dem Namen „wahrnehmung.odt" ab.

14.3.3 Format- und Dokumentvorlagen

Für die Erstellung der Folien werden zwei Formatvorlagen benötigt. In diesem Abschnitt lernen Sie eine andere Vorgehensweise kennen wie in Kapitel 14.2.3 beschrieben.

1. Verwenden Sie Ihre Datei aus dem vorherigen Abschnitt oder öffnen Sie die Datei „formatierung.odt" von der CD-ROM (nach Kopie auf Festplatte).

2. Platzieren Sie den Cursor in der linken Spalte des Textrahmens und schreiben Sie ein beliebiges Wort, z.B. „Headline". Markieren Sie das Wort mit dem Cursor und formatieren Sie es:
   * Schrift: Arial, Standard, 20 pt
   * Farbe: Dunkelblau
   * Abstand unter Absatz: 0,5 cm *(Format > Absatz)*

3. Blenden Sie über *Format > Formatvorlagen* das Fenster mit den Formatvorlagen ein. Klicken Sie auf das Blattsymbol ❶ und wählen Sie „Neue Vorlage aus Selektion". Geben Sie der neuen Absatzvorlage den Namen „Folie Headline". Sie taucht nun in der Liste auf und kann verwendet werden.

4. Wiederholen Sie die Schritte 2 und 3 und erstellen Sie eine neue Absatzvorlage „Folie Text":
   * Schrift: Arial, Standard, 14 pt
   * Farbe: Schwarz
   * Abstand unter Absatz: 0,5 cm
   * Zeilenabstand: 1,5-zeilig

5. Writer bietet die Möglichkeit, das nun fertig formatierte, aber noch leere Layout als so genannte Dokumentvorlage abzuspeichern. Diese können Sie dann für weitere Foliensätze verwenden:
   * Wählen Sie *Datei > Speichern unter...* und geben Sie als Dateityp „OpenDocument Textdokumentvorlage (.ott)" vor.
   * Tragen Sie als Dateiname „folienlayout" ein und wählen Sie den Speicherort, an dem Sie die Vorlagendatei abspeichern wollen. Bestätigen Sie mit „OK".
   * Schließen Sie die neue Datei „folienlayout.ott".

Wichtig!
Dateien von CD-ROM immer zuerst auf die Festplatte kopieren, da eine CD nicht beschrieben werden kann!

Vermeiden Sie helle Farben – sie sind auf transparenten Folien nicht lesbar!

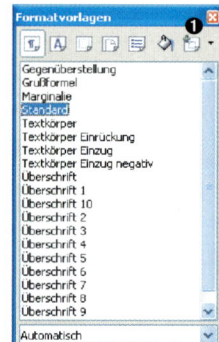

14.3.4 Folien

Nachdem Layout und Formatvorlagen in einer Dokumentvorlage gespeichert sind, ist die Folienerstellung
sehr einfach. In dieser Übung fertigen Sie einige Folien
zum Thema „Wahrnehmungsfehler" an. Alternativ können Sie auch Folien zu einem eigenen Thema erstellen.

1. Um die neue Dokumentvorlage zu verwenden, wählen Sie *Datei > Neu > Vorlagen und Dokumente* ❶.
   Wählen Sie die im vorherigen Abschnitt gespeicher-
   te Vorlagendatei „folienlayout.ott". Falls Sie diesen
   Abschnitt nicht bearbeitet haben, verwenden Sie die
   gleichnamige Datei von der CD-ROM.

2. Die neue Datei besitzt das von Ihnen erstellte Layout
   sowie die Formatvorlagen. Beachten Sie aber, dass
   es sich *nicht* um die Datei „folienlayout.ott" handelt.
   Sie erkennen dies am noch nicht vergebenen Dateinamen „Unbekannt1" links oben. Beim Speichern
   dieser neuen Datei bleibt die Dokumentvorlage
   unverändert.

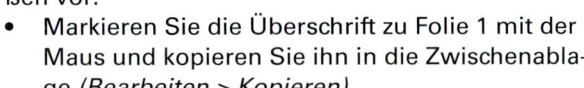

3. Öffnen Sie – ebenfalls in Writer – die Datei „texte.rtf".
   Zur Übertragung der Texte gehen Sie folgenderma-
   ßen vor:
   - Markieren Sie die Überschrift zu Folie 1 mit der
     Maus und kopieren Sie ihn in die Zwischenabla-
     ge *(Bearbeiten > Kopieren)*.
   - Wechseln Sie im Menü *Fenster* zu Ihrer Datei und
     platzieren Sie den Cursor in der linken Spalte.
   - Fügen Sie den Text über *Bearbeiten > Einfügen*
     ein.
   - Formatieren Sie den Text mit der Absatzvorlage
     „Folie Headline".
   - Wiederholen Sie den Vorgang mit dem Text zu
     Folie 1 und formatieren Sie diesen mit der Vorla-
     ge „Folie Text".

Text kopieren

Text einfügen

4. Wechseln Sie über *Einfügen > Manueller Umbruch...
   > Spaltenumbruch* in die rechte Spalte. Fügen Sie
   über *Einfügen > Bild > Aus Datei* die Abbildung
   „schatten.gif" ein.

Seite einfügen

5. Platzieren Sie den Cursor unterhalb der Abbildung
   und erzeugen Sie über *Einfügen > Manueller Um-*

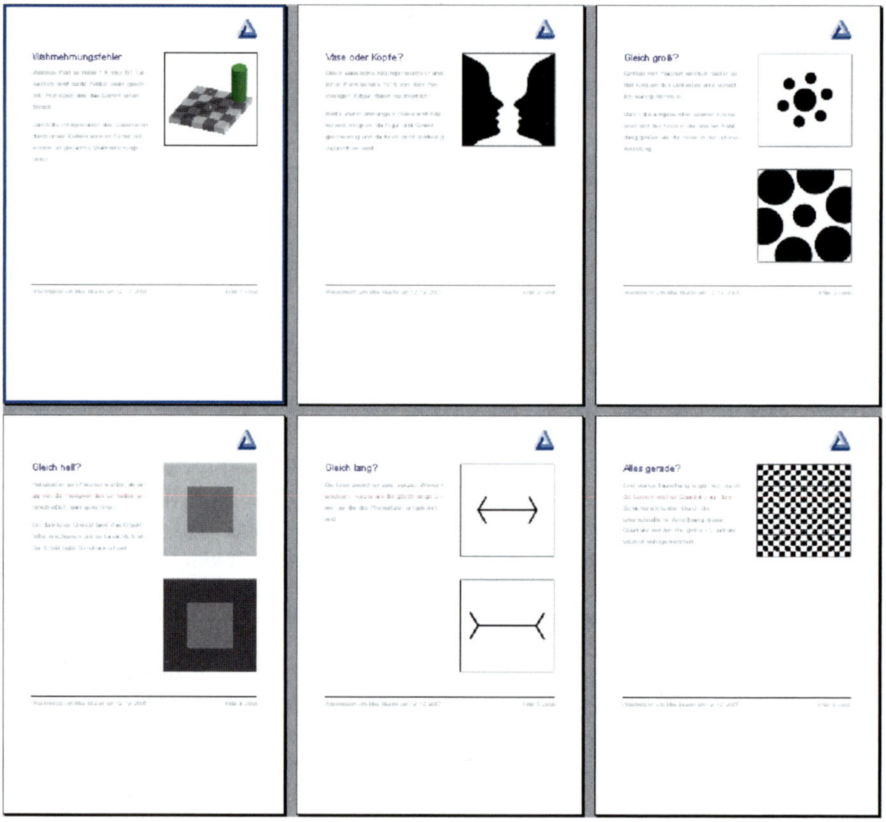

bruch > *Seitenumbruch* eine neue Seite.

6. Wiederholen Sie die Schritte 3 bis 5 für die weiteren Folien. Die Zuordnung der Abbildungen zu den Texten entnehmen Sie der Datei „texte.rtf".

Eine gute Präsentation besitzt ein einheitliches Layout!

7. Prüfen Sie in der Seitenvorschau *(Datei > Seitenansicht)*, ob alle Folien ein durchgängiges Layout besitzen und einheitlich formatiert sind – ein Qualitätsmerkmal Ihrer Präsentation!

8. Speichern Sie Ihren fertigen Foliensatz ab.

Datei speichern

Hinweis:
Zum Bedrucken von Folien lesen Sie bitte Kapitel 14.4.2 auf der nächsten Seite.

14.4 Drucken

Drucken hat seine Tücken! Jahrelange Erfahrungen im Schulalltag führen zu dieser Aussage. Oft sind es ganz banale Dinge, die zum Scheitern führen: Drucker nicht eingeschaltet, kein Papier vorhanden oder falscher Druckertreiber gewählt.

Im vorliegenden Kapitel werden die wesentlichen Punkte angesprochen, die Sie vor dem Ausdrucken Ihrer Dateien beachten müssen.

14.4.1 Anschluss und Funktion

Dies ist kein Buch über Computerhardware, wir gehen davon aus, dass Sie über einen funktionierenden Computer mit Drucker verfügen. Dennoch kann eine kurze Checkliste hilfreich sein, den einen oder anderen Fehler zu vermeiden bzw. zu finden:

- Ist der Drucker mit dem Computer verbunden? Als Anschlüsse kommen die parallele Schnittstelle (Centronics) oder USB in Frage. In vernetzten Systemen ist auch ein RJ45-Netzanschluss möglich.
- Ist der Drucker eingeschaltet? Sie lachen, aber die Erfahrung zeigt, dass diese Frage berechtigt ist.
- Ist der Druckertreiber installiert? Sie können dies prüfen, indem Sie auf *Start > Drucker und Faxgeräte* (Windows XP) bzw. *Start > Einstellungen > Drucker* (ältere Windows-Systeme) klicken. Hinweis: Sie finden die Treiber von – auch älteren – Druckermodellen zum Download beim jeweiligen Hersteller im Internet. Zur Installation müssen Sie allerdings über Administratorrechte an Ihrem Computer verfügen.
- Ist das richtige Druckmedium – Papier oder Folien – im Drucker vorhanden? Lesen Sie Kapitel 14.4.2.
- Ist Tinte oder Toner in ausreichender Menge vorhanden? Leider lässt sich dies oft nicht prüfen, da nur einige Modelle über durchsichtige Tanks verfügen.

14.4.2 Papiere oder Folien

Die Auswahl von Papier oder Folie hängt vom Druckertyp ab. Dabei ist entscheidend, ob es sich um einen Laser- oder um einen Tintenstrahldrucker handelt:

Laserdrucker

Laserdrucker arbeiten mit (festem) Toner, der auf Papier oder Folie übertragen und durch Erhitzen fixiert wird. Sie merken dies daran, dass die Ausdrucke warm sind. Für Laserdrucker benötigen Sie also hitzebeständiges Material. Hier ist Vorsicht geboten: Die falsche Papier- oder Folienwahl kann zur Zerstörung des Druckers führen! Geeignete Druckmedien sind:

Abb.: Canon

- Kopierpapiere, da Kopierer nach dem gleichen Prinzip arbeiten
- Laser- oder Farblaserpapiere
- Laser- oder Kopierfolien

Tintenstrahldrucker (InkJet-Drucker)

Im Unterschied zu Laserdruckern verwenden Tintenstrahldrucker (flüssige) Tinte, die in feinen Tröpfchen auf Papier oder Folie gesprüht wird und dort haften bleibt. Ein falsches Druckmedium zerstört den Drucker zwar nicht, führt aber zu mangelhaften Druckergebnissen. Für Tintenstrahldrucker eignen sich folgende Materialien:

Abb.: Canon

- Laser- oder Kopierpapiere sind möglich, führen aber zu relativ schlechten Ergebnissen, da diese Papiere nicht glatt genug sind und die Tinte verfließt.
- InkJet- und Fotopapiere gibt es in zahlreichen Varianten und Preisklassen. Achten Sie darauf, dass das Papier richtig herum in den Drucker gelegt wird. Machen Sie zunächst einen einseitigen Probeausdruck.
- InkJet-Folien sind auf der zu bedruckenden Seite etwas aufgerauht, so dass die Tinte haften kann. Auch hier muss darauf geachtet werden, dass die Folien richtig eingelegt werden. Die Verwendung von Folien für Laserdrucker ist nicht möglich!

Möglicherweise wollen Sie das Papier beidseitig bedrucken. Achten Sie in diesem Fall darauf, dass das Papier für „Duplex" geeignet ist. Sollten Sie nicht im Besitz eines Druckers mit Wendeeinrichtung sein, drucken Sie zunächst nur die ungeraden Seiten (vgl. Schritt 4 im nächsten Abschnitt). Die Ausdrucke werden danach umgedreht ins Papierfach gelegt und anschließend nur die geraden Seiten gedruckt.

Papier für den zwei-seitigen Druck muss „duplexfähig" sein.

Ein Qualitätsmerkmal von Papier ist dessen Gewicht, angegeben in Gramm pro Quadratmeter (g/m²). Einfache Kopierpapiere besitzen ein Gewicht von 80 g/m².

Mit einem edlen, etwas dickeren Papier werden Sie einen guten Eindruck hinterlassen!

Für eine Präsentationsmappe kann es wirkungsvoll sein, etwas dickeres Papier – z.B. 120 g/m^2 – zu verwenden. Entnehmen Sie der Gebrauchsanleitung Ihres Druckers, welche maximale Papierstärke bedruckt werden kann.

14.4.3 Einstellungen

Datei drucken

Strg P

1. Um eine Datei zu drucken, wählen Sie Menü *Datei > Drucker* oder die Tastenkombination Strg + P.

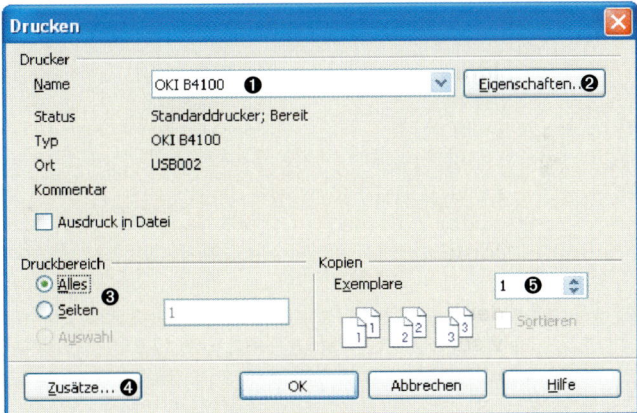

2. Wählen Sie zunächst den Namen Ihres Druckers ❶.

3. Prüfen Sie unter Eigenschaften ❷:
   - Papierformat z.B. DIN A4
   - Ausrichtung: Hochformat oder Querformat
   - Papiersorte: Normales Papier, Fotopapier, Folie
   - Druckqualität

4. Geben Sie die zu druckenden Seiten an ❸. Unter „Zusätze" ❹ können Sie beispielsweise nur die ungeraden Seiten drucken.

5. Geben Sie die Anzahl der zu druckenden Exemplare vor ❺. Das Setzen des Häkchens „Sortieren" verhindert, dass Sie mehrfache Ausdrucke nachträglich von Hand sortieren müssen.

6. Bestätigen Sie mit „OK" – und los geht es!

15. Calc

15.1 Einführung

15.1.1 Es geht auch ohne Excel ...

Falls Sie bereits die Kapitel 13 und 14 bearbeitet haben, wissen Sie, dass es kostenlose Alternativen zu Power-Point bzw. Word gibt.

Die dritte Komponente eines Office-Paketes ist ein Tabellenkalkulationsprogramm, mit dessen Hilfe Berechnungen gemacht und Diagramme erstellt werden können. Excel hat sich in diesem Bereich bewährt und kommt weltweit zum Einsatz. Einziger Nachteil: Excel ist – wie PowerPoint und Word – nicht kostenlos!

Die kostenlose Alternative, die sich darüber hinaus von Excel kaum unterscheidet, heißt Calc und ist Bestandteil von OpenOffice.org. Falls Sie die vorherigen Kapitel noch nicht gelesen und OpenOffice.org noch nicht installiert haben, empfehlen wir zunächst die Lektüre von Kapitel 12.2. Dort finden Sie alle Informationen zur Installation und Nutzung von OpenOffice.org. Das eventuell bereits vorhandene Microsoft-Office-Paket können Sie problemlos parallel verwenden.

197

15.1.2 Infografiken und Diagramme

Infografiken oder auch Informationsgrafiken dienen, wie der Name sagt, zur grafischen Darstellung von Information. Hierzu zählen Diagramme, Struktogramme, Pläne, Karten und Grafiken. Ein Beispiel einer Infografik zeigt die Abbildung über die Behaltensquote.

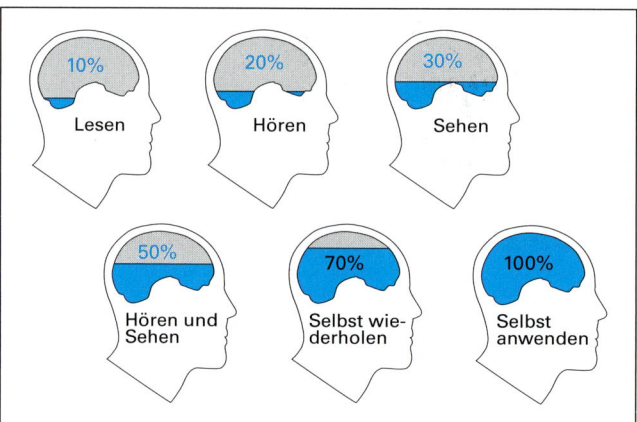

Behaltensquote von Information

Der Grund für die Erstellung von Infografiken ist, dass visuelle Darstellungen durch uns Menschen besser aufgenommen, verarbeitet und behalten werden können als das gesprochene oder geschriebene Wort (vgl. Sie hierzu auch Kapitel 4.4.3).

☞
84

Das Erstellen guter Infografiken ist eine hohe Kunst und erfordert nicht zuletzt ein einschlägiges Studium. Für professionelle Infografiken ist zudem spezielle Software wie beispielsweise Adobe Illustrator erforderlich.

Im Rahmen dieses Kapitels beschäftigen wir uns ausschließlich mit den Möglichkeiten, die uns Calc zur Erstellung von Diagrammen bietet. Nebenbei bemerkt: Auch Excel kann im Bereich der Diagrammerstellung nicht mehr!

15.1.3 Benutzeroberfläche

Die Oberfläche einer Tabellenkalkulation wie Calc oder Excel unterscheidet sich deutlich von einer Textverarbeitung. Ihre wesentlichen Komponenten werden im Folgenden kurz vorgestellt:

Zellen

Wie die Abbildung auf der nächsten Seite zeigt, ist der Arbeitsbereich einer Calc-Tabelle in „Kästchen" gegliedert, die als Zellen bezeichnet werden.

Jede Zelle kann durch Anklicken „aktiviert" werden, die aktive Zelle ist schwarz umrahmt. In die aktive Zelle kann Text, eine Zahl oder Funktion eingetragen werden. Funktionen dienen dazu, um Berechnungen mit den Daten der Tabelle durchführen zu können.

Jede Zelle ist durch die Kombination von Buchstabe und Zahl eindeutig gekennzeichnet: Der Buchstabe A, B, C,... bezeichnet die Spalte, die Zahl bezeichnet die Zeile, in der sich die aktive Zelle befindet ❶. Beachten Sie, dass die Reihenfolge eingehalten werden muss: A1, B7 sind korrekte, 2B, 3F sind falsche Zellenbezeichnungen.

Tabellen

Alle Zellen des Arbeitsbereiches ergeben eine Tabelle, daher auch der Name Tabellenkalkulation. Wie in der Abbildung zu sehen ist, besteht eine Calc-Datei normalerweise aus mehreren Tabellenblättern. Stellen Sie sich eine derartige Datei als Arbeitsmappe vor, in der sich mehrere Blätter befinden. Um eine Tabelle auszu-

Aktive Zelle   Funktionen   Symbolleisten

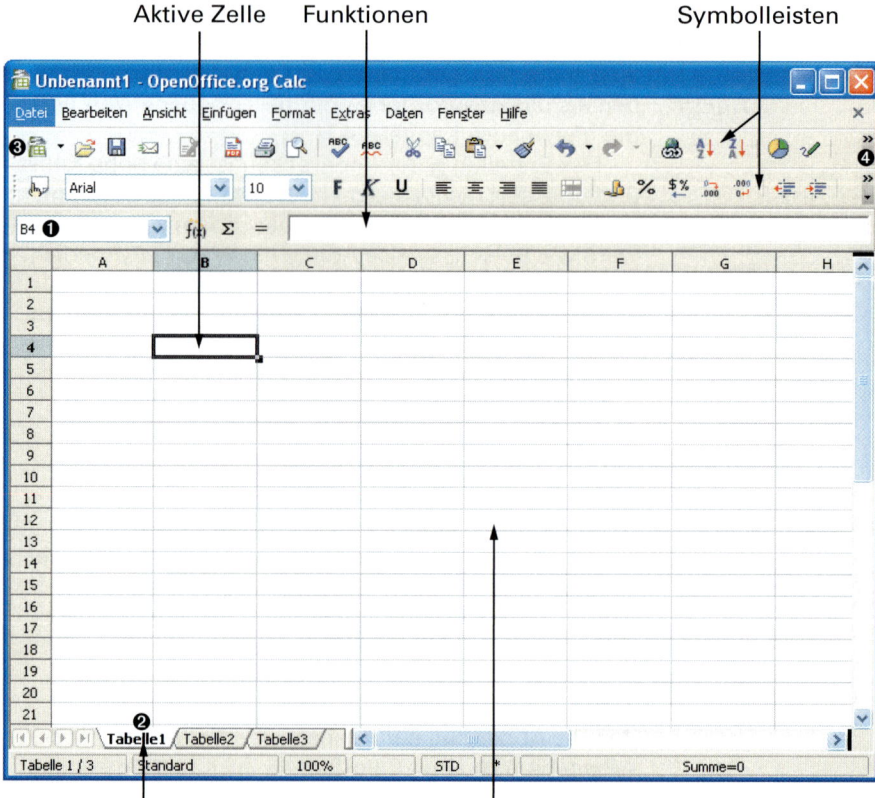

Aktive Tabelle   Arbeitsbereich

wählen, klicken Sie auf ihren Namen im unteren Teil des Arbeitsbereiches ❷. Um eine Tabelle umzubenennen, klicken Sie mit der rechten Maustaste auf ihren Namen und wählen *Tabelle umbenennen...*

Symbolleisten
Symbolleisten enthalten grafische Symbole zur Verein-fachung der Arbeit mit Calc.

- Alle Symbolleisten lassen sich über das Menü *An-sicht > Symbolleisten* ein- oder ausblenden.
- Sie können die Position der Symbolleisten ändern, indem Sie sie am linken Rand ❸ mit gedrückter Maus verschieben.
- Eine Veränderung des Inhalts (der Symbole) erfolgt durch Anklicken des kleinen Pfeils am rechten Rand der Symbolleiste ❹.

15.2 Diagramme

Wenn Sie bereits mit den OpenOffice-Komponenten Writer oder Impress vertraut sind, haben Sie bemerkt, dass Sie auch hier einen Diagramm-Assistenten vorfinden. Dies ist auch so gewollt und Bestandteil des modularen Konzeptes von OpenOffice.org.

Der Vorteil der Verwendung von Calc bei der Erstellung von Diagrammen liegt darin, dass das Datenhandling einfacher ist als in Writer oder Impress. Dies werden Sie feststellen, wenn Sie größere Datenmengen verarbeiten müssen.

15.2.1 Balkendiagramm

Die Verwendung eines Balkendiagramms bietet sich immer dann an, wenn Daten miteinander verglichen werden sollen. Der Flächeninhalt der Balken dient dabei als optisches Maß für die sich dahinter verbergenden Zahlenwerte. Diese Veranschaulichung (Visualisierung) ist natürlich nicht so präzise wie die Zahlen selbst. Auf die tatsächlichen Zahlenwerte kommt es jedoch oftmals gar nicht an. Unter vielen Zahlen können wir uns ohnehin nichts vorstellen: Was fangen Sie mit Zahlen wie 10.234.567 oder 0,0002345 an? Erst die Beziehung zueinander macht Zahlen vergleichbar.

In der folgenden Übung erstellen Sie eine so genannte „Bevölkerungspyramide":

1. Starten Sie Calc durch Doppelklick auf das Programm-Symbol. Calc öffnet standardmäßig ein leeres Tabellenblatt.

2. Laden Sie über *Datei > Öffnen...* die Datei „bevoelkerung.ods" von der CD-ROM. Sie enthält die Daten, aus denen das Diagramm erstellt werden soll.

Wichtig!
Kopieren Sie die Dateien von CD-ROM immer zuerst auf Ihre Festplatte, da eine CD nicht beschrieben werden kann!

3. Markieren Sie den Datenbereich: Klicken Sie hierzu mit gedrückter Maustaste in Zelle A1 und ziehen Sie den Cursor über den Datenbereich bis C18. Der gesamte Bereich ist nun Schwarz hinterlegt.

4. Öffnen Sie den Diagramm-Assistenten: *Einfügen > Diagramm...,* der Sie in vier Schritten zum Diagramm führt:

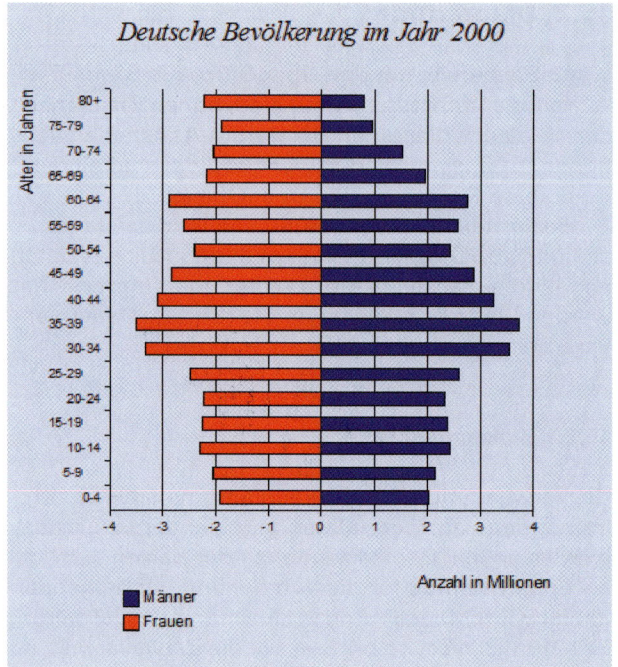

Datenquelle:
www.census.gov/ipc/
www.idbpyr.html
Auf der Website
finden Sie die Bevöl-
kerungsdaten aller
Länder!

- *1. Schritt: Datenbereich auswählen*
  Da Sie die Daten bereits markiert haben, stimmen alle Voreinstellungen. Bestätigen Sie mit
  „Weiter".
- *2. Schritt: Diagrammtyp wählen*
  Calc schlägt vertikale Balken (Säulen) vor. Wäh-
  len Sie jedoch waagrechte Balken. Bestätigen Sie
  mit „Weiter".
- *3. Schritt: Diagrammvariante wählen*
  Wählen Sie die „gestapelte" Variante aus und
  bestätigen Sie mit „Weiter".
- *4. Schritt: Diagramm beschriften*
  Geben Sie folgende Daten ein:
  Diagrammtitel: Deutsche Bevölkerung im Jahr
  2000
  X-Achse: Anzahl in Millionen
  Y-Achse: Alter in Jahren
  Klicken Sie nun auf „Fertig stellen".

5. Vergrößern Sie das Diagramm durch Ziehen der
   kleinen schwarzen Quadrate.

6. Durch einen „Trick" gelingt es, dass die Balken für die weibliche Bevölkerung nach links ausgerichtet sind: Doppelklicken Sie hierzu in Zelle B2 und ergänzen Sie vor der Zahlenangabe ein Minuszeichen. Wiederholen Sie diesen Schritt für die Zellen B3 bis B18.

Bearbeitungsmodus
Durch Anklicken einer Zelle außerhalb des Diagramms verlassen Sie den Bearbeitungsmodus. Ein Doppelklick auf das Diagramm bringt Sie zur Bearbeitung zurück!

7. Durch Doppelklick auf das Diagramm gelangen Sie in den Bearbeitungsmodus. Sie erkennen ihn an der grauen Linie um das Diagramm. Klicken Sie das gewünschte Diagrammelement mit der Maus an. Wählen Sie *Format > Objekteigenschaften* und nehmen Sie die entsprechenden Einstellungen vor:
   - Diagrammtitel: Times New Roman, kursiv, 20 pt
   - Achsentitel: Arial, Standard, 12 pt
   - Achsenbeschriftung: Arial, Standard, 10 pt
   - Legende: Arial, Standard, 10 pt, keine Linie
   - Ändern Sie die Farben der Datenreihen.
   - Geben Sie dem Diagramm einen hellgrauen Hintergrund.
   - Platzieren Sie die Diagrammelemente mit Hilfe der Pfeiltasten wie in der Abbildung auf der linken Seite dargestellt.

8. Klicken Sie auf den Reiter des Tabellenblatts „2050". Wiederholen Sie die Schritte 3 bis 7 und erstellen Sie ein zweites Diagramm „Deutsche Bevölkerung im Jahr 2050".

Datei speichern

9. Speichern Sie das fertige Diagramm unter dem Namen „bevoelkerung.ods" auf Ihrer Festplatte ab: *Datei > Speichern unter...*

15.2.2 Liniendiagramm

Ein Liniendiagramm ähnelt einem Balkendiagramm und eignet sich somit ebenfalls zum Vergleich von Daten. Im Unterschied zum Balkendiagramm visualisiert ein Liniendiagramm noch besser den Verlauf oder die Entwicklung über einen Zeitraum – denken Sie an Aktienkurse.
   In der Übung erstellen Sie ein Liniendiagramm, das die Zunahme der Internetnutzung darstellt:

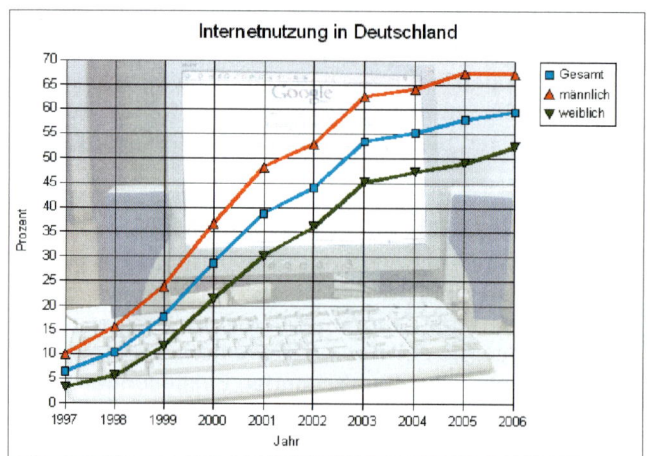

Datenquelle:
ARD/ZDF-Onlinestudie

1. Öffnen Sie über *Datei > Öffnen...* die Datei „internet-nutzung.ods" von der CD-ROM (Kopie auf Festplatte!).

2. Markieren Sie den Datenbereich: Klicken Sie hierzu mit gedrückter Maustaste in Zelle A1 und ziehen Sie den Cursor über den Datenbereich bis K4. Der gesamte Bereich ist nun Schwarz hinterlegt.

3. Öffnen Sie den Diagramm-Assistenten: *Einfügen > Diagramm...,* der Sie in vier Schritten zum Diagramm führt:
   - *1. Schritt: Datenbereich auswählen*
     Da Sie die Daten bereits markiert haben, stimmen alle Voreinstellungen. Setzen Sie Häkchen bei: „Erste Zeile als Beschriftung" und „Erste Spalte als Beschriftung". Bestätigen Sie mit „Weiter".
   - *2. Schritt: Diagrammtyp wählen*
     Wählen Sie als Diagrammtyp „Linien" und klicken Sie bei „Datenreihen in:" auf „Zeilen". Wählen Sie jedoch waagrechte Balken. Bestätigen Sie mit „Weiter".
   - *3. Schritt: Diagrammvariante wählen*
     Wählen Sie die Variante „Symbole" aus und bestätigen Sie mit „Weiter".
   - *4. Schritt: Diagramm beschriften*
     Diagrammtitel: Internetnutzung in Deutschland
     X-Achse: Jahr
     Y-Achse: Prozent

Klicken Sie nun auf „Fertig stellen".

4. Verändern Sie die Größe des Diagramms durch Ziehen der kleinen schwarzen Quadrate.

5. Zur Formatierung der einzelnen Diagrammelemente müssen Sie im Bearbeitungsmodus sein. Sie erkennen den Modus an der grauen Linie um das Diagramm. Doppelklicken Sie auf das Diagramm, falls Sie nicht mehr im Bearbeitungsmodus sind. Klicken Sie danach das gewünschte Diagrammelement (Achse, Datenreihe, Legende,...) mit der Maus an. Wählen Sie *Format > Objekteigenschaften* und nehmen Sie die entsprechenden Einstellungen vor:
   - Diagrammtitel: Arial, Standard, 14 pt
   - Achsentitel: Arial, Standard, 10 pt
   - Achsenbeschriftung: Arial, Standard, 10 pt
   - Legende: Arial, Standard, 10 pt, keine Füllung
   - Wählen Sie kräftigere Farben für die Datenreihen. Erhöhen Sie die Linienstärke auf 0,1 mm.
   - Zeigen Sie die senkrechten Gitternetzlinien an.

6. Das Platzieren eines Fotos im Hintergrund ist leider ziemlich umständlich. Es ist zu hoffen, dass die Folgeversion ein einfacheres „Handling" ermöglicht!
   - Verlassen Sie den Bearbeitungsmodus durch Anklicken einer Zelle außerhalb des Diagramms.
   - Markieren Sie das Diagramm durch einfaches Anklicken.
   - Klicken Sie auf das Eimer-Symbol ❶ und wählen Sie *Bitmapmuster > Import.* Laden Sie die Datei

❶

   „internet.jpg" von der CD-ROM.
   - Leider wird das Foto erst beim nächsten Öffnen der Datei sichtbar. Speichern Sie deshalb Ihre Arbeit unter dem Namen „internetnutzung.ods" auf Ihrer Festplatte ab *(Datei > Speichern unter...)*, schließen Sie die Datei *(Datei > Schließen unter...)* und öffnen Sie die Datei erneut *(Datei > Öffnen...)*.
   - Doppelklicken Sie auf das Diagramm, um in den Bearbeitungsmodus zu gelangen.
   - Klicken Sie nun die Diagrammfläche an und wählen Sie *Format > Objekteigenschaften.* Wählen

Sie unter „Fläche" als Füllung „Bitmap". Das Foto müsste sich nun am Ende der Liste befinden. Deaktivieren Sie die Option „Kacheln", aktivieren Sie stattdessen die Option „Anpassen". Schließen Sie mit „OK" ab – geschafft!

7. Speichern Sie das fertige Diagramm erneut auf Ihrer Festplatte ab: *Datei > Speichern...*

Datei speichern

15.2.3 Kreisdiagramm

Kreisdiagramme unterscheiden sich grundsätzlich von Linien- und Balkendiagrammen. Sie werden verwendet, um (prozentuale) Anteile einer Gesamtmenge darzustellen. Die Gesamtmenge (100 %) entspricht dabei immer der kompletten Kreisfläche. Diese Darstellung ist uns bestens vertraut, weil auch bei der Uhr eine Kreisfläche verwendet wird. Die Gesamtfläche entspricht hierbei der vollen Stunde, der große Zeiger teilt die Fläche in Kreissegmente und zeigt dadurch den verstrichenen Teil der Stunde. Analog hierzu visualisieren die Segmente eines Kreisdiagramms die prozentualen Anteile.

Ein typisches Kreisdiagramm ist die Sitzverteilung nach einer Wahl, das Sie in der Übung erstellen:

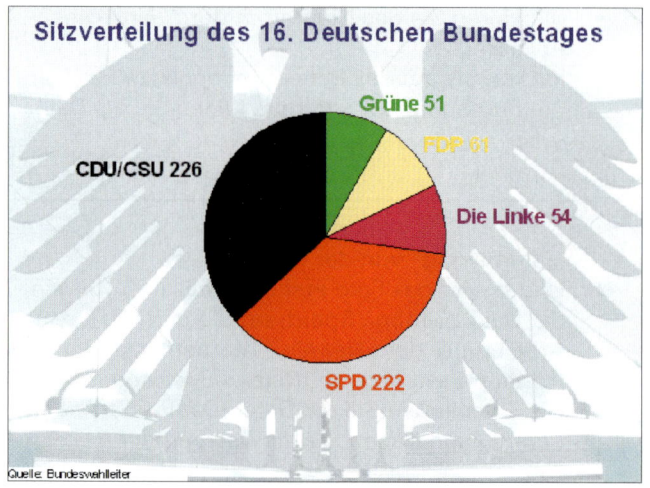

Datenquelle:
www.bundestag.de

1. Laden Sie über *Datei > Öffnen...* die Datei „bundestag.ods" von der CD-ROM (nach Kopie auf Festplatte).

2. Markieren Sie den Datenbereich: Klicken Sie hierzu mit gedrückter Maustaste in Zelle A1 und ziehen Sie den Cursor über den Datenbereich bis B5. Der gesamte Bereich ist nun Schwarz hinterlegt.

3. Öffnen Sie den Diagramm-Assistenten: *Einfügen > Diagramm...,* der Sie in vier Schritten zum Diagramm führt:
   - *1. Schritt: Datenbereich auswählen*
     Da Sie die Daten bereits markiert haben, stimmen alle Voreinstellungen. Bestätigen Sie mit „Weiter".
   - *2. Schritt: Diagrammtyp wählen*
     Wählen Sie als Diagrammtyp „Kreise". Bestätigen Sie mit „Weiter".
   - *3. Schritt: Diagrammvariante wählen*
     Bestätigen Sie mit „Weiter".
   - *4. Schritt: Diagramm beschriften*
     Diagrammtitel: Sitzverteilung des 16. Deutschen Bundestages
     Entfernen Sie das Häkchen bei „Legende".
     Klicken Sie nun auf „Fertig stellen".

4. Verändern Sie die Größe des Diagramms durch Ziehen der kleinen schwarzen Quadrate.

5. Zur Formatierung der einzelnen Diagrammelemente müssen Sie im Bearbeitungsmodus sein. Sie erkennen den Modus an der grauen Linie um das Diagramm. Doppelklicken Sie auf das Diagramm, falls Sie nicht mehr im Bearbeitungsmodus sind. Klicken Sie ein Diagrammelement (Haupttitel, Kreissegment) an. Wählen Sie *Format > Objekteigenschaften* und nehmen die Einstellungen vor:
   - Diagrammtitel: Arial, fett, 18 pt, Dunkelblau
   - Kreissegmente: Wählen Sie unter „Datenbeschriftung" die Optionen „Werte anzeigen" und „Beschriftung anzeigen". Formatieren Sie die Schrift in Arial, 14 pt, fett und geben Sie der Schrift und Fläche die Farbe der jeweiligen Partei.

6. Die umständliche Platzierung des Hintergrundbildes „bundestag.jpg" können Sie bei Interesse unter Schritt 6 im vorherigen Abschnitt nachlesen.

Datei speichern

 Strg S

7. Speichern Sie unter „bundestag.ods" auf Festplatte ab.

15.2.4 Blockdiagramm

In Blockdiagrammen werden Objekte und deren Beziehungen zueinander symbolisch mit Hilfe von Rechtecken und Linien bzw. Pfeilen dargestellt. Auf diese Weise können komplexe Zusammenhänge in eine übersichtlich Form gebracht und damit besser wahrgenommen werden. Spezielle Formen von Blockdiagrammen sind:

- *Organigramm:* Darstellung der Organisationsstruktur eines Unternehmens
- *Stammbaum:* Visualisierung der verwandtschaftlichen Beziehungen einer Familie
- *Ablaufdiagramm:* Darstellung eines technischen Vorgangs oder organisatorischen Zusammenhangs.

Blockdiagramm
zur Struktur dieses
Buches

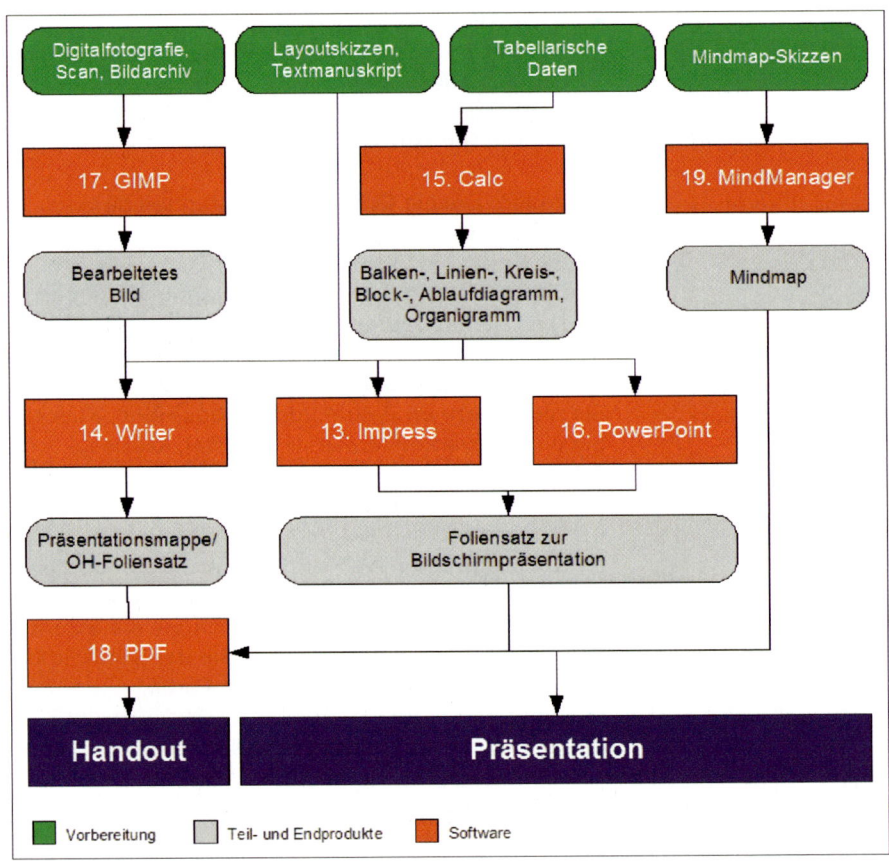

Für die Erstellung von Blockdiagrammen gibt es – anders als bei den in den vorherigen Abschnitten beschriebenen Diagrammen – keinen Assistenten. Aufgrund der großen Vielfalt an unterschiedlichen Formen wäre dies auch nicht möglich und sinnvoll.

Ein Blockdiagramm müssen Sie aus obigem Grund von Hand erstellen. OpenOffice.org stellt hierfür das Grafikprogramm „Draw" zur Verfügung. Es enthält alle benötigten grafischen Elemente, so dass die Diagrammerstellung sehr einfach ist. Nun wundern Sie sich vielleicht, weshalb im Kapitel „Calc" die Software „Draw" zum Einsatz kommt. Hintergrund ist, dass OpenOffice.org die von Microsoft entwickelte OLE-Technik nutzt. Diese ermöglicht die parallele Nutzung mehrerer Programme.

15.3 OLE (Objekt Linking and Embedding)

Die Abkürzung „Object Linking and Embedding" besagt, dass ein OLE-Objekt, beispielsweise ein Diagramm, mit einer anderen Datei, beispielsweise einer Text- oder Präsentationsdatei, entweder verknüpft (linking) oder in diese Datei eingefügt (embedding) werden kann.

OLE
Technik zur Verknüpfung von Dateien, so dass diese durch Doppelklick im Originalprogramm bearbeitet werden können.

Das Besondere an dieser Technik ist, dass sich durch Doppelklick auf die verknüpfte oder eingebundene Datei automatisch das Originalprogramm öffnet und eine Bearbeitung der Datei möglich ist. Sie sparen sich hierdurch den mühsameren Weg: Originalprogramm öffnen – Datei laden – bearbeiten – speichern.

In der nachfolgenden Übung erstellen Sie im ersten Schritt das links dargestellte Blockdiagramm in Draw. Im zweiten Schritt fügen Sie das Diagramm als OLE-Objekt in Calc ein. Alternativ können Sie das Diagramm als OLE-Objekt ebenso in Writer oder Impress einbinden.

Erstellen des Blockdiagramms (Draw)

1. Starten Sie Draw durch Doppelklick auf das Programm-Symbol. Falls Sie bereits Calc geöffnet haben, können Sie Draw auch über das Menü *Datei > Neu > Zeichnung* starten.

2. Um exakt arbeiten zu können, sollte das Raster eingeblendet werden: *Ansicht > Raster > Raster sichtbar*. Das Häkchen am Menüpunkt *Ansicht > Raster*

> *Am Raster fangen* besagt, dass die gezeichneten
Objekte am Raster ausgerichtet werden.

3. Zeichnen Sie nun einen ersten rechteckigen Kasten:
   - Wählen Sie das Rechteckwerkzeug ❶ aus. (Die
     Symbolleiste befindet sich am unteren Bildrand.)
   - Ziehen Sie das Rechteck in der gewünschten Grö-
     ße mit gedrückter linker Maustaste auf.
   - Verändern Sie gegebenenfalls die Größe des
     Rechtecks durch Ziehen der grünen Quadrate.
   - Beschriften Sie das Rechteck, indem Sie zunächst
     das Textwerkzeug ❷ anklicken und danach den
     gewünschten Text eingeben. Formatieren Sie den
     Text in der Schrift Arial und Schriftgröße 12 pt.
   - Geben Sie dem Rechteck die gewünschte Farbe:
     Format > Fläche > Fläche.
   - Runden Sie evtl. die Ecken des Rechtecks ab: *For-
     mat > Position und Größe > Schräg stellen/Ecken-
     radius.* Geben Sie einen Radius von 0,5 cm ein.

4. Zur Erstellung der weiteren Blöcke wird der bereits
   erstellte Block dupliziert:
   - Klicken Sie den fertigen Block an.
   - Wählen Sie *Bearbeiten > Kopieren* und danach
     gleich *Bearbeiten > Einfügen.*
   - Scheinbar hat sich nichts verändert. Tatsächlich
     liegt die Kopie exakt auf dem Original: Verschie-
     ben Sie den Block mit gedrückter Maustaste. Wie
     Sie sehen, existieren nun zwei Blöcke.
   - Ändern Sie den Text – schon ist der zweite Block
     fertig.
   - Erstellen und beschriften Sie auf diese Weise alle
     benötigten Blöcke des Diagramms.

5. Nun müssen die Blöcke mit Pfeilen verbunden wer-
   den:
   - Klicken Sie auf den kleinen Pfeil rechts neben
     den „Verbindern" ❸ und wählen Sie den „Verbin-
     der mit Pfeilende".
   - Fahren Sie mit der Maus auf den Block, von dem
     aus der Pfeil beginnen soll. Wählen Sie den durch
     ein schwarzes Kreuz markierten Startpunkt unten
     in den Mitte.

- Ziehen Sie den Pfeil mit gedrückter Maustaste zum Block, an dem der Pfeil enden soll. Lassen Sie ihn am oberen Zielpunkt los.
- Der Pfeil „haftet" nun an beiden Blöcken. Dies können Sie testen, indem Sie einen der Blöcke verschieben.

6. Ergänzen Sie abschließend die Legende zum Blockdiagramm, indem Sie die Quadrate mit dem Rechteckwerkzeug und die Texte mit dem Textwerkzeug erstellen.

Datei speichern

7. Speichern Sie das fertige Blockdiagramm unter dem Namen „blockdiagramm.odg" auf Ihrer Festplatte ab.

Einbetten des Diagramms in Calc, Writer oder Impress
Das Einbinden des soeben erstellten OLE-Objektes in Calc (oder einem der anderen Programme von OpenOffice.org) ist nun problemlos möglich:

1. Öffnen Sie ein leeres Tabellendokument in Calc.

2. Wählen Sie *Einfügen > Objekt > OLE-Objekt*. Klicken Sie dort auf die Option „Aus Datei erstellen" ❶ und geben Sie nach Anklicken des Suchen-Buttons den Pfad zu Ihrer eben erstellten Datei an. Bestätigen Sie mit OK. Das Diagramm wird nun in der Tabelle platziert.

3. Durch Doppelklick auf das Diagramm öffnet sich Draw innerhalb von Calc und Sie können Änderungen am Diagramm vornehmen. Hier zeigt sich die Stärke von OLE! Die Rückkehr zu Calc erfolgt, indem Sie beispielsweise eine Zeile oder Spalte anklicken.

16. PowerPoint

16.1 Einführung

16.1.1 Präsentieren gleich PowerPoint?

Die Bedeutung von PowerPoint im Bereich der Präsentation ist derart hoch, dass die Begriffe „Präsentieren" und „PowerPoint" oft schon fast synonym genannt werden. Wesentlicher Grund für den großen Erfolg von PowerPoint ist darin zu sehen, dass das Programm als Bestandteil des Microsoft-Office-Paketes eine hohe Verbreitung erfahren hat. Darüber hinaus ist PowerPoint relativ leicht erlernbar, wie Sie in diesem Kapitel erfahren werden. Bereits nach wenigen Übungen werden Sie „im Handumdrehen" Ihre eigenen Präsentationen erstellen.

Problem der Versionen

Die Problematik in der Beschreibung von Software liegt darin, dass sich eine Anleitung immer nur auf *eine* bestimmte Programmversion beziehen kann.

In diesem Kapitel wird die derzeit (noch) aktuelle Programmversion *PowerPoint 2003 für Windows* behandelt. Die Lektüre lohnt sich aber auch, wenn Sie im Besitz einer älteren Version wie PowerPoint 97, 2000 oder XP sind, da die prinzipielle Vorgehensweise zum Erstellen einer Präsentation gleich geblieben ist.

Mit dem neuen Betriebssystem Windows Vista bringt Microsoft seine neueste Office-Version 2007 auf den Markt. Wegen der noch geringen Verbreitung, haben wir uns in diesem Kapitel für die derzeit noch gebräuchlichere Version 2003 entschieden.

Programmversionen für Windows:
1996: PowerPoint 97
1999: PowerPoint 2000
2001: PowerPoint XP
2003: PowerPoint 2003
2007: PowerPoint 2007

Kostenloses Konkurrenzprodukt

Die Quasi-Monopol-Stellung von PowerPoint gerät derzeit ins Wanken: Seit einigen Jahren ist ein kostenloses Office-Paket namens *OpenOffice.org* auf dem Markt, das sich wachsender Beliebtheit erfreut. Wie bei Microsoft besteht auch dieses Paket aus mehreren Komponenten u.a. zur Textverarbeitung (Writer), Tabellenkalkulation (Calc) und Präsentation (Impress).

PowerPoint und Impress sind nahezu identisch. Dies werden Sie nach Installation von Impress auf den ersten Blick erkennen. Wir empfehlen Ihnen, Impress zu testen (vgl. Kapitel 13). Immerhin handelt es sich um eine kostenlose Software, die (fast) so leistungsfähig ist wie PowerPoint.

Impress von OpenOffice.org

208

16.1.2 Benutzeroberfläche

Um Ihnen den Einstieg in PowerPoint zu erleichtern, lernen Sie zunächst die wichtigsten Bereiche der Benutzeroberfläche kennen:

Folienbereich   Arbeitsbereich   Aufgabenbereich

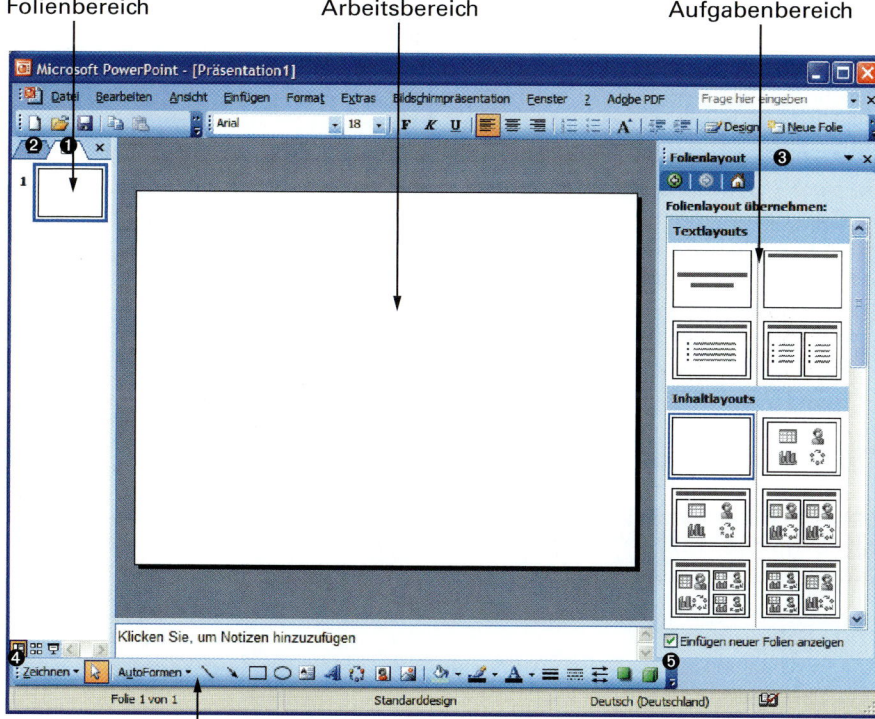

Symbolleiste

Arbeitsbereich

Im Arbeitsbereich sehen Sie immer die gerade bearbeitete Folie. Im Menü *Ansicht > Zoom...* lässt sich die Darstellungsgröße ändern.

Folienbereich

Der Folienbereich kann, falls nicht sichtbar, im Menü *Ansicht > Normal* eingeblendet werden. Er zeigt die Gliederung der Präsentation wahlweise als Vorschau aller Folien ❶ oder in Textform ❷ an. Durch Anklicken einer Folie wird diese in den Arbeitsbereich geladen. Um die Reihenfolge zu ändern, verschieben Sie die Folien mit gedrückter Maustaste nach unten oder oben.

Aufgabenbereich

Der Aufgabenbereich kann im Menü *Ansicht > Aufga-benbereich* ein- und ausgeblendet werden. Für eine erhebliche Erleichterung bei der Folienerstellung sorgt der Bereich „Folienlayout"(❸ vorherige Seite), weil Sie hier den einzelnen Folien bereits vordefinierte Layouts zuordnen können.

Symbolleisten

Symbolleisten enthalten grafische Symbole zur Verein-fachung der Arbeit mit PowerPoint.

- Alle Symbolleisten lassen sich über das Menü *An-sicht > Symbolleisten* ein- oder ausblenden.
- Sie können die Position der Symbolleisten ändern, indem Sie sie am linken Rand (❹ vorherige Seite) mit gedrückter Maus verschieben.
- Eine Veränderung des Inhalts (der Symbole) erfolgt durch Anklicken des kleinen Pfeils am rechten Rand der Symbolleiste (❺ vorherige Seite).

16.2 Folienmaster

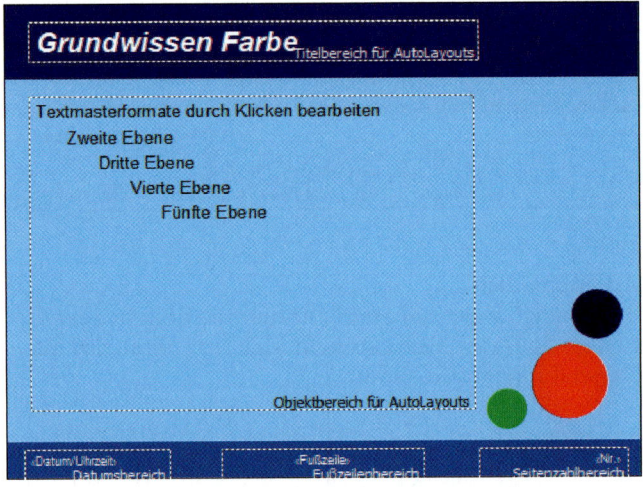

Folienmaster
Mit Hilfe des Folien-masters bestimmen Sie das Layout Ihrer Präsentation. In diesem Workshop erstellen Sie eine klei-ne Präsentation über „Farben".

Der Folienmaster dient zur Erstellung des grundle-genden Layouts Ihrer Präsentation. Hier legen Sie fest, welche Farben, Formen und Schriften die einzelnen Folien Ihrer Präsentation erhalten sollen.

Die Verwendung des Folienmasters gewährleistet, dass die gesamte Präsentation ein einheitliches Aussehen erhält. Ein weiterer Vorteil ist, dass Sie zu einem späteren Zeitpunkt Änderungen am Layout vornehmen können. Diese wirken sich automatisch auf alle Folien der Präsentation aus.

1. Starten Sie PowerPoint durch Doppelklick auf das Programm-Symbol.

2. Wählen Sie *Ansicht > Master > Folienmaster*.

3. Geben Sie Ihrer Präsentation einen hellblauen Hintergrund: *Format > Hintergrund*, dort auf kleinen Pfeil ❶ klicken und *Weitere Farben...* wählen.

4. Erstellen Sie einen dunkelblauen Balken, um damit die Überschriften zu hinterlegen:
   - Blenden Sie – falls nicht sichtbar – über *Ansicht > Symbolleiste > Zeichnen...* die Zeichen-Werkzeuge ein.

   - Wählen Sie das Rechteckwerkzeug ❷ und ziehen Sie mit gedrückter Maustaste ein Rechteck in beliebiger Größe auf.
   - Doppelklicken Sie auf das Rechteck: Definieren Sie unter „Größe":
     - eine Höhe von 3 cm und
     - eine Breite von 25,4 cm (Gesamtbreite der Präsentation). Platzieren Sie das Rechteck unter „Position":
     Horizontal: 0 cm (von oberer linker Ecke)
     Vertikal: 0 cm (von oberer linker Ecke)
     Bestätigen Sie Ihre Eingaben mit OK.
   - Färben Sie das Rechteck mit dem Fülleimer-Werkzeug (kleiner Pfeil) ❸ dunkelblau ein.
   - Verschieben Sie das Rechteck in den Hintergrund, so dass es die Textrahmen nicht überdeckt: Klicken Sie das Rechteck hierzu mit der *rechten Maustaste* an und wählen Sie *Reihenfolge > In den Hintergrund*.

5. Wiederholen Sie Schritt 4 und erstellen Sie ein blaues Rechteck mit einer Höhe von 1,5 cm zur Hinterlegung der Fußzeile.

6. Ergänzen Sie nach eigenen Vorstellungen grafische Schmuckelemente, wie z.B. die in der Abbildung gezeigten farbigen Kreise.

7. Formatieren Sie die Textrahmen für Titel, Text, Datum, Fußzeile und Seitenzahl. Beachten Sie, dass der im Rahmen enthaltene Text keine Rolle spielt.
   • Markieren Sie den Text durch Anklicken des Textrahmens.
   • Nehmen Sie folgende Formatierungen vor:
     Titel: Arial ❶, fett und kursiv ❷, 32 (pt) ❸, Weiß ❹, linksbündig ❺
   • Text: Arial, 18 (pt), Schwarz
   • Datum, Fußzeile, Datum: Arial, 14 (pt), Weiß

8. Platzieren Sie die Textrahmen im Layout:
   • Verändern Sie die Größe des Textrahmens durch Ziehen der weißen Anfasserpunkte mit gedrückter linker Maustaste.
   • Verschieben Sie den Textrahmen durch Anklicken der gestrichelten Linien mit gedrückter linker Maustaste.

9. Der Folienmaster ist nun fertig. Beenden Sie die Masteransicht: *Ansicht > Normal.*

10. Speichern Sie die Datei unter dem Namen „master.ppt" ab.

Datei speichern

16.3 Folien

Nachdem Sie im vorherigen Kapitel das Folienlayout Ihrer Präsentation angefertigt haben, ist das Erstellen der Folien fast schon ein Kinderspiel. Im Folgenden lernen Sie unterschiedliche Folientypen kennen.

16.3.1 Folien mit Text und Bild

1. Arbeiten Sie mit Ihrer Datei „master.ppt" weiter oder öffnen Sie diese Datei von der CD-ROM, nachdem Sie sie auf Ihre Festplatte kopiert haben.

Wichtig!
Kopieren Sie die Dateien von der CD-ROM zuerst auf Ihre Festplatte, da eine CD nicht beschrieben werden kann!

2. Wählen Sie *Ansicht > Kopf- und Fußzeile* und geben Sie
   - das gewünschte Datum und
   - den Fußzeilentext „Grundwissen Farbe" ein.

Text- und Inhaltlayouts

3. Ordnen Sie der ersten Folie rechts das Layout „Titel, Inhalt und Text" ❶ zu.

4. Geben Sie der Folie den Titel „Farbenlehre".

5. Klicken Sie auf das Grafik-Symbol ❷ des Bildrahmens und laden Sie das Bild „goethe.jpg" von der CD-ROM.

6. Verwenden Sie den vorbereiteten Text:
   - Öffnen Sie die auf der CD-ROM befindliche Datei „texte.rtf" in Word oder Writer.
   - Markieren Sie mit gedrückter Maustaste den Text zu Folie 2 und kopieren Sie ihn in die Zwischenablage *(Bearbeiten > Kopieren)*.
   - Wechseln Sie zu PowerPoint und fügen Sie den Text im Textrahmen ein: *Bearbeiten > Einfügen.*

Text kopieren

Text einfügen

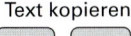

7. Erstellen Sie die in der Abbildung auf der nächsten Seite dargestellte Folie „Farbmischung" durch Wiederholung der Schritte 3 bis 6:
   - Neue Folie erstellen
   - Titel „Farbmischung"
   - Grafik „farbmischung.gif" platzieren
   - Text von der CD-ROM auf Folie kopieren

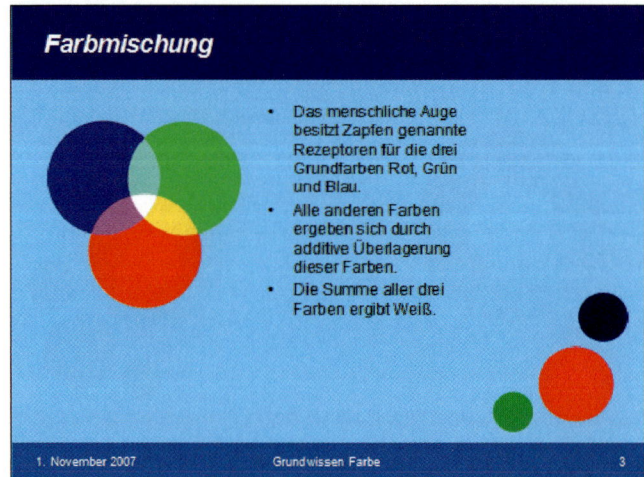

8. Speichern Sie Ihr Zwischenergebnis.

16.3.2 Folien mit Tabelle

1. Fügen Sie eine neue Folie ein: *Einfügen > Neue Folie* und ordnen Sie der Folie das Layout „Titel und Inhalt" ❶ zu.

2. Geben Sie der Folie den Titel „Farbwirkung".

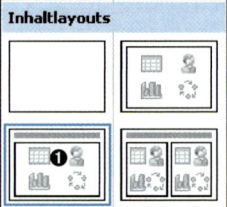

3. Klicken Sie auf das Tabellen-Symbol ❶ und fügen Sie eine Tabelle mit zwei Spalten und acht Zeilen ein.

4. Öffnen Sie die Datei „texte.rtf" in Word oder Writer. Markieren Sie mit gedrückter Maustaste den gesamten Text zu Folie 4 und kopieren Sie ihn in die Zwischenablage *(Bearbeiten > Kopieren)*. Wechseln Sie zu PowerPoint und markieren Sie alle Tabellenzellen mit gedrückter Maustaste. Fügen Sie nun den Text ein: *Bearbeiten > Inhalte einfügen > Formatierter Text (RTF)*.

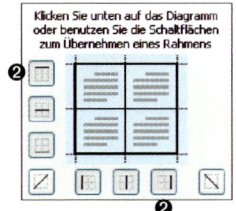

5. Formatieren Sie die Tabelle:
   - Weisen Sie dem gesamten Text die Schrift „Arial" in einer Größe von 14 pt zu.
   - Verschieben Sie die mittlere Rahmenlinie nach links.
   - Wählen Sie Menü *Format > Tabelle > Rahmen* und entfernen Sie alle Randlinien durch Anklicken der zugehörigen Symbole ❷.

6. Klicken Sie in die Tabellenzelle mit dem Text „Cyan" und wählen Sie *Format > Tabelle > Ausfüllen*. Ordnen Sie der Tabellenzelle die Farbe Cyan (vgl. Abbildung) zu.

7. Wiederholen Sie Schritt 6 für die weiteren Farben.

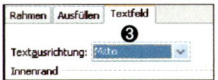

8. Abschließend soll der Text zentriert werden: Markieren Sie den gesamten Text. Wählen Sie *Format > Tabelle > Textfeld* und stellen Sie unter „Textausrichtung: Mitte" ❸ ein.

16.3.3 Folien mit Diagramm

1. Fügen Sie eine neue Folie ein und ordnen Sie der Folie das Layout „Titel und Inhalt" zu.

2. Geben Sie der Folie den Titel „Lieblingsfarben der Männer".

3. Klicken Sie auf das Diagramm-Symbol ❹. Ändern Sie die Daten in der Tabelle wie in der Abbildung auf der nächsten Seite dargestellt.

Löschen Sie die nicht benötigten Zeilen, indem
Sie mit der rechten Maustaste auf die graue Zei-
lennummern klicken ❶ und „Zeilen löschen" wählen.
Schließen Sie das Eingabefenster ❷.

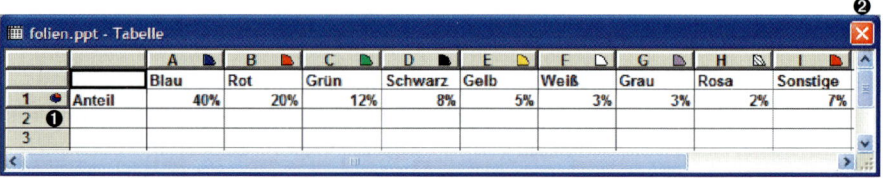

4. Ändern Sie den Diagrammtyp im Menü *Diagramm >
   Diagrammtyp...* in ein Kreisdiagramm.

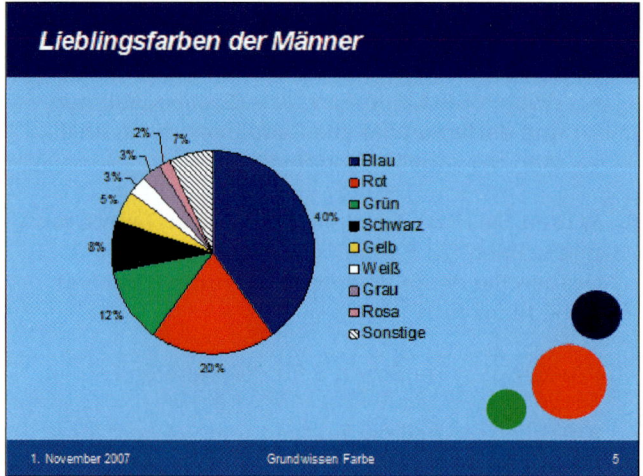

5. Zur Formatierung des Diagramms gehen Sie folgendermaßen vor: Wählen Sie durch Anklicken das
   Diagrammelement aus, das Sie formatieren wollen,
   z.B. Legende, Diagrammfläche, einzelner Daten-
   punkt. Klicken Sie danach mit der rechten Maustaste auf das gewählte Element und nehmen Sie die
   gewünschte Formatierung vor:
   • Ordnen Sie den Kreissegmenten die korrekte
     Farbe zu.
   • Ändern Sie die Schrift der Legende in: Arial,
     14 pt, Standard (nicht fett).
   • Entfernen Sie alle Rahmen.
   • Ergänzen Sie die Beschriftung der Kreissegmente
     in Prozent.

6. Klicken Sie im Folienbereich links auf die verkleinerte Vorschau der Folie. Duplizieren Sie die
Folie: *Bearbeiten > Duplizieren*.
- Geben Sie der neuen Folie den Titel „Lieblingsfarben der Frauen".

- Doppelklicken Sie auf das Diagramm und ändern
Sie die Diagrammdaten ab. Entnehmen Sie die
Daten der Textdatei „texte.rtf" von der CD-ROM.
- Passen Sie die Farben entsprechend an.

16.3.4 Titelfolie

Als letzte Folie dieses Workshops erstellen Sie eine Titelfolie für Ihre Präsentation. Auf dieser werden üblicherweise das Thema, eventuell Ort und Datum der Präsentation sowie der Name des Präsentierenden genannt.

Häufig wird für die Titelfolie ein anderes Layout

Titelfolie
Für eine Titelfolie mit
einem eigenen Layout
muss ein zweiter
Folienmaster erstellt
werden.

gewünscht als bei den übrigen Folien. Dies ist zunächst
nicht möglich, da allen Folien das im Folienmaster
erstellte Layout zugeordnet wird. Abhilfe schafft die
Erstellung eines zweiten Folienmasters:

1. Gehen Sie ins Menü *Ansicht > Master > Folienmaster* und fügen Sie über *Einfügen > Neuer Folienmaster* einen zweiten Folienmaster ein.

2. Gestalten Sie den Folienmaster Ihrer Titelseite nach eigenen Vorstellungen oder orientieren Sie sich an der Abbildung. Lesen Sie gegebenenfalls nochmals in Kapitel 16.2 nach, wie die einzelnen Elemente erstellt werden. Löschen Sie die Felder „Datum/Uhrzeit", „Nr." und „Fußzeile", da diese nicht benötigt werden.

3. Beenden Sie den Folienmaster: *Ansicht > Normal.*

4. Fügen Sie eine neue Folie mit Layout „Titel und Text" ein und verschieben Sie diese im Folienbereich links an die oberste Position.

5. Ordnen Sie der Titelfolie das neue Layout zu:
   - Wählen Sie *Format > Foliendesign.*
   - Klicken auf den Pfeil rechts der Vorschau Ihres Titel-Layouts ❶ und wählen Sie die Option „Für ausgewählte Folien übernehmen".

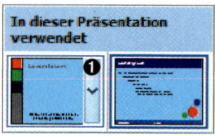

6. Beschriften Sie die Titelseite wie gewünscht. Nehmen Sie gegebenenfalls Änderungen im Titelmaster vor, falls Ihnen die Darstellung Ihrer Titelfolie nicht gefällt.

7. Testen Sie Ihre Präsentation: *Bildschirmpräsentation > Bildschirmpräsentation.* Nehmen Sie falls nötig Verbesserungen an Ihren Folien vor.

Präsentation starten

F5

8. Speichern Sie die Präsentation ab.

Datei speichern

Strg S

16.4 Folienübergänge, Animationen und Aktionen

PowerPoint bietet Ihnen zahlreiche digitale Effekt an, mit denen Sie Folien überblenden oder einzelne Objekte animieren können. Lassen Sie sich aber nicht zur „Effekthascherei" verführen! Die Gefahr ist groß, dass Sie Ihre eigene Präsentation ins Lächerliche ziehen. Machen Sie sich zum Motto: Weniger ist mehr!

Der Einsatz von Folienübergängen und Animationen kann zur Verbesserung Ihrer Präsentation beitragen. So lässt sich die Aufmerksamkeit des Betrachters lenken, wenn die Inhalte einer Folie – passend zum Vortrag – erst nach und nach sichtbar werden. Auch eine Infografik wird anschaulicher, wenn sie sich sukzessive aufbaut.

Weniger ist mehr!
Ein „Zuviel" an Animationen zieht eine Präsentation ins Lächerliche!

16.4.1 Folienübergänge

Folienübergänge ermöglichen das Überblenden von einer Folie zur nächsten. Um den Betrachter nicht zu verwirren, sollte allen Folien der gleiche Effekt zugeordnet werden.

1. Öffnen Sie Ihre Präsentation „folien.ppt" oder laden Sie die Datei von der CD-ROM.

2. Wählen Sie *Bildschirmpräsentation > Folienübergang*. Suchen Sie im rechts erscheinenden Fenster einen geeigneten Effekt und klicken Sie weiter unten auf den Button „Für alle Folien übernehmen". (Das kleine Icon links unten ❶ zeigt Ihnen an, dass ein Folienübergang vorhanden ist.)

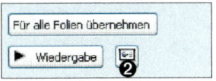

3. Testen Sie durch Anklicken des Icons ❷.

16.4.2 Animationen

Animationsschemas
Animationsschemas sind bereits fertig konfigurierte Animationen. Sie müssen sich hierbei um keine weiteren Einstellungen kümmern.

1. Wählen Sie Folie 2 (Farbenlehre).

2. Wählen Sie *Bildschirmpräsentation > Animationsschemas* und suchen Sie im rechts erscheinenden Fenster den Effekt „Highlights".

3. Spielen Sie Ihre Präsentation testweise ab.

Benutzerdefinierte Animationen
Wie der Name sagt, lassen sich im Bereich der „benutzerdefinierten Animationen" alle Einstellungen manuell tätigen. Dies bedeutet zwar etwas Aufwand, ergibt aber wesentlich mehr Möglichkeiten als bei den Animationsschemas. Die generelle Vorgehensweise ist folgende:

- Objekt anklicken, z.B. Textfeld, Diagramm, Grafik
- Animation zuordnen
- Parameter einstellen, z.B. Anzeigedauer, Geschwindigkeit

1. Animieren Sie den Text auf Folie 3 (Farbmischung):
   - Klicken Sie auf das Textfeld.
   - Wählen Sie *Bildschirmpräsentation > Benutzer-
     definierte Animation...*
   - Klicken Sie nun im rechten Fenster auf den
     Button „Effekt hinzufügen" ❶ und wählen Sie
     Eingang > Weitere Effekte > Verblassen.
   - Testen Sie die Animation durch Anklicken des
     Symbols rechts unten.

   - Ändern Sie die Animationsparameter:
     Rechtsklicken Sie hierzu auf die Anima-
     tionsart ❷ und wählen Sie „Anzeigedau-
     er..."

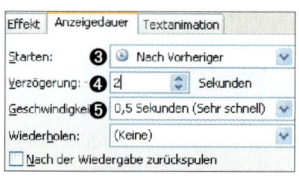

   - Geben Sie nun bei „Starten" die Option
     „Nach Vorheriger" ❸ ein, damit die Ani-
     mation selbsttätig (ohne Mausklicks) abläuft.
   - Stellen Sie unter „Verzögerung" ❹ zwei Sekun-
     den ein, damit genug Zeit zum Lesen bleibt.
   - Wählen Sie als „Geschwindigkeit" ❺ der Animati-
     on 0,5 Sekunden.

   Hinweis: Beim Testen müssen Sie nun zwei Sekunden warten, bevor die Animation beginnt!

2. Animieren Sie das Diagramm auf Folie 5:
   - Klicken Sie das Diagramm an.
   - Ordnen Sie den Effekt *Eingang > Kasten* zu.
   - Testen Sie die Animation.
   - Die einzelnen Kreissegmente sollen nacheinan-
     der animiert werden: Rechtsklicken Sie hierzu auf
     die Animationsart und wählen Sie die *Effektop-
     tionen > Diagrammanimation*. Wählen Sie die
     Option „Nach Kategorie".
   - Ändern Sie die Einstellungen der Registerkarte
     „Anzeigedauer", so dass die Animation selbst-
     tätig abläuft (vgl. Schritt 1).

3. Animieren Sie Folie 6: Die Tabelle dieser Folie soll
   nach Mausklick ausgeblendet werden, danach soll
   ein Text eingeblendet werden:

   - Klicken Sie auf das Diagramm.
   - Ordnen Sie den Effekt *Beenden > Weitere Effekte
     > Verblassen* zu.
   - Erzeugen Sie ein neues Textfeld (*Einfügen >
     Textfeld)* und tragen Sie den Text „Vielen Dank für
     Ihre Aufmerksamkeit!" ein.
   - Platzieren Sie das Textfeld an der gewünschten

Stelle über der Tabelle. Es darf auch direkt über dem Diagamm angeordnet werden, weil es erst nach Ausblenden des Diagramms erscheint. Ordnen Sie danach dem Textfeld die Animation *Eingang > Verblassen* zu. Die Animation soll selbsttätig nach der vorherigen Animation ablaufen (vgl. Schritt 1).

4. Spielen Sie Ihre Präsentation testweise ab. Das Diagramm müsste nun ausgeblendet und danach der Schlusstext eingeblendet werden.
   Hinweis: Natürlich könnte dasselbe Ergebnis mit einer weiteren Folie erzielt werden.

16.4.3 Aktionen

Aktionen ermöglichen das individuelle Steuern Ihrer Präsentation mit Hilfe von Buttons. Weiterhin können Sie Hyperlinks zu anderen Dateien oder zu Websiten definieren.

Als Beispiel soll das Wort „Wikipedia" auf Folie 1 mit einem Hyperlink zur Website versehen werden:

1. Markieren Sie das Wort „Wikipedia" mit der Maus.

2. Wählen Sie *Bildschirmpräsentation > Aktionseinstellungen*.

3. Klicken Sie die Option Hyperlink zu: URL... an und geben Sie folgende Adresse ein:
   http://de.wikipedia.org/wiki/Farbenlehre
   Hinweis: URL steht für Uniform Resource Locator und bezeichnet eine Internetadresse. Leider kann nicht gewährleistet werden, dass dieser Link bei Erscheinen dieses Buches noch gültig ist...

URL (Uniform Resource Locator)
Vollständige Internetadresse

4. Testen Sie die Aktion, indem Sie die Präsentation starten und auf das verlinkte Wort „Wikipedia" klicken. Falls Ihr Rechner mit dem Internet verbunden ist, öffnet sich die angegebene Seite im Browser.

5. Speichern Sie nun Ihre fertige Präsentation ab. Herzlichen Glückwunsch – Sie haben es geschafft!

16.5 Präsentieren

16.5.1 Software

Wer im glücklichen Besitz eines Laptops ist, braucht sich über das Vorführen seiner Präsentation (fast) keine Gedanken zu machen. Im Vortragsraum muss der Beamer lediglich über die VGA- oder DVI-Schnittstelle mit dem Laptop verbunden werden. PowerPoint ist auf dem eigenen Laptop installiert, so dass Sie sofort loslegen können.

VGA-Schnittstelle

139

    Steht kein eigenes Laptop zur Verfügung oder ist die Mitnahme zu umständlich, muss auf die im Vortragsraum vorhandene Hard- und Software zurückgegriffen werden. Ihre Präsentation bringen Sie dann via Memory-Stick oder gebrannter CD mit.

    Im Vortragsraum müssen Sie abklären, ob und in welcher Version PowerPoint auf dem Präsentationsrechner verfügbar ist. Folgende Fälle sind denkbar:

Ältere PowerPoint-Version vorhanden
Microsoft bietet die Option, eine Präsentation so zu speichern, dass sie sich mit allen PowerPoint-Versionen öffnen lässt.

1. Speichern Sie hierzu Ihre Präsentation über *Datei > Speichern...* ab. Im erscheinenden Fenster finden Sie im unteren Bereich die Option „Dateityp".

2. Wählen Sie hierzu als Dateityp „PowerPoint 97 - 2003 & 95-Präsentation". Vor dem Speichern zeigt PowerPoint eine Warnungmeldung, dass die Datenmenge gegebenenfalls größer wird. Diesen kleinen Nachteil können Sie jedoch in Kauf nehmen.

Kein PowerPoint vorhanden
Auch für den Fall, dass auf dem Präsentationsrechner kein PowerPoint vorhanden ist, bietet Microsoft eine elegante Lösung an: Die Präsentation wird „verpackt" und kann danach mit Hilfe eines „Viewers" unabhängig von PowerPoint betrachtet werden.

1. Wählen Sie *Datei > Verpacken für CD...* Die Bezeichnung ist unglücklich gewählt, denn Sie können sie wahlweise auch in einen Ordner auf Ihrer Festplatte speichern, den Sie später auf USB-Stick kopieren.

2. Klicken Sie auf den Button „In Ordner kopieren..."
   Geben Sie nun den gewünschten Ordnernamen sowie den Speicherort an. Bestätigen Sie Ihre Angaben
   mit OK.

3. Beenden Sie PowerPoint und gehen Sie zum Speicherort Ihres eben erzeugten „Präsentationsordners".
   Im Ordner befindet sich neben der Präsentation
   (Endung: .ppt) und einigen Zusatzdateien (.dll) eine
   ausführbare Datei mit dem Namen „pptview.exe".
   Hierbei handelt es sich um den „Viewer" zum Betrachten von PowerPoint-Dateien. Durch Doppelklick
   starten Sie den Viewer und Ihre Präsentation kann
   beginnen...

Ausführbare Datei
Ausführbare Dateien
erkennen Sie an der
Dateiendung EXE
(für „executable").
Sie können durch
Doppelklick gestartet
werden.

 Wichtiger Hinweis: Für Ihre Präsentation benötigen
Sie den *gesamten Ordner* mit allen Dateien. Es genügt
nicht, den Viewer auf USB-Stick zu kopieren!

16.5.2 Handout

Vor allem im Schulbereich besteht oftmals die Notwendigkeit, Ihrem Publikum die Präsentation in kompakter
Form mit nach Hause zu geben. Neudeutsch werden
derartige Unterlagen als „Handout" bezeichnet. Power-
Point übersetzt den Begriff mit „Handzettel" und stellt
einen (recht bescheidenen) Layouteditor bereit:

 1. Öffnen Sie Ihre im vorherigen Kapitel erstellte Datei
   oder laden Sie Datei „farben.ppt" von der CD-ROM
   (nach Kopie auf Festplatte).

2. Öffnen Sie die Seiteneinstellungen im Menü *Datei >
   Seite einrichten...* Wählen Sie unter „Notizen, Handzettel und Gliederung" das Querformat.

3. Öffnen Sie im Menü *Ansicht > Master > Handzettel-
   master* zur Gestaltung Ihrer Handzettel:
   • Wählen Sie zwei Folien pro Seite.
   • Geben Sie im „Kopfzeilenbereich" den Titel
     „Grundwissen Farbe" ein und formatieren Sie
     den Text, z.B. Arial 22 pt, fett, dunkelblau.

- Geben Sie im Fußzeilenbereich und/oder Datumsbereich den gewünschten Text ein.
- Ergänzen Sie eventuell zusätzliche Gestaltungselemente wie Linien oder Farbflächen.
- Beenden Sie den Handzettelmaster.

3. Um die Handzettel auszudrucken:
   - Wählen Sie *Datei > Drucken...* (oder Strg + P).
   - Wählen Sie unter „Drucken" die Option „Handzettel" ❶ und geben Sie rechts davon die Anzahl 2 Folien pro Seite ❷ vor.

Datei drucken

`Strg` `P`

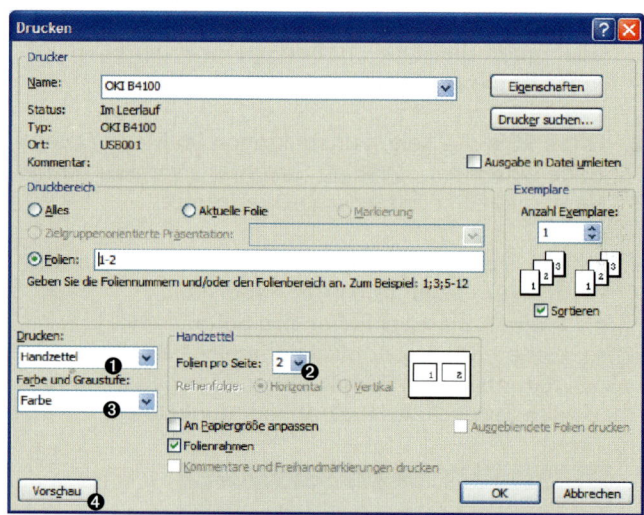

- Wählen Sie, ob die Handzettel farbig oder Schwarzweiß gedruckt werden ❸.
- Die Vorschau ❹ ermöglicht Ihnen, das Layout noch einmal zu begutachten. Wenn Sie keine Änderungen wünschen, klicken Sie auf die Schaltfläche „Drucken…"

17. GIMP

17.1 Einführung

GIMP, GNU Image Manipulation Program, ist das bekannteste und professionellste Open-Source-Bildverarbeitungsprogramm. Sie können damit an Bildern und Pixelgrafiken alle für Ihre Präsentation notwendigen Bearbeitungen durchführen.

Sie werden zunächst den Arbeitsbereich von GIMP kennenlernen und dann eine Reihe typischer Techniken der Bildverarbeitung anwenden. Wenn Sie mit einem anderen Bildverarbeitungsprogramm, z.B. Adobe Photoshop oder Photoshop Elements, arbeiten, dann beginnen Sie einfach im Teil 17.2. Der Transfer von GIMP zu Ihrer Software dürfte einfach sein, da die grundsätzliche Vorgehensweise, wie wir Sie hier beschreiben, in allen Programmen ähnlich ist.

17.1.1 Startdialogfenster

GIMP nutzt den gesamten Desktop als Arbeitsfläche. Das Programm läuft nicht nur in einem Programmfenster, sondern modular parallel in verschiedenen Fenstern. Nach dem Programmstart erscheint zunächst nur die Werkzeugpalette mit der Basismenüleiste. Dort können Sie die Grundeinstellungen treffen, Bilddateien öffnen und die verschiedenen Dialogboxen zur Bildverarbeitung aufrufen.

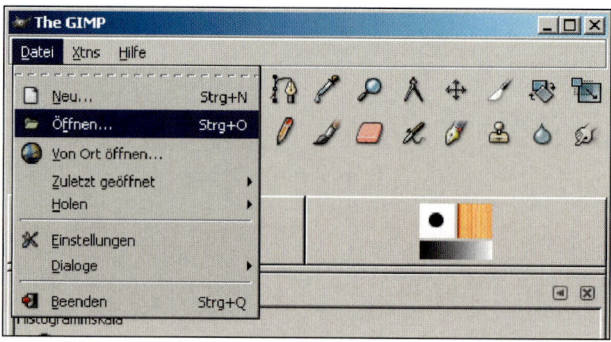

Startdialogfenster
- Mit Menü *Datei > Öffnen* können Sie eine Bilddatei öffnen.
- Mit Menü *Datei > Einstellungen* können Sie die Basiseinstellungen von GIMP definieren.
- Mit Menü *Datei > Dialoge* können Sie die einzelnen Dialogboxen einblenden.

Einstellungen und Dialogfenster
Klicken Sie sich durch die verschiedenen Einstellungsoptionen. Beachten Sie, welche Parameter jeweils einzustellen sind. Die vom Programm gegebenen

Voreinstellungen sind in Ordnung, d.h., Sie können alle Einstellungen zunächst belassen und dann bei Bedarf verändern.

Die Aufgabe der verschiedenen Dialogfenster werden Sie bei der Bildverarbeitung kennenlernen. Wenn Sie mehrere Dialogfenster geöffnet haben, dann können Sie diese per Drag & Drop zu einem Fenster mit mehreren Reitern kombinieren.

Einstellungen und Auswahl der Dialogfelder

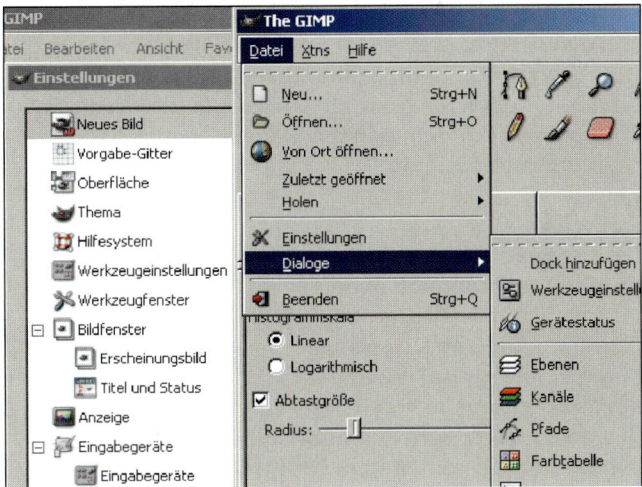

Werkzeuge

Die Werkzeuge wählen Sie im Startdialogfenster durch Anklicken mit der Maus. In der unteren Hälfte des Fensters werden die jeweilige Werkzeugbezeichnung und Einstellungsoptionen angezeigt.

Auswahl und Einstellungen der Werkzeuge

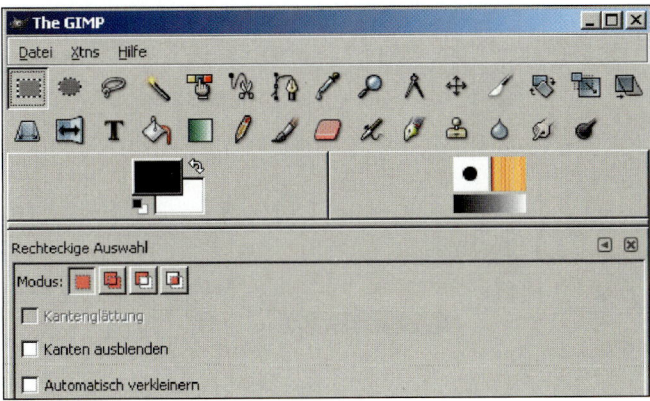

Auswahlwerkzeuge

Auswahlwerkzeuge brauchen Sie immer dann, wenn bestimmte Einstellungen nicht für das ganze Bild, sondern nur für bestimmte Bereiche gelten sollen.

- Wählen Sie durch Mausklick ein Auswahlwerkzeug aus der Werkzeugpalette, z.B. die Rechteckauswahl.
- Ziehen Sie mit gedrückter Maustaste im Bild Ihre Auswahl.
- Modifizieren Sie bei Bedarf die Auswahl. Die weitere Auswahl mit gedrückter Strg-Taste zieht die neue Auswahl von der bestehenden ab, die Shift-Taste addiert die neue Auswahl zur bestehenden Auswahl hinzu. Sie können dabei beliebige Auswahlwerkzeuge kombinieren.

Alle Auswahlwerkzeuge lassen sich miteinander kombinieren.

Farbwähler

Die Farbwähler für die Vordergrund- und die Hintergrundfarbe finden Sie ebenfalls im Startdialogfenster. Durch einen Klick auf das Farbfeld öffnet sich das Farbdialogfenster. Dort können Sie entweder die Farbe durch einfaches Anklicken der Farbflächen oder durch die direkte Eingabe von RGB-Werten definieren. Im Eingabefeld *HTML-Form* geben Sie die Farbwerte für RGB in Hexadezimalwerten ein. Die Eingabereihenfolge ist dabei genau gleich wie im HTML-Code, die ersten beiden Hexzahlen für Rot, die beiden mittleren Hexzahlen für Grün und schließlich die beiden letzten Hexzahlen für Blau. Mit einem Klick auf den gekrümmten Pfeil neben den Farbfeldern tauschen Sie die Vordergrundfarbe mit der Hintergrundfarbe.

Beispiele von hexadezimalen Farbwerten

Farbwähler zur Einstellung der Vorder- und Hintergrundfarben

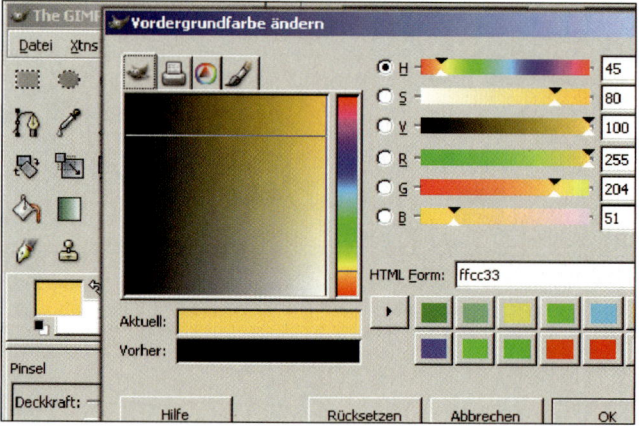

17.1.2 Bildfenster

Bildmenü

Der modulare Aufbau von GIMP führt zu einer Beson-
derheit. Sie haben in jedem Bildfenster ein eigenes
Bildmenü zur Steuerung der Bildverarbeitung dieses
Bildes. Ein ausgewähltes Menü bleibt so lange geöff-
net, bis Sie eine Option auswählen oder außerhalb des
Menüs mit der Maus klicken.

**Navigation im
Bildfenster**

Zur Navigation im Bildfenster stehen Ihnen in GIMP
verschiedene Hilfsmittel zur Verfügung. An der oberen
und der linken Bildkante befinden sich die Lineale. Sie
zeigen die jeweilige x/y-Position des Cursors an. Die
Maßeinheit der Lineale legen Sie im Pulldown-Menü
am unteren Rand des Bildfensters fest. Rechts neben
der Maßeinheit können Sie die angezeigte Zoomstufe
auswählen. Hilfslinien erstellen Sie ganz einfach durch
Ziehen mit gedrückter Maustaste aus den Linealen ins
Bild. Das Pfeilkreuz in der rechten unteren Ecke des

**Bildfenster mit dem
Startdialogfenster**
Jedes Fenster hat eine
eigene Menüleiste.

Bildfensters ermöglicht es Ihnen, mit gedrückter Maustaste den angezeigten Bildausschnitt im Bildfenster zu
verschieben.

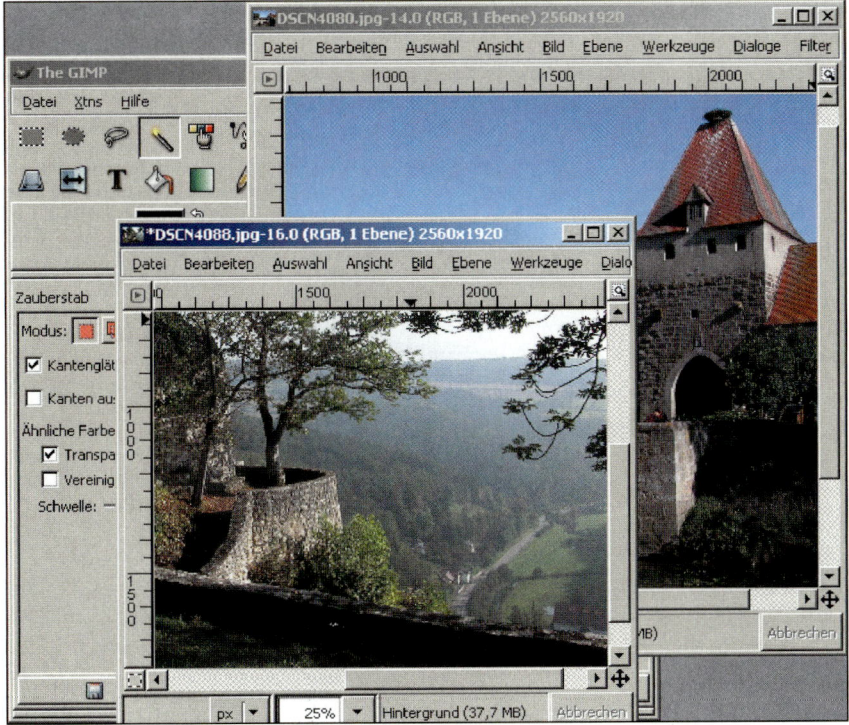

17.2 Bildverarbeitung

GIMP bietet alle Möglichkeiten der professionellen RGB-Bildverarbeitung. Auf den folgenden Seiten wollen wir Ihnen die wichtigsten Techniken zur Bearbeitung von Bildern für deren Einsatz in einer Monitor- oder Beamer-präsentation, einer OH-Folie oder einem Arbeitsblatt bzw. Handout vorstellen. Das gemeinsame Thema unserer Bilder sind die Schrift und die Farben von Baumärkten. Alle Bilder wurden mit einer Digitalkamera fotografiert.

90

17.2.1 Werte – Tonwertkorrektur

Als ersten Schritt bei der Bildverarbeitung kontrollieren Sie immer den Tonwertumfang eines Bildes.

1. Wählen Sie mit *Ebene > Farben > Werte* das Dialog-feld „Farbwerte" aus. Das Histogramm zeigt Ihnen die statistische Verteilung der Tonwerte im Bild. Links befinden die dunklen Tonwerte, rechts sind die hel-len Tonwerte.

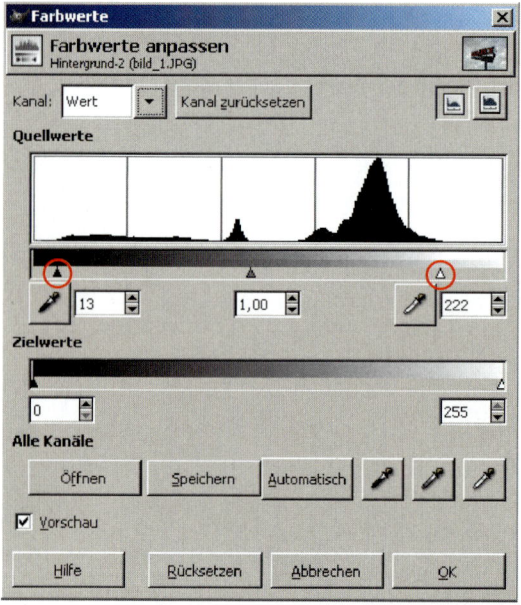

Farbwerte
Ebene > Farben > Werte

Mit einem Histo-gramm werden Häu-figkeiten als Balkendi-agramm dargestellt. Je höher der Balken eines Tonwertes, desto häufiger ist dieser Tonwert im Bild vorhanden.

Die Darstellung der Tonwertverteilung beginnt links mit der Helligkeit = 0 = Schwarz und geht bis zur Helligkeit = 255 = Weiß.

2. Falls, wie in unserem Beispiel, der Tonwertumfang nicht den ganzen Bereich umfasst, dann schieben Sie mit der Maus die beiden äußeren Regler jeweils bis zum Beginn des Tonwertumfangs. Die Tonwerte werden gespreizt und damit die Helligkeit und der Kontrast des Bildes optimiert.

Tonwertkorrektur
Links: vor der Tonwertkorrektur
Rechts: nach der Tonwertkorrektur

3. Wenn Sie mit dem Ergebnis zufrieden sind, dann bestätigen Sie die Korrektur mit OK.

17.2.2 Kurven – Gradationskorrektur

gimp_bild_1.jpg

Nach der Tonwertanpassung können Sie jetzt als zweiten Schritt die Verteilung der Tonwerte im Bild modifizieren. Die Tonwertverteilung eines Bildes zwischen den hellen und den dunklen Bildbereichen nennt man Gradation. Sie wird in allen Scan- und Bildverarbeitungsprogrammen als Gradationskurve dargestellt. Auf der Abszisse, der waagrechten Achse, sind die Tonwerte der Digitalfotografie oder des Scans abgetragen. Auf der Ordinate, der senkrechten Achse, stehen die Tonwerte des bearbeiteten Bildes. In der linken unteren Ecke ist der Nullpunkt (Helligkeit = 0 = Schwarz) des Koordinatensystems. Am rechten bzw. am oberen Ende der Achsen liegen die hellen Bereiche (Helligkeit = 255 = Weiß).

Sie können mit der Maus jeden Punkt der Kurve verändern. Eine Verlagerung nach oben hellt das Bild auf, die entgegengesetzte Bewegung verdunkelt das Bild.

1. Wählen Sie mit *Ebene > Farben > Kurven* das Dialogfeld Farbkurven aus. Die Gradationskurve verläuft vor der Korrektur geradlinig.

2. Ziehen Sie mit der Maus die Kurve in die gewünschte Richtung.

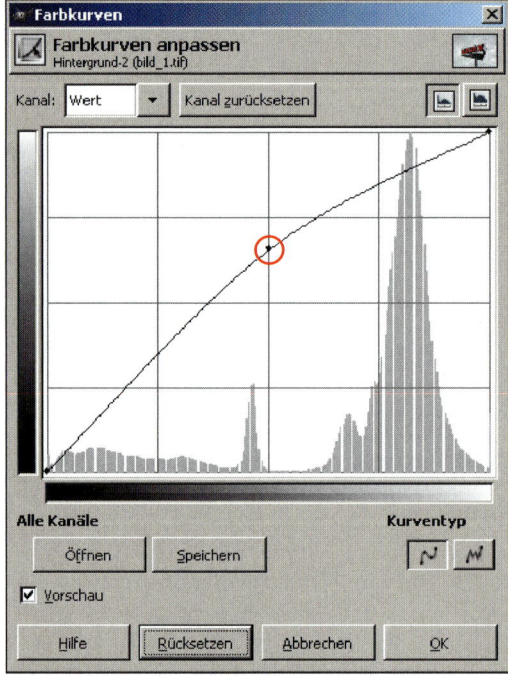

Gradationskurven
Die Gradationskurve
zeigt die Übertra-
gungskennlinie der
Tonwertkorrektur.

3. Bestätigen Sie die Korrektur mit OK.

Gradationskorrektur
Links: vor der Gradati-
onskorrektur
Rechts: nach der Gra-
dationskorrektur

17.2.3 Bildgröße – Bildausschnitt

gimp_bild_2.jpg
gimp_bild_3.jpg
gimp_bild_4.jpg

In Präsentationen können Sie ein Bild meist nicht in der Originalgröße einsetzen. Sie werden das Bild skalieren und/oder einen neuen Bildausschnitt wählen. In GIMP ist dies ganz einfach möglich. Unter dem Menü *Bild* finden Sie alle Funktionen, die Sie dazu benötigen.

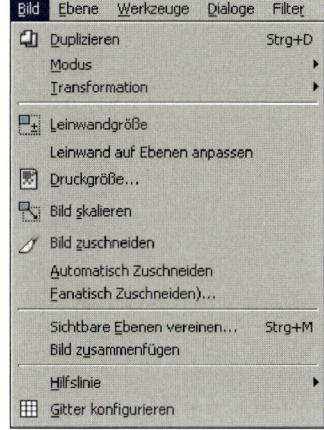

1 inch (in) = 25,4 mm

Skalieren eines Bildes

Zum Skalieren eines Bildes rufen Sie mit *Bild > Bild skalieren* das Dialogfeld auf. Sie können dort die neue Bildgröße und Bildauflösung eingeben. Als Auflösung wählen Sie für den Monitor 72 Pixel/in, für den Ausdruck auf einem Drucker stellen Sie 150 Pixel/in ein. Durch Anklicken des Kettensymbols legen Sie eine gleichmäßige proportionale oder eine ungleichmäßige Skalierung fest. Die kubische Interpolation führt bei der Bildberechnung zu den besten Ergebnissen. Wenn Sie flächige Grafiken skalieren, dann müssen Sie austesten, ob linear oder kubisch zu einem besseren Ergebnis führt.

309

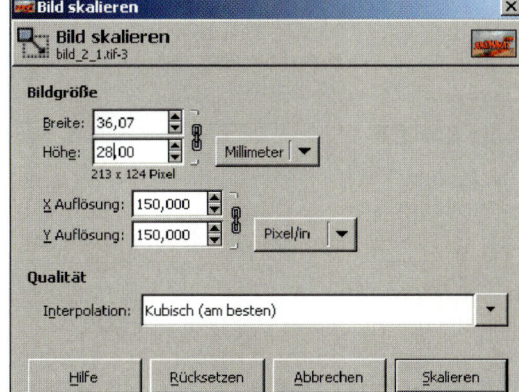

Rechtwinkligen Ausschnitt in definierter Größe und Auflösung freistellen

310

1. Wählen Sie durch Doppelklick auf das Auswahlwerkzeug in der Werkzeugpalette das Einstellungsfenster.

2. Stellen Sie dort *Festes Seitenverhältnis* ein. Die Proportionen des Seitenverhältnisses tragen Sie unter Breite und Höhe ins Dialogfeld ein. Wählen Sie als Einheit *Prozent*.

3. Wählen Sie den gewünschten Bildausschnitt durch ziehen der Auswahl im Bild.

4. Mit *Bild > Bild zuschneiden* stellen Sie den Ausschnitt frei.

5. Unter *Bild > Bild skalieren* können Sie jetzt den Bildausschnitt in das gewünschte Endformat skalieren.

Bildausschnitte
Oben: Digitalfotos ohne Bearbeitung
Unten: Skalierte Bildausschnitte, durch Tonwert- und Gradationskorrektur angeglichen.

17.2.4 Stempel – Bildretusche

gimp_bild_1.jpg

Quer über das Bild zieht sich eine Hochspannungslei-
tung, im Vordergrund steht ein Papierkorb ... in vielen
Bildern gibt es Bereiche, die Sie nicht möchten. Das
Retuschewerkzeug in GIMP ist der
Stempel. Mit ihm können Sie einfach unerwünschte Bildteile weg-
retuschieren oder andere Bildteile
duplizieren. Der Stempel kopiert
dazu ausgewählte Bildteile an eine
neue Position.

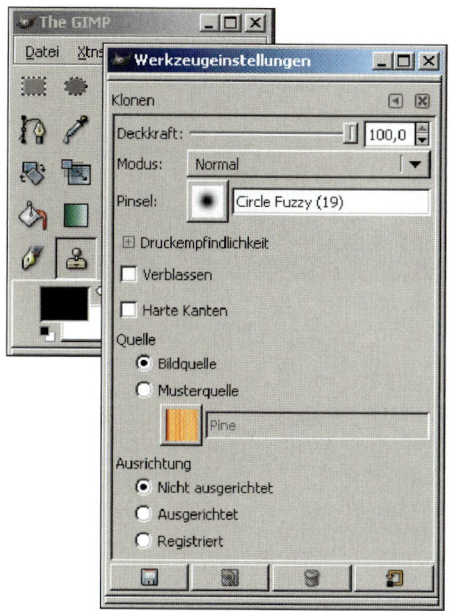

1. Mit einem Doppelklick auf das
   Stempelwerkzeug in der Werkzeugpalette öffnen Sie die Werkzeugeinstellungen. Die wichtigsten Einstellungen sind die
   Deckkraft, die Art und Größe der
   Werkzeugspitze und das Verhalten von Quell- und Zielposition zueinander. Ihre Ausrichtung müssen Sie durch die Auswahl einer der drei Optionen
   festlegen.
   * Nicht ausgerichtet
     Die Quellposition und die Ziel-
   position bleiben auch bei neuerlichem Ansetzen
   immer im gleichen Abstand zueinander.
   * Ausgerichtet
     Die Quellposition und die Zielposition bleiben beim
     Retuschieren immer im gleichen Abstand zueinan-
     der. Bei einem erneuten Ansetzen beginnt die Quelle
     wieder bei der ursprünglichen Quellposition.
   * Registriert
     Quelle und Ziel befinden sich an der gleichen Posi-
     tion. Sie können diese Option nutzen, wenn Sie den
     Stempel zwischen verschiedenen Ebenen verwen-
     den.

2. Zur Auswahl des Quellbereichs müssen Sie mit dem
   Stempel bei gedrückter Strg-Taste die Quellposition
   anklicken.

3. Gehen Sie mit dem Stempel auf die Zielposition.
   Drücken Sie dort die linke Maustaste und bewegen

Sie den Stempel über die zu retuschierende Bildstelle. Durch Loslassen der Maustaste und erneutes
Drücken können Sie die Retusche schrittweise durchführen.

17.2.5 Ebenen – Bildmontage

Die Montage zweier oder mehrerer Bilder zu einem
neuen Bild ist eine komplexe Aufgabe. Das montierte
Bild muss, selbst wenn es das Bildmotiv so in der
Realität nicht gibt, stimmig sein. Sie müssen bei der
Auswahl und Montage der Bilder verschiedene Bildpa-
rameter beachten:

gimp_bild_1.jpg
gimp_bild_5.jpg

- Bildschärfe
- Bildcharakter
- Lichteinfall und Schatten
- Perspektive und Größenverhältnisse

Quellbilder
links:
gimp_bild_5.jpg
Rechts:
gimp_bild_1.jpg

1. Öffnen Sie die beiden Quellbilder.

2. Wählen den Zauberstab aus. Nach einem Doppelklick auf das Werkzeug-Icon können Sie in den
   Werkzeugeinstellungen den Schwellwert einstellen.

Je höher der eingestellte Wert, desto mehr Tonwerte werden gleichzeitig ausgewählt.

Mit einem Klick in den Himmel des Bildes 1 wählen Sie jetzt den Himmel aus. Wenn Sie den Schwellwert richtig eingestellt haben, dann ist der Himmel von einer flimmernden gestrichelten Linie eingerahmt.

Dialoge > Ebenen

3. Blenden Sie im Menü *Dialoge > Ebenen* die Ebenenpalette ein. Kopieren Sie die Hintergrundebene durch Klicken auf das Icon „Ebene duplizieren". Blenden Sie die Hintergrundebene aus.

Bearbeiten > Löschen

4. Löschen Sie den Himmel mit *Bearbeiten > Löschen*. Der transparente Hintergrund erscheint als karierte Fläche.

Auswahl > Invertieren

Bearbeiten > Kopieren

Strg C

5. Kehren Sie die Auswahl mit *Auswahl > Invertieren* um und kopieren Sie den ausgewählten Bildbereich mit *Bearbeiten > Kopieren* in die Zwischenablage.

Bearbeiten > Einfügen

Strg V

6. Wählen Sie Bild 2 aus. Setzen Sie dann den kopierten Bildbereich mit *Bearbeiten > Einfügen* ein. Der eingefügte Bildbereich wird zur schwebenden Auswahl. Sie können jetzt die Auswahl in die passende Position schieben.

Ebene > Neue Ebene

7. Wandeln Sie die schwebende Auswahl in eine neue Ebene mit *Ebene > Neue Ebene* um.

8. Passen Sie jetzt die beiden Bilder aufeinander an. Sie können mit dem Verschiebewerkzeug die einkopierte Ebene noch verschieben.

9. Verankern Sie nach Abschluss der Montage beide

Ebenen auf der Hintergrundebene mit *Ebene > Nach unten vereinen*.

Ebene > Nach unten vereinen

Bildmontage
durch Tonwert- und Gradationskorrektur optimiert.

17.2.6 Farben bearbeiten

Umfärben

Mit *Ebene > Farbton > Farbton-Sättigung* kommen Sie zum mächtigsten Dialogfeld für die Farbverarbeitung in GIMP.

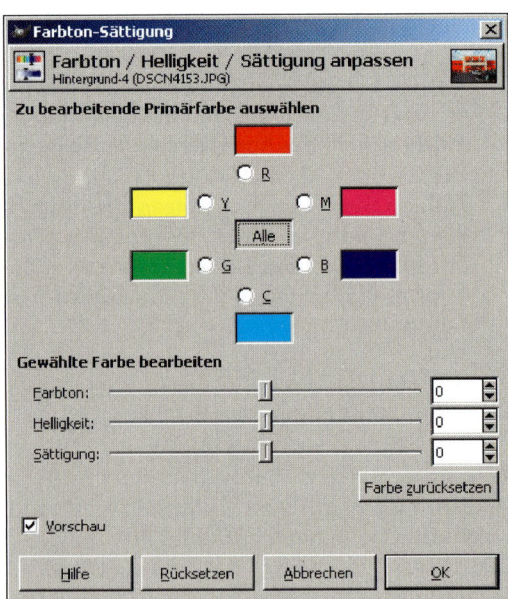

Der Button *Alle* im Zentrum des Farbwählers lässt die Einstellungen auf alle Farben des Bildes wirken.

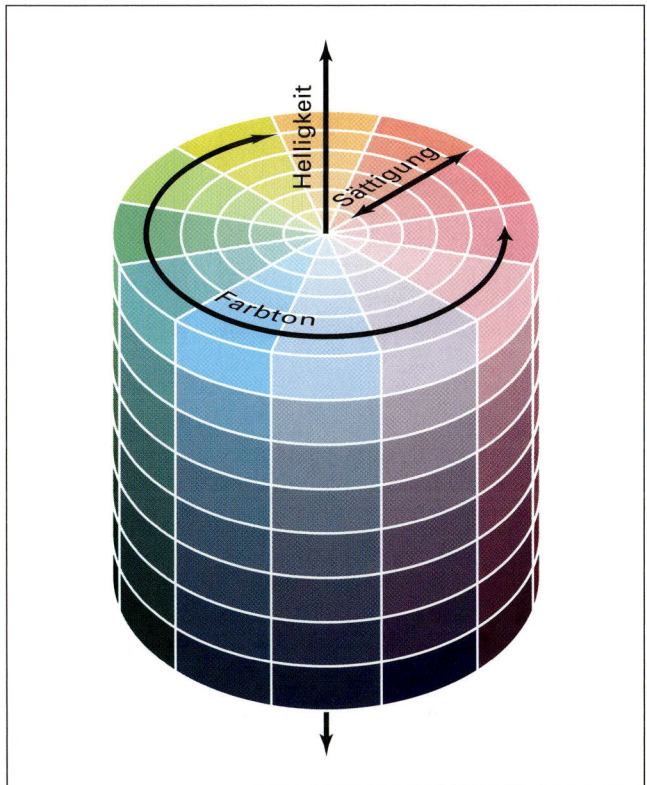

- *Farbton*
  Sie bewegen den Farbort bei gleichem Radius im Farbkreis.
- *Helligkeit*
  Sie bewegen den Farbort im Farbraum nach oben, um die Farbe aufzuhellen, und nach unten, um die Farbe abzudunkeln.
- *Sättigung*
  Sie bewegen den Farbort im Farbraum nach innen, um die Sättigung der Farbe zu verringern, und nach außen, um die Sättigung der Farbe zu erhöhen.

Sie können bei Farbton-Sättigung auch eine der sechs Primärfarben auswählen und damit nur diesen Farbbereich verändern. Allerdings ist die Trennschärfe sehr schlecht. Falls Sie nur einen exakten Bildbereich bearbeiten wollen, dann müssen Sie diesen vorher mit einem Auswahlwerkzeug auswählen. Die Einstellungen wirken dann nur im ausgewählten Bereich.

gimp_bild_1.jpg

Entfärben
Wählen Sie den Bildbereich aus, der in Graustufen umgewandelt werden soll.

- Mit *Ebene > Farben > Sättigung entfernen* wandeln Sie die Farben in Helligkeiten um.
- Die zweite, professionellere Möglichkeit, bietet *Filter > Farben > Kanalmixer...* Wählen Sie im Dialogfeld die Option *Monochrom*. Anschließend können Sie im Dialogfeld die drei Farbkanäle unabhängig einstellen.

Ebene > Farben > Sättigung entfernen

Filter > Farben > Kanalmixer...

17.2.7 Scharfzeichnen – Weichzeichnen

Die Bildschärfe können Sie in GIMP partiell mit dem Verknüpfungswerkzeug modifizieren. Mit einem Doppelklick öffnen sich die Werkzeugeinstellungen. Dort können Sie zwischen den beiden Verknüpfungsarten Weichzeichnen oder Schärfen wählen. Die Größe der

Werkzeugspitze und die weiteren Eigenschaften müssen Sie im konkreten Fall austesten. Zur Bearbeitung bewegen Sie das Werkzeug mit gedrückter Maustaste über die entsprechende Bildstelle.

Weichzeichnungsfilter

Weichzeichnungsfilter reduzieren die Bildschärfe. Unter *Filter > Weichzeichnen* finden Sie eine Reihe von Weichzeichnungsfiltern.

Filter > Weichzeichnen

Der selektive Gauß'sche Weichzeichner ermöglicht es, den Schwellwert festzulegen, ab dem die Weichzeichnung wirksam wird. Sie können dadurch Flächen glätten und Konturen scharf beibehalten. Die konkreten Einstellungen der jeweiligen Weichzeichnungsfilter für Ihr Bild müssen Sie austesten.

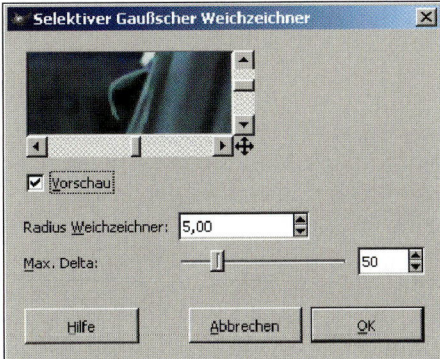

- *Vorschau*
  Die Vorschau zeigt Ihnen die Wirkung des Filters in einem Ausschnitt. Mit dem Verschiebewerkzeug oder den Scrollbalken können Sie den Ausschnitt der Vorschau verschieben.
- *Radius Weichzeichner*
  Der Radius gibt an, wie viele Pixel zusammen wirken. Je höher der eingestellte Radius, desto unschärfer wird das Bild.
- *Max. Delta*
  Diese Einstellung beschreibt die Differenz der Tonwerte, auf die der Filter angewendet wird.

Unscharf Maskieren
Unter *Filter > Verbessern > Unscharf Maskieren* können Sie die Schärfe des Bildes mit exakten Einstellungen optimieren.

Filter > Verbessern > Unscharf Maskieren

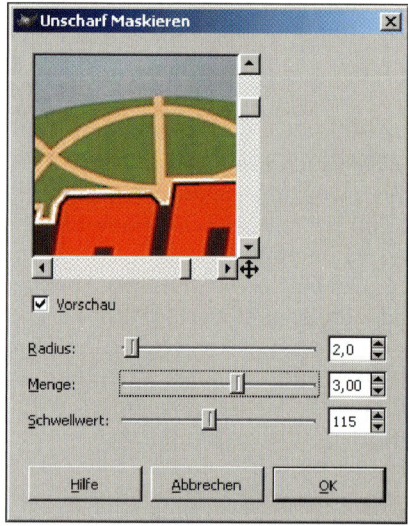

- *Vorschau*
  Die Vorschau zeigt Ihnen die Wirkung des Filters in einem Ausschnitt. Mit dem Verschiebewerkzeug oder den Scrollbalken können Sie den Ausschnitt der Vorschau verschieben.
- *Radius*
  Der Radius gibt an, wie viele Pixel zusammen wirken.
- *Menge*
  Die Menge beschreibt die Schärfewirkung des Fil-

ters. Je höher der eingestellte Wert, desto stärker ist die Scharfzeichnung des Filters.

- *Schwellwert*
Der Schwellwert bestimmt, wie groß die Ton- bzw. Farbwertdifferenz sein muss, bevor der Filter wirkt. Mit einem höheren Schwellwert verhindern Sie das Scharfzeichnen ähnlicher Pixel in einer Fläche.

Die konkreten Einstellungen des Unscharf-Maskieren-Filters für Ihr Bild müssen Sie austesten.

17.2.8 Transformieren

Werkzeuge > Transformationen

Die Einstellungen zum Drehen, Spiegeln und Verzerren des Bildes oder eines ausgewählten Bildteils finden Sie unter Menü *Werkzeuge > Transformationen*. Wenn Sie Ihre Option gewählt haben, dann öffnet sich ein Dialogfenster zur Eingabe der konkreten Transformationsdaten.

Transformationsoptionen
Werkzeuge > Transformationen

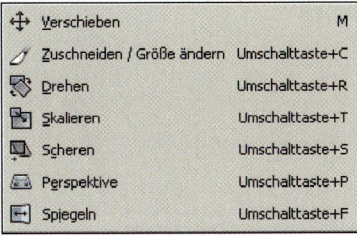

⊕	Verschieben	M
✎	Zuschneiden / Größe ändern	Umschalttaste+C
⟳	Drehen	Umschalttaste+R
⬚	Skalieren	Umschalttaste+T
⬚	Scheren	Umschalttaste+S
⬚	Perspektive	Umschalttaste+P
↔	Spiegeln	Umschalttaste+F

299

Skalieren

Mit der Skalierenoption können Sie Ihr Bild gleichmäßig oder ungleichmäßig skalieren.

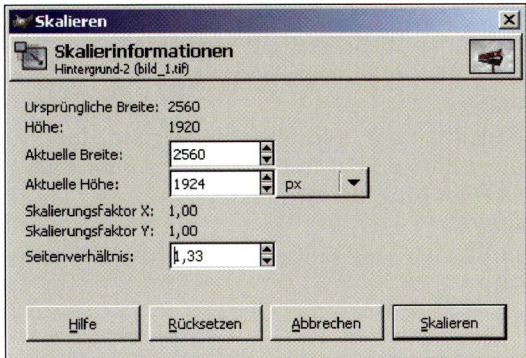

- *Gleichmäßig skalieren*
  Bei der Veränderung einer Seite im Dialogfeld, wird
  die andere Seite automatisch entsprechend dem
  Bildseitenverhältnis proportional mitverändert.
- *Ungleichmäßig skalieren*
  Geben Sie zunächst das neue Seitenverhältnis ein.
  Die Breite bleibt unverändert, die Höhe passt sich
  automatisch dem neuen Seitenverhältnis an. Im
  zweiten Schritt können Sie das Bild im neuen Seiten-
  verhältnis gleichmäßig skalieren.

Zuschneiden/Größe ändern

299

Mit der Transformationsoption „Zuschneiden/Größe ändern" können Sie einen Bildausschnitt bestimmen und
mit verschiedenen Optionen transformieren.

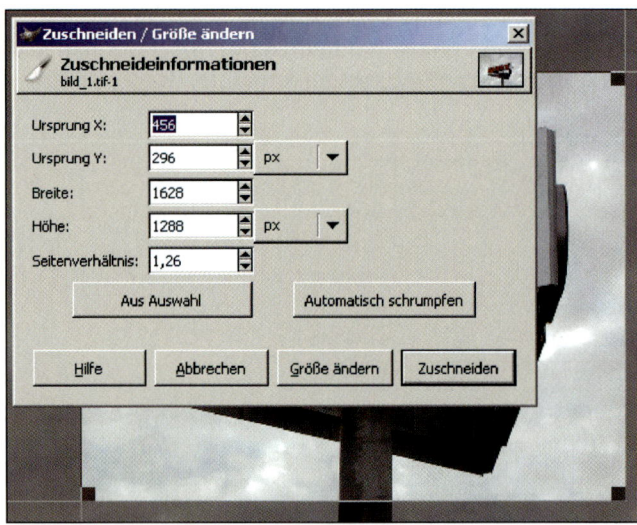

- *Aus Auswahl*
  Der ausgewählte Bildausschnitt wird auf die ur-
  sprüngliche Bildgröße vergrößert.
- *Größe ändern*
  Das Bild bleibt in der ursprünglichen Größe, der
  Bildinhalt außerhalb der Auswahl wird entfernt und
  durch die Hintergrundfarbe ersetzt.
- *Zuschneiden*
  Die Bildgröße wird auf den gewählten Ausschnitt
  verringert.

17.2.9 Leinwandgröße – Arbeitsfläche

gimp_bild_6.jpg

Für Bildmontagen oder z.B. zum Drehen des Bildmotivs müssen Sie die Arbeitsfläche vergrößern. Dies geht einfach unter Menü *Bild > Leinwandgröße*.

Bild > Leinwandgröße

1. Geben Sie die neue Größe der Arbeitsfläche ein.

2. Mit den Versatzwerten können Sie das Bild auf der Arbeitsfläche positionieren. Die Option stellt Ihr Bild in die Mitte der neuen Arbeitsfläche.

3. Klicken Sie den Button „Größe ändern", um die Transformation abzuschließen.

Leinwandgröße festlegen
Die Arbeitsfläche muss vor dem Drehen des 2560px x 1920px großen Bildes vergrößert werden, damit nach dem Drehen das ganze Bild noch Platz hat.
  Mit *Bild > Leinwand auf Ebene anpassen* wird die Arbeitsfläche anschließend auf die Bildgröße reduziert.

17.2.10 Screenshots von allen Programmen erstellen

Sie können mit GIMP Screenshots von Fenstern oder dem ganzen Bildschirm machen. Der Screenshot wird automatisch als Bildfenster in GIMP geöffnet und kann dort wie jedes andere Bild bearbeitet werden.

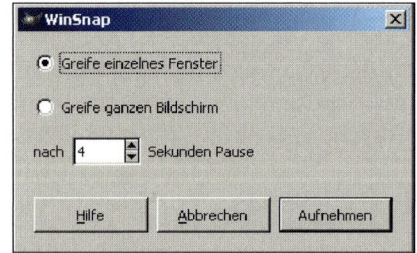

1. Öffnen Sie im Menü von The GIMP *Datei > Holen > Screen Shot...* das Dialogfenster.

    Datei > Holen > Screen Shot...

2. Wählen Sie „Greife einzelnes Fenster" oder „Greife ganzen Bildschirm".

3. Geben Sie die Zeit ein, die Sie brauchen, um auf dem Monitor Ihr Zielbild zu zeigen. Der Monitorinhalt, den Ihr Bildschirm nach Ablauf dieser Zeit zeigt, ergibt den Screenshot.

4. Klicken Sie auf den Button „Aufnehmen", die Zeit läuft.

5 Wählen Sie mit dem Cursor Ihr Screenshotmotiv.

6. Bearbeiten und speichern Sie den Screenshot.

17.2.11 Scannen

95

Sie können mit Ihrem Scanner ganz einfach aus GIMP heraus scannen.

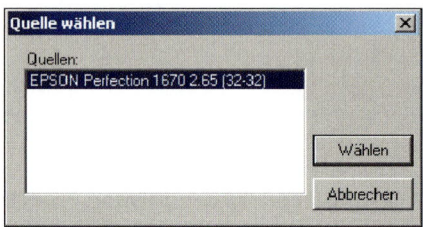

1. Gehen Sie unter dem Menü von The GIMP auf *Datei > Holen >TWAIN...*

    Datei > Holen > TWAIN...

2. Wählen Sie im Dialogfenster Ihren
   Scanner als Quelle an.
3. Alle weiteren Einstellungen treffen Sie direkt in der
   Software Ihres Scanners.

17.2.12 Speichern – Dateiformate

Zum Speichern Ihrer Bilddatei gehen Sie im Menü des

Datei > Speichern unter...

Bildfensters unter *Datei > Speichern unter...*

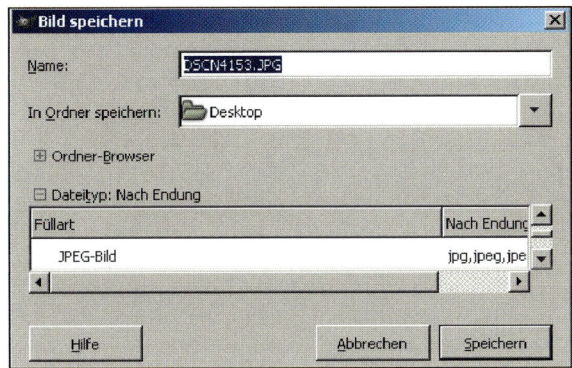

1. Wählen Sie mit der Option *Ordner-Browser* den
   richtigen Zielordner.

2. Klicken Sie im Dialogfenster die Option *Dateityp:
   Nach Endung* an.

3. Wählen Sie das passende Dateiformat: GIF (Grafik),
   JPEG (Bild) oder PNG (Bild) für Monitorpräsentati-
   onen, TIF (Grafik und Bild) für Folien und Ausdrucke
   auf Papier.

4. Klicken Sie auf Speichern.

5. GIMP zeigt automatisch das für das gewählte Dateiformat passende Einstellungsfeld. Meist sind die
   angebotenen Standardeinstellungen richtig. Testen
   Sie aber ruhig verschiedene Einstellungen aus, um
   zu einem optimierten Ergebnis zu kommen.

6. Bestätigen Sie Ihre Einstellungen mit „OK".

18. PDF

18.1 Einführung

Bei PDF (Portable Document Format) handelt es sich um ein Dateiformat, das eine software- und hardwareunabhängige Weitergabe oder Verwendung von Dateien ermöglicht. Dies heißt, dass Sie PDF-Dateien

- auf allen gängigen Betriebssystemen (Windows, Apple, Linux) verarbeiten und
- mit Hilfe eines „Readers" oder im Webbrowser betrachten können.

PDF ermöglicht Ihnen also die Nutzung einer Datei, ohne dass die Software, mit der Sie die Datei erstellt haben, erforderlich ist. Man spricht deshalb auch von einem Austauschformat.

Damit diese universelle Verwendung einer Datei möglich wird, müssen sämtliche Bestandteile des Dokumentes, also Texte, Bilder, Schriften, Schriftmerkmale, Farben, in der PDF-Datei gespeichert werden. Hierdurch wird gewährleistet, dass diese Datei auf allen Rechnern identisch dargestellt werden kann, selbst dann, wenn auf diesem Rechner beispielsweise die verwendeten Schriften nicht vorhanden sind.

Wie oben erläutert wurde, handelt es sich bei PDF um ein geschlossenes Format, das alle Merkmale des Originals enthält. Hieraus ergibt sich allerdings auch ein großer Nachteil: PDF-Dateien können Sie, zumindest ohne Spezialsoftware, nicht mehr verändern. Finden Sie in Ihrem PDF einen Fehler, müssen Sie die Originaldatei öffnen, den Fehler korrigieren und die Datei danach erneut als PDF-Datei speichern. Eine mühsame und aufwändige Prozedur!

Merkmale von PDF-Dateien im Vergleich zu Office-Dateien

Merkmale	PDF-Datei	Office-Datei*)
Austauschformat	ja	nein
Softwareunabhängigkeit	ja	nein
Hardwareunabhängigkeit	ja	nur OpenOffice.org
Schriften speichern	ja	nein
Bilder speichern	ja	ja
Text über Zwischenablage kopieren	ja	ja
Bilder über Zwischenablage kopieren	ja	ja
Datei vor Zugriff schützen	ja	ja
Datenmenge reduzieren	ja	teilweise
Datei bearbeiten	nein	ja

*) Dateien aus Microsoft Office oder OpenOffice.org

PDF-Dateien sollten Sie deshalb immer erst ganz am Schluss erzeugen, z.B. um eine Präsentation per E-Mail zu versenden oder auf einem anderen Computer zu betrachten. Dabei gilt: PDF ist nicht gleich PDF. Bevor eine PDF-Datei berechnet wird, müssen Sie einige wichtige Voreinstellungen treffen:

- Soll die PDF-Datei geschützt werden, so dass sie sich nur mit Passwort öffnen lässt? Zusätzlich kann auch das Drucken oder Verändern von PDF-Dateien gesperrt werden.
- Sollten die Bilddaten komprimiert werden, so dass hierdurch die Datenmenge verringert wird? Diese Option ist wichtig, wenn Sie die Datei im Internet präsentieren oder per Mail versenden wollen.
- Wie soll die PDF-Datei beim Öffnen dargestellt werden? So gibt es für Präsentationen beispielsweise einen „Vollbildmodus", bei dem nur der Dateiinhalt ohne Menüleisten und Ränder gezeigt wird. Alternativ können bei mehrseitigen Dokumenten beispielsweise immer Doppelseiten angezeigt werden.

18.2 PDF erzeugen

18.2.1 Kein PDF aus Microsoft Office

PDF ist mittlerweile zum weltweiten Standard geworden. Da das Format jedoch vom Erzrivalen Adobe entwickelt wurde, weigert sich Microsoft bislang hartnäckig, die Erzeugung von PDF-Dateien aus Word oder PowerPoint heraus zu ermöglichen. Um aus Word- oder PowerPoint-Dateien ein PDF zu generieren, benötigen Sie deshalb zusätzliche Software. Dies ist wegen der hohen Bedeutung von PDF nicht mehr akzeptabel und letztlich ein weiterer Grund dafür, dass wir den Schwerpunkt in diesem Buch auf OpenOffice.org gelegt haben.

18.2.2 PDF aus OpenOffice.org

Mit OpenOffice.org ist die Erzeugung von PDF-Dateien sehr einfach, da der PDF-Export direkt aus Writer, Impress, Calc oder Draw erfolgen kann. Zusätzliche Software ist nicht erforderlich.

Sämtliche Komponenten des OpenOffice-Paketes besitzen im Menü *Datei* die Option *Exportieren als PDF...* Bevor die Datei konvertiert wird, müssen Sie einige Voreinstellungen treffen, die im Folgenden besprochen werden:

1. Öffnen Sie eine beliebige eigene Writer- oder Impress-Datei oder laden Sie eine Datei von der CD-ROM.

2. Wählen Sie *Datei > Exportieren als PDF...* und geben Sie einen Dateinamen ein. Klicken Sie anschließend auf den Button „Speichern".

3. Nehmen Sie die PDF-Einstellungen unter „Allgemein" vor:
   - Wenn Sie die PDF-Datei drucken wollen, sollten Bildqualität und Auflösung möglichst hoch gewählt werden. Wählen Sie deshalb die Optionen „Verlustfreie Komprimierung" ❶ und deaktivieren Sie die Option „Grafikauflösung verringern" ❷.
   - Wenn Sie die PDF-Datei im Internet verwenden oder per E-Mail verschicken wollen, muss die Datenmenge gering sein. Reduzieren Sie hierzu die Bildqualität, z.B. auf 30 % ❸. Setzen Sie das Häkchen bei „Grafikauflösung verringern" und wählen Sie eine geringe Auflösung von 75 dpi ❹.

Datenmenge
So überprüfen Sie die Datenmenge einer Datei: Rechtsklicken Sie auf Dateinamen oder Symbol und wählen Sie die Option „Eigenschaften".

PDF-Optionen für den Druck

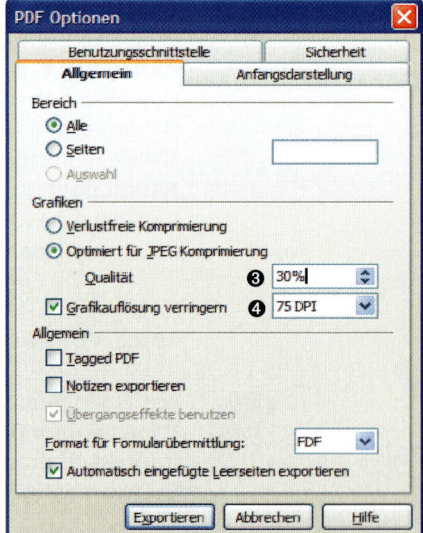

PDF-Optionen für Internet und E-Mail

4. Nehmen Sie die PDF-Einstellungen unter „Benutzungsschnittstelle" vor:
   - Wählen Sie die Option „Im Vollbildmodus öffnen" ❶, wenn die PDF-Datei ausschließlich zu Präsentationszwecken genutzt werden soll. Zusätzlich können nach Wunsch die Menüleiste, Werkzeugleisten und Fenstersteuerungselemente ausgeblendet werden ❷.
   - Deaktivieren Sie die in der Abbildung links gesetzten Optionen, wenn Sie die PDF-Datei für andere Zwecke, z.B. Ausdruck, benötigen. Hinweis: Der Vollbildmodus kann auch später im Adobe Reader aktiviert werden.

5. Nehmen Sie die PDF-Einstellungen unter „Sicherheit" vor:
   - Standardmäßig ist eine PDF-Datei ungeschützt: Sie kann geöffnet, ausgedruckt und, mit Hilfe spezieller Software, auch verändert werden.
   - Möchten Sie, z.B. aus urheberrechtlichen Gründen, Ihr PDF nur einem bestimmten Personenkreis zugänglich machen, können Sie die Datei mittels Passwort schützen ❸.
   - Durch Vergabe eines zweiten Passwortes lassen sich individuelle Rechte vergeben ❹, z.B. um Drucken oder Änderungen zu unterbinden.

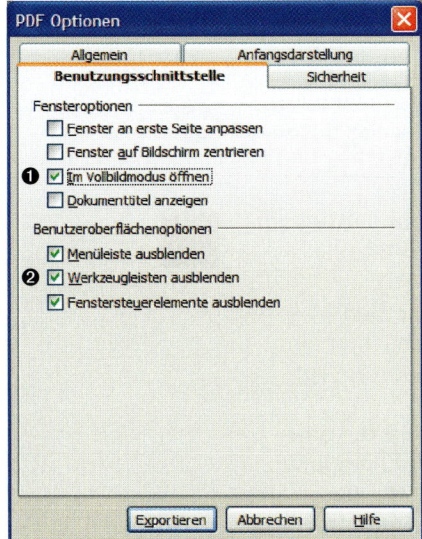

PDF-Optionen zur Anzeige

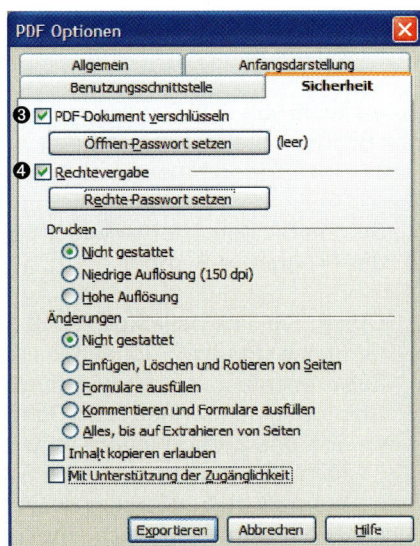

PDF-Optionen für den Datenschutz

6. Nehmen Sie die PDF-Einstellungen unter „Anfangsdarstellung" vor:
   - Für Präsentationen haben die Einstellungen keine Bedeutung, da Sie im Vollbildmodus präsentieren werden (Schritt 4).
   - Für größere Dokumente können Sie am linken Bildrand ein Lesezeichen- oder Seiten-Fenster aktivieren. Das Lesezeichen-Fenster ❶ enthält alle Überschriften als Links, so dass der Leser schnell zur gewünschten Stelle gelangen kann. Das Seiten-Fenster ❷ liefert eine verkleinerte Vorschau auf alle Seiten des Dokuments.
   - Mehrseitige Dokumente mit linken und rechten Seiten (wie in diesem Buch) können Sie wahlweise auch als Doppelseiten ❸ anzeigen lassen.

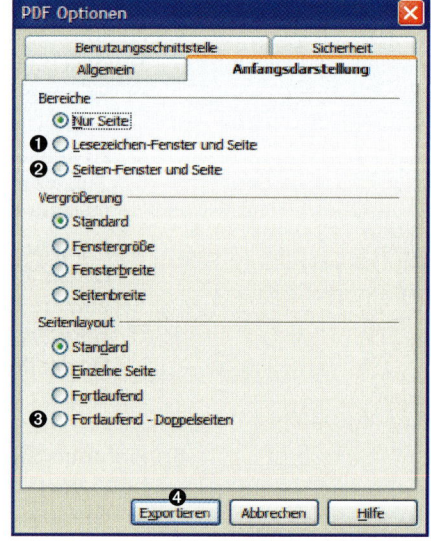

7. Klicken Sie abschließend auf den Exportieren-Button ❹. Die PDF-Datei wird nun erzeugt und kann im Adobe Reader oder Webbrowser geöffnet werden.

18.3 PDF anzeigen

18.3.1 Adobe Reader

Zur Anzeige von PDF-Dateien muss der kostenlose Adobe Reader installiert sein. Ist dies nicht der Fall, lesen Sie zur Installation bitte zuerst Kapitel 12.5.

1. Starten Sie den Adobe Reader durch Doppelklick auf das Programm-Symbol.

2. Öffnen Sie eine beliebige PDF-Datei. Die Bedienung des „Readers" ist denkbar einfach – hier eine Zusammenfassung der wichtigsten Features (vgl. Abbildung auf der nächsten Seite):
   - Vor- und Zurückblättern im Dokument ❶ – alternativ können Sie auch eine Seitenzahl eintippen.
   - Vergrößern/Verkleinern der Ansicht ❷ – der Zoomfaktor kann auch eingegeben werden.

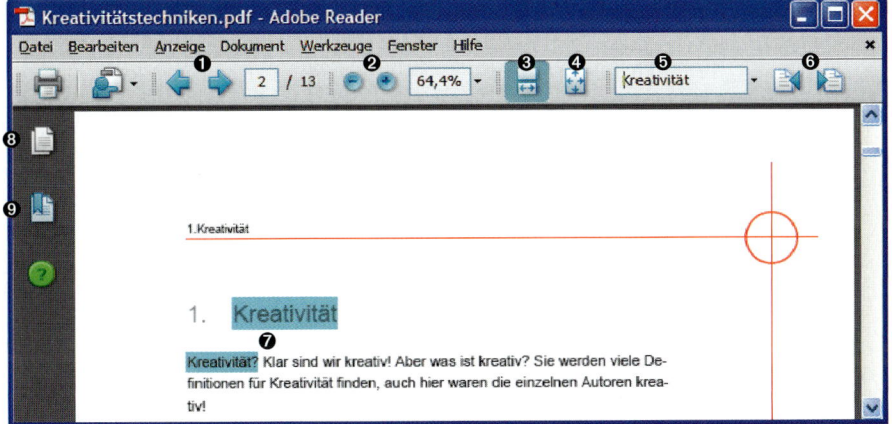

- Vergrößern der Ansicht auf Seitenbreite ❸
- Anzeige der gesamten Seite ❹
- Eingabe eines Suchbegriffs ❺
- Suche nach dem eingegebenen Begriff ❻, gefundene Begriffe werden blau hinterlegt ❼.
- Seiten-Fenster ❽: Vorschau aller Seiten
- Lesezeichen-Fenster ❾: Anzeige aller Überschriften als Links, so dass Sie schnell zur gewünschten Stelle „springen" können.

3. Unter *Dokument > Sicherheit... > Sicherheitseinstellungen anzeigen* können Sie sich die Sicherheitseinstellungen ansehen (vgl. Kapitel 18.2.2, Schritt 5).

4. Wechseln Sie für Präsentationszwecke in den Vollbildmodus: *Fenster > Vollbildmodus.*

18.3.2 Webbrowser

Damit PDF-Dateien in Browsern, z.B. Mozilla Firefox oder Internet Explorer, betrachtet werden können, wird die hierfür notwendige Browsererweiterung bei der Installation des Adobe Readers mitinstalliert.

1. Starten Sie einen Webbrowser durch Doppelklick auf das Programmsymbol.

2. Öffnen Sie eine PDF-Datei über *Datei > Datei öffnen...* (Firefox) bzw. *Datei > Öffnen...* (Internet Explorer).

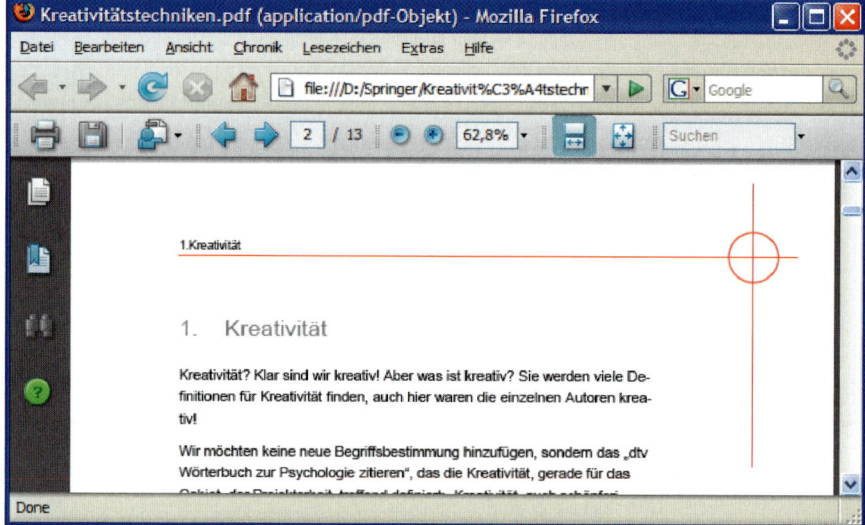

3. Wie Sie sehen, erscheint die Oberfläche des Adobe Readers nun im Webbrowser – allerdings ohne Menüleiste. Die Bedienung erfolgt wie im vorherigen Abschnitt besprochen. Durch einen Rechtsklick auf das PDF lassen sich weitere Optionen abrufen, z.B. um das Dokument im Uhrzeigersinn (UZS) zu drehen.

18.4 PDF verarbeiten

PDF hat sich zum weltweiten Standard entwickelt – viele Informationen werden (nur noch) als PDF verbreitet. Da es sich jedoch um ein geschlossenes Format handelt, ist die Weiterverwendung des Inhalts einer PDF-Datei problematisch. So können Sie ein PDF nicht einfach in Word oder Writer öffnen, um den Inhalt zu bearbeiten.

Wie erwähnt ist zum Öffnen einer PDF-Datei eine spezielle Software, der Adobe Reader, erforderlich. Zur Verarbeitung eines PDF haben Sie also – ohne weitere Software – keine andere Wahl, als die Datei im Reader zu öffnen und die Inhalte über die Zwischenablage in die gewünschte Anwendung zu kopieren:

1. Starten Sie Adobe Reader und öffnen Sie eine beliebige PDF-Datei.

Text kopieren

| Strg | C |

Text einfügen

| Strg | V |

2. Entnehmen Sie Text aus der PDF-Datei:
   - Markieren Sie den zu kopierenden Text mit der Maus.
   - Kopieren Sie den Text in die Zwischenablage: *Bearbeiten > Kopieren*.
   - Starten Sie Writer und fügen Sie den Text ein: *Bearbeiten > Einfügen*. Die Methode besitzt leider einen Nachteil: Im PDF wird Text nicht am Stück, sondern zeilenweise abgespeichert. Beim Kopieren des Textes in ein Textverarbeitungsprogramm befindet sich aus diesem Grund nach jeder Zeile ein Absatz. Dies können Sie erkennen, wenn Sie in Writer über *Ansicht > Steuerzeichen* die Absatzmarken (¶) einblenden. Die Absätze manuell zu entfernen wäre bei längeren Texten eine Fleißarbeit. Mit einem Trick gelingt es jedoch, alle Absätze auf einmal zu entfernen:

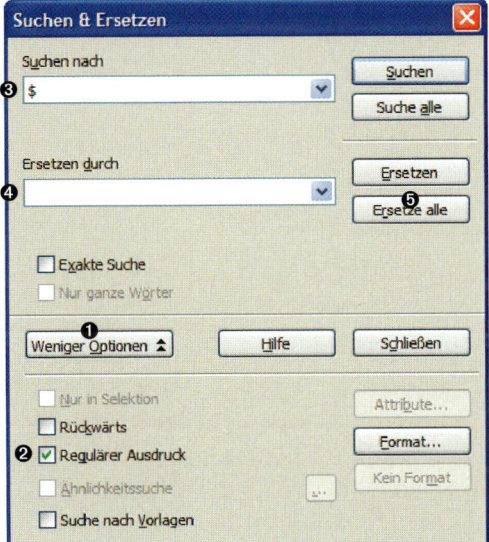

Bei Word muss statt des $-Zeichens die Tastenkombination ^p eingegeben werden.

   - Wählen Sie *Bearbeiten > Suchen & Ersetzen...*
   - Klicken Sie auf „Mehr Optionen" ❶ und setzen Sie das Häkchen bei „Regulärer Ausdruck" ❷.
   - Tragen Sie bei „Suchen nach" ein $-Zeichen ❸ und bei „Ersetzen durch" ein Leerzeichen ❹ ein.
   - Klicken Sie auf die Schaltfläche „Ersetze alle" ❺.

Text kopieren

| Strg | C |

Text einfügen

| Strg | V |

3. Entnehmen Sie Bilder aus der PDF-Datei:
   - Klicken Sie mit linker Maustaste auf das Bild.
   - Kopieren Sie das Bild in die Zwischenablage: *Bearbeiten > Kopieren*.
   - Wechseln Sie zu Writer und fügen Sie das Bild ein: *Bearbeiten > Einfügen*.

Abschließender Hinweis:
Wenn Sie häufig mit PDFs arbeiten müssen, empfiehlt es sich, eine Software anzuschaffen, die eine Rückkonvertierung, z.B. von PDF nach Word, ermöglicht. Sie werden im Internet schnell fündig!

19. Mindmap

19.1 Mindmapping – Grundlagen

Unser menschliches Gehirn weist eine linke und eine rechte Hirnhälfte auf. Aus neueren Forschungen wissen wir, dass unsere beiden Gehirnhälften jeweils unterschiedliche Funktionen für unsere Wahrnehmung durchführen.

Für unser rationales Denken, Logik, Sprache, Zahlen, Linearität und Analyse ist die linke Gehirnhälfte zuständig, die rechte Gehirnhälfte übernimmt überwiegend die Raumwahrnehmung, Phantasie, Farbe, Rhythmus, Gestalt und Musterkennung. Aufgrund der hohen Komplexität unseres Gehirns kann keine absolut eindeutige und starre Funktionszuordnung zu bestimmten Gehirnbereichen vorgenommen werden. Unstrittig ist, dass wir zum Lernen die Zusammenarbeit der rechten und linken Gehirnhälfte benötigen – dies ist die so genannte Integration der Gehirnhälften. Welche Auswirkung die Steuerung der Körperseiten haben kann, zeigt folgendes Beispiel: Wenn Sie beim Telefonieren den Hörer an das rechte Ohr halten, nehmen Sie das Gehörte auf der sachlichen Ebene wahr. Sie hören Tatsachen oder Berichte auf der Sachebene. Wenn Sie dagegen das linke Ohr benutzen, hören Sie mehr die „Zwischentöne". Sie nehmen eher die Emotionalität des Gesprächs wahr.

Von den oben kurz dargestellten Erkenntnissen ausgehend versucht die Mindmap-Technik gezielt beide Gehirnhälften anzusprechen. Jede Gehirnhälfte steuert die gegenüberliegende Körperseite und ist auf bestimmte Funktionen spezialisiert, wie die gegenüberliegende Abbildung zeigt.

Durch die gezielte Nutzung beider Gehirnregionen entstehen Synergieeffekte, welche die geistige Leistung eines Menschen deutlich verbessern.

Denken als prozesshafter Vorgang

Denken ist kein linearer Vorgang, sondern ein äußerst komplizierter Vorgang, bei dem durch Schlüsselwörter ausgelöst im Gehirn ständig neue Assoziationen und Strukturen hervorgebracht werden. Es wird dabei immer zwischen verschiedenen Gedankengängen hin- und hergesprungen. Details können dabei in Gedanken beliebig hinzugefügt, variiert oder auch ausgeblendet werden. Es ist daher möglich, Verknüpfungen zu anderen bereits bekannten Wissensgebieten zu erstellen oder diese abzurufen. Dadurch bildet sich im Gehirn ein

Die gegenüberliegende Seite zeigt oben die Zusammenhänge zwischen Gehirn und Körpersteuerung in einer einfachen schematischen Darstellung.
Unten ist das Prinzip einer Mindmap dargestellt, welche versucht, die komplexen Strukturen unseres Denkens nachzubilden und damit zu unterstützen.

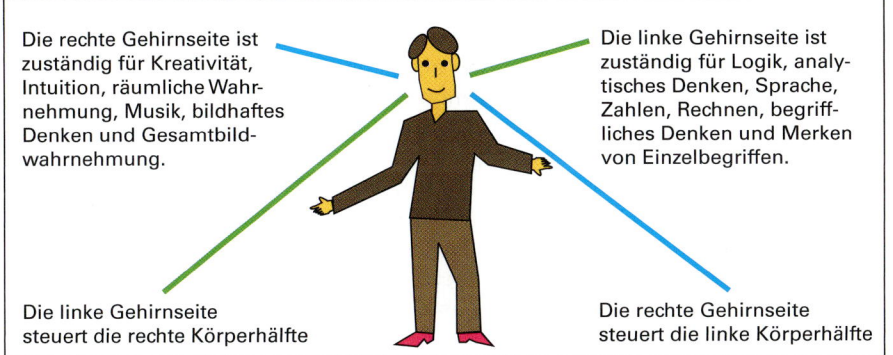

Die rechte Gehirnseite ist zuständig für Kreativität, Intuition, räumliche Wahrnehmung, Musik, bildhaftes Denken und Gesamtbildwahrnehmung.

Die linke Gehirnseite ist zuständig für Logik, analytisches Denken, Sprache, Zahlen, Rechnen, begriffliches Denken und Merken von Einzelbegriffen.

Die linke Gehirnseite steuert die rechte Körperhälfte

Die rechte Gehirnseite steuert die linke Körperhälfte

Die unten abgebildete Map ist als Beispiel auf der CD-ROM zum Nachschauen.
Bauen Sie diese Map nach, um die einzelnen Funktionen kennenzulernen.

komplexes Netzwerk von miteinander in Verbindung stehenden Informationen. Um der beschriebenen Funktionsweise unseres Gehirns gerecht zu werden, wird empfohlen, Informationen nicht in Listen, Tabellen oder endlosem Fließtext darzustellen. Hier sind bis zu 90 % der Begriffe für spätere Erinnerungszwecke unerheblich. Besser sind Darstellungen in einer Art Baumstruktur, welche die Aufzeichnungen auf den ersten Blick zu einem eigenwilligen Bild werden lässt. Auf überflüssige Füllwörter wird verzichtet. Es werden stattdessen gut zu merkende Schlüsselwörter und Symbole verwendet, die zur späteren Erinnerung des Inhaltes ausreichen und gleichzeitig zur inhaltlichen Auseinandersetzung mit einem Thema führen.

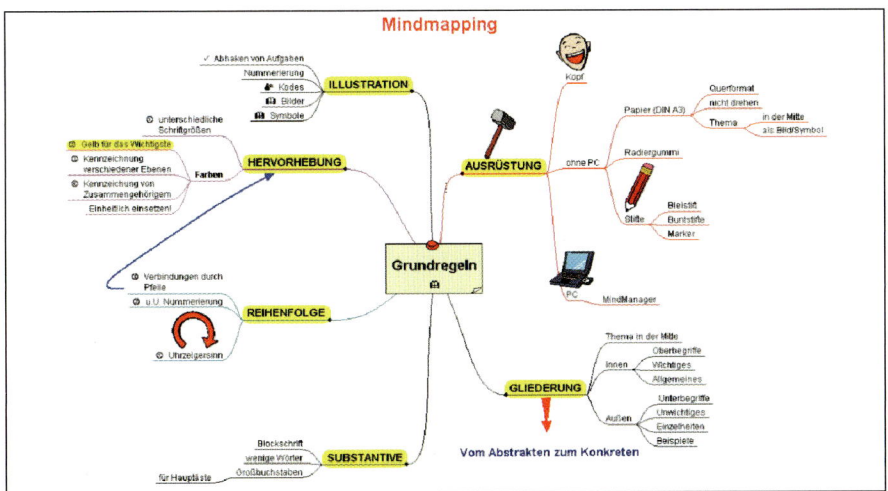

19.2 Mindjet MindManager

Das Programm MindManager ist eine Software für
die Visualisierung von komplexen Informationen und
Zusammenhängen. Es unterstützt den einzelnen Nutzer
und Teams bei der Planung, Organisation und Darstellung unterschiedlichster kreativer Prozesse.

Nach dem Start von MindManager erscheint das
leere Programmfenster. Wählen Sie unter *Datei > Neu
> Standard-Map oder > Aus Stilen und Vorlagen....* Ihre
gewünschte Funktion aus. Mit der Standard-Map beginnen Sie in der Regel eine eigene leere Mindmap. Bei
Stilen und Vorlagen können Sie auf bestehende Maps

MindManager-Infobox

MindManager
erfordert einen
Lizenzschlüssel, der
käuflich erworben
werden muss. Auf
der Buch-CD-ROM
befindet sich eine
21-Tage-Testversion,
die zum Einarbeiten in
die Software genutzt
werden kann.

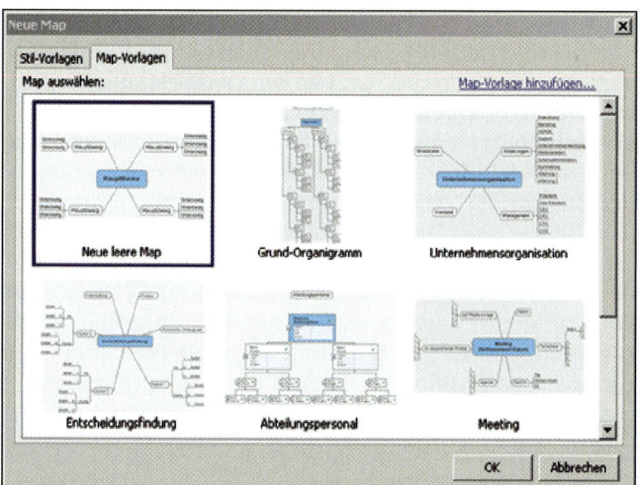
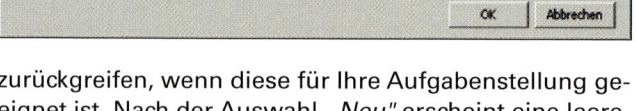

zurückgreifen, wenn diese für Ihre Aufgabenstellung geeignet ist. Nach der Auswahl *„Neu"* erscheint eine leere
Map, wie sie rechts abgebildet ist.

19.2.1 Die Benutzeroberfläche

Die Benutzeroberfläche MindManager ist so aufgebaut,
dass es Ihnen schnell gelingen wird, mit dem Programm zu arbeiten.

❶ Menüleiste: Zugriff auf alle Programmfunktionen
❷ Symbolleiste: Hiermit ist ein schneller Zugriff auf
  alle häufig benutzten Werkzeuge möglich. Diese
  Werkzeuge sind z.B. Speichern, Zweig einfügen,

Hyperlink erzeugen, Zoomen für veränderte Darstellung u.Ä. Die Symbolleiste kann entsprechend Ihren Ansprüchen angepasst werden. Es können also häufig genutzte Funktionen beliebig integriert werden.

❸ Kartenreiter: Hier finden Sie thematisch geordnete Werkzeuge, welche für das professionelle Arbeiten und das Darstellen von Maps unentbehrlich sind. Die Werkzeuge im Einzelnen: Eigene Maps, Map-Markierungen, Aufgabeninfo, Map Parts, Bibliothek, Suche und Learning-Center.

❹ Map Parts/Bibliothek: Enthält Cliparts und Hintergrundbilder zur visuellen Gestaltung von Maps sowie vordefinierte Zweigschablonen. Die Bibliothek

❶ Menüleiste

❷ Symbolleiste

❸ Kartenreiter

❹ Map Parts und Bibliothek

❺ Arbeitsbereich

❻ Schrift-, Form- und Export- menüleiste

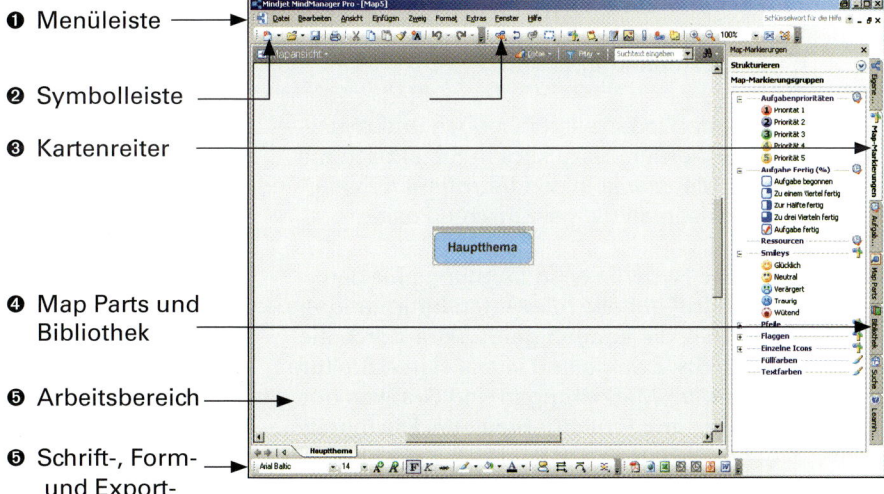

kann um eigene Bilder und Maps erweitert werden.

❺ Arbeitsbereich: Hier auf der grauen Fläche um das Grundfeld „Hauptthema" entwickeln Sie Ihre Map.

 Um eine Map zu erstellen, benötigen Sie zu Beginn die Befehle, welche zum Hauptthema neue Zweige oder Unterzweige hinzufügen. Dies können Sie über die Dialogfelder ausführen – besser und schneller erfolgt dies allerdings mit Hilfe der folgenden Tastaturbefehle:

Kurzbefehle zum Einfügen verschiedener Zweige in eine Map

- Eingabetaste/Returntaste = Einfügen neuer Zweig
- Einfügetaste = Einfügen Unterzweig
- Umschalt + Eingabetaste = Zweig davor
- Strg + Umschalt + Einfügetaste = Oberzweig

19.2.2 Anlegen einer Map

Eine Map zu erstellen ist nicht schwer. Gehen Sie dazu immer wie folgt vor:

1. Wählen Sie *Datei > Neu > Standard-Map*.

2. Eine neue, leere Map wird erstellt. Geben Sie in das bereits vorhandene Titelfeld das Hauptthema ein.

3. Drücken Sie die Returntaste, um einen Zweig einzufügen. Haupt- und Unterzweige sollten schnell mit Tastaturkurzbefehlen eingegeben werden.

4. Fügen Sie nun Haupt- und Unterzweige hinzu. Um die Begriffe zu unterscheiden, beachten Sie die untenstehende Abbildung.

5. Zweige können jederzeit verschoben und neu zugeordnet werden. Dazu klicken Sie einfach mit gedrückter Maustaste in den betroffenen Zweig und bewegen diesen an die gewünschte Position.

6. Benutzen Sie Hyperlinks und Anhänge für den direkten Zugriff auf alle relevanten Informationen. Entwickeln Sie die endgültige Struktur durch die Anordnung der Zweige und visualisieren Sie Ihre Inhalte mit Map-Markierungen und Grafiken aus der Informations- und Bibliothekspalette. Die Inhalte der Bibliothekspalette erklären sich von selbst, die Markierungspalette wird Ihnen im nächsten Kapitel vorgestellt.

Die unten abgebildete Map ist als Beispiel auf der CD-ROM zum Nachschauen. Bauen Sie diese Map nach, um die einzelnen Funktionen kennenzulernen.

Bestandteile, Begriffe und Visualisierung innerhalb einer Map. Betrachten Sie diese MAp in der Originalgröße, indem Sie die Datei von der CD-ROM auf Ihren PC als Vorlagkanne laden.

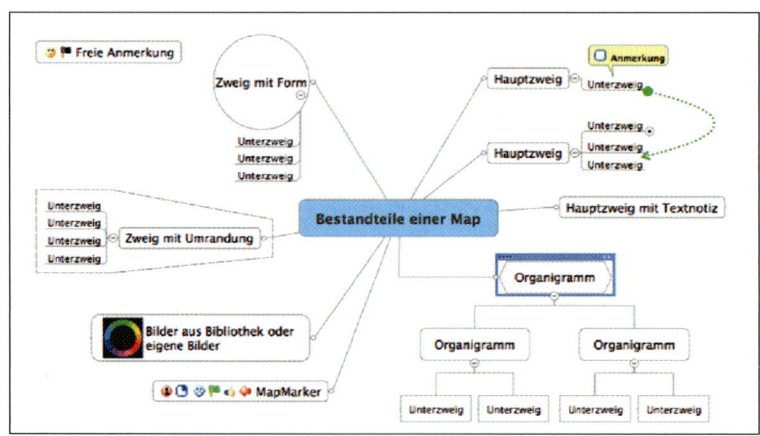

19.2.3 Markierungspalette

Die Markierungspalette ermöglicht Ihnen die grafische Auszeichnung einer Map. Damit können Arbeitsschwerpunkte und Prioritäten festgelegt und für alle Betrachter deutlich visualisiert werden. In der Abbildung auf Seite 327 unten ist dies zum Teil bereits dargestellt.

Um die von Ihnen gewünschten Informationen so darzustellen, dass eine klare und eindeutige Visualisierung erreicht wird, verwendet man in Maps so genannte Markierungen. Diese Markierungen finden Sie links im Reiter ❶ Map-Markierungen. Daneben finden Sie die Informationen zur Aufgabe ❷, Informationen zu Map Parts und zu Verknüpfungen zum MS Office-Paket ❸, in der Bibliothek ❹ sind Bilder, Logos und Formen abrufbar. Unter ❺ Suche sind eine Reihe von Suchoptionen zu finden und Punkt ❻ verbirgt das Learning-Center des Programms. Die Punkte ❸ bis ❻ erklären sich von selbst, wenn Sie hier in die entsprechenden Infoboxen gehen.

Die Visualisierung durch die Markierungen bedarf einer genaueren Erklärung. Visuelle Elemente tragen zum Verstehen und zur optischen Wirkung einer Map bei. So werden inhaltliche Beziehungen durch entsprechende farbige Pfeile gekennzeichnet, Prioritäten werden durch farbige Zahlmarkierungen hervorgehoben und der Bearbeitungsstand einer Aufgabenerstellung wird durch die unterschiedlich ausgefüllten Quadrate gekennzeichnet, die jeweils den prozentualen Fortschritt der Aufgabenerledigung anzeigen.

Das Einfügen der gewünschten Markierungen wird wie folgt durchgeführt:

1. Klicken Sie im Informationsfenster auf das mit einem Wegweiser gekennzeichnete Markierungssymbol (siehe Abbildung links Mitte).

2. Wählen Sie den Zweig aus, den Sie mit einer Markierung versehen wollen.

3. Klicken Sie in die von Ihnen gewünschte Markierung im Informationsfenster. Durch das Anklicken wird das gewünschte Symbol eingefügt. Das Symbol erscheint immer vor dem Text, der in einem Feld enthalten ist (siehe Abbildung auf Seite 327).

Alle verfügbaren Markierungen: Wenn Sie oder Ihre Zuhörer mit Maps nicht vertraut sind, müssen Sie die Bedeutung dieser Markierungen bei einer Präsentation immer erläutern.

19.2.4 Bibliothek und Map Parts

Die Bibliothek weist vier Bereiche auf: Map-Markie-
rungs-Icons, Bilder, Hintergrundbilder und Formen. Alle
Bereiche können mittels Drag & Drop genutzt werden,
indem das gewünschte Bildmaterial auf die ausgewählte Stelle der Map gezogen wird. Ist der Einfügebereich
gefunden, wird dies durch ein Pluszeichen unter dem
Cursor optisch angezeigt. Map Parts stellt Ihnen vorgefertigte Zweige zum Einfügen zur Verfügung. Damit lassen sich Map-Strukturen sehr schnell und effektiv aufbauen. Nutzen Sie diese Vorgaben mittels Drag & Drop.

Drag & Drop
Darunter versteht
man das Verschieben
von Objekten zu belie-
bigen Positionen auf
dem Bildschirm. Ein
Element kann über
einem möglichen Ziel
losgelassen werden
und wird dort auto-
matisch positioniert.

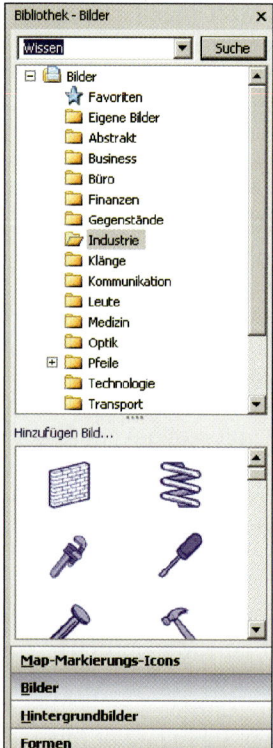 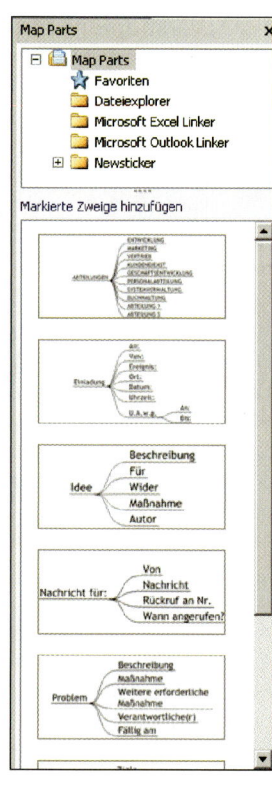

Bibliothek
Links ist eine Auf-
listung aller zur
Verfügung stehenden
Bildkapitel zu sehen.
Die in jedem Kapitel
verfügbaren Bilder
können mittels Drag &
Drop in die entspre-
chenden Zweige
gezogen werden.
Gleiches gilt für die
hier nicht gezeigten
Hintergrundbilder,
Formen und Map-
Markierungen.

Map Parts
Unterschiedliche Map-
Zweige sind zu er-
kennen, die Ihnen ein
schnelles und leichtes
Aufbauen einer kom-
plexen Map ermög-
lichen. Des weiteren
sind hier vorgefertigte
„Linker" zu finden,
die ein schnelles
Verlinken zu vordefi-
nierten Medienarten
ermöglichen.

**Verschiedene Medien-
arten in einer Map**
Die Logos zu den
Dateitypen weisen
leider sehr kleine
Abbildungen auf und
sind im Original daher
schwer erkennbar.

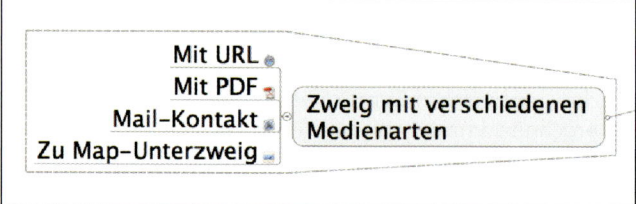

19.2.5 Hyperlinks, Dateiaufruf und Zweiglink

Mit einem Hyperlink können Sie Informationen aus Präsentationen, Textdokumenten oder sogar Webseiten durch Ihre Map aufrufen und präsentieren. Dadurch haben Sie die Möglichkeit, aktuellste Informationen in Ihre Mindmap-Präsentation zu integrieren. Diese Verknüpfungen werden wie folgt erstellt:

1. Markieren Sie den Zweig, von dem aus Sie zu einer Webseite oder einem Dokument springen wollen.

2. Klicken Sie in der Symbolleiste auf die Schaltfläche „Hyperlink" ❶. Es erscheint das unten abgebildete Fenster.

3. Wählen Sie den Button „Vorhandene Datei oder Webseite" und geben Sie das Ziel Ihrer Verlinkung in Form einer Webadresse ein.

Palette "Hyperlink hinzufügen" und der Auswahl-Button zur Verlinkung mit verschiedenen Dokumententypen

4. Link auf eine Webseite: Geben Sie die gewünschte Webadresse ein. Die Verknüpfung wird auf Ihrer Map neben dem gewählten Zweig mit dem Symbol Ihres Standardbrowsers auf Ihrem PC dargestellt.

5. Link auf eine Datei: Wählen Sie das Symbol ❷ „Datei/Ordner" aus und geben Sie den Namen der gewünschten Datei ein. Die Datei sollte sich im gleichen Ordner befinden wie Ihre Map-Datei. Die Verknüpfung wird neben dem gewählten Zweig mit dem Standardsymbol für Ihre Datei dargestellt.

6. Link auf einen Zweig einer Map: Wählen Sie das

nächste Symbol ❸ „Zweig in dieser Map" aus und geben Sie den Namen des gewünschten Zweiges einer Map ein. Dabei können Sie im Zweigauswahlfenster unterscheiden und auswählen, ob sich der Link in der gerade aktuellen Map-Datei oder in einer anderen gerade nicht geöffneten Map befindet. Die Verknüpfung wird neben dem gewählten Zweig mit dem Symbol Ihrer Datei dargestellt.

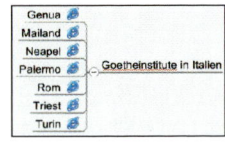

Weblinkdarstellung an Zweigen

7. Neues Dokument aus dem MS Office-Paket (Word, Excel, PowerPoint) anlegen. Hier können über diesen Link bestehende Office-Dokumente geöffnet und gegebenenfalls direkt in der Mindmap bearbeitet werden.

19.2.6 Mindmaps exportieren

Es kann immer wieder vorkommen, dass Sie Ihre Map für einen Interessenten in einem Bildformat z.B. für einen Ausdruck weitergeben müssen. Dabei werden Sie von den verschiedenen Exportfunktion und -formaten sehr gut unterstützt. Diese bieten Ihnen die Möglichkeit, Ihre Maps an Personen zur Veröffentlichung weiterzugeben, die das Programm MindManager selbst nicht besitzen.

MindManager unterstützt die folgenden Bildexportformate:

- BMP-Bildformat
- GIF-Bildformat
- JPEG-Bildformat
- PNG-Bildformat
- TIF(F)-Bildformat

MindManager unterstützt zum Exportieren die folgenden Austausch- und Programmformate:

- PDF-Austauschformat
- TXT-Textformat
- RTF-Textformat
- ZIP-Komprimierung zum Dateiversand (Pack & Go)
- MindManager 2002 (alte Version)

In der oben abgebildeten Schriftmenüleiste sind rechts außen die Export-Buttons zu finden. Durch das Aktivieren eines Buttons wird der passende Export- oder Speicherdialog geöffnet.
Von links nach rechts:

- PDF-Export
- Webseite speichern
- Excel-Bereich speichern
- Outlook-Export
- Outlook-Export
- Power-Point-Export
- Word-Export

Zum Export Ihrer Map wählen Sie *Datei > Exportieren*. Wählen Sie im Exportdialogfenster das gewünschte Exportformat und geben Sie im folgenden Exportdialogfeld einen Dateinamen mit dem korrekten Suffix ein und wählen Sie den gewünschten Speicherort.

Zum Abschluss dieses Kapitels noch ein interessanter Tipp: Ein kostenloser MindManager Viewer steht unter www.mindjet.com zum Download zur Verfügung. Mit diesem Viewer können Sie Ihre Map problemlos an interessierte Betrachter weitergeben.

www.mindjet.com

Im Bereich der Open-Source-Software ist Mindmap-Software auch vertreten. Ähnlich wie MindManager ist das Programm FreeMind aufgebaut. Zum Zeitpunkt der Erstellung dieses Buches erschien uns diese Software im reinen Präsentationsbereich noch nicht so ausgereift zu sein, wie es wünschenswert wäre. Daher empfehlen wir derzeit mit MindManager zu arbeiten.

http://freemind.sourceforge.net

19.2.7 Mindmaps präsentieren

Da eine Mindmap kreative Prozesse unterstützt, ist es immer wieder erforderlich, dass für die Teilnehmer eines derartigen Kreativprozesses eine Präsentation des Sachverhaltes, eines aktuellen Arbeitsfortschrittes oder des Ergebnisses durchgeführt werden muss.

Um eine Map zu präsentieren, gibt es die zwei folgenden Möglichkeiten: Präsentation im Präsentationsmodus von MindManager oder Präsentation im MindManager Viewer. Beide Präsentationsmöglichkeiten weisen nahezu die gleiche Funktionalität auf. Im Viewer ist allerdings ein aktives Erweitern einer Map während der Präsentation nicht möglich.

Der Präsentationsmodus wird im *Menü > Ansicht > Präsentation* aufgerufen. Um die Präsentation zu beginnen, aktivieren Sie mit dem Cursor das Feld mit dem Hauptthema und starten von dort die Präsentation, indem Sie mit den Pfeiltasten die nächsten Zweige ansteuern. Die Präsentation wird normalerweise immer im Uhrzeigersinn dargestellt.

Zu Beginn der Präsentation sind alle Zweige geschlossen. Die Abbildung oben auf Seite 336 zeigt Ihnen dies. Verbirgt sich in einem Zweig ein weiterer Unterzweig, wird dies durch ein Plus-Symbol angezeigt. Gehen Sie mit den Pfeiltasten in Richtung des Plus-Symbols, wird der Zweig automatisch geöffnet

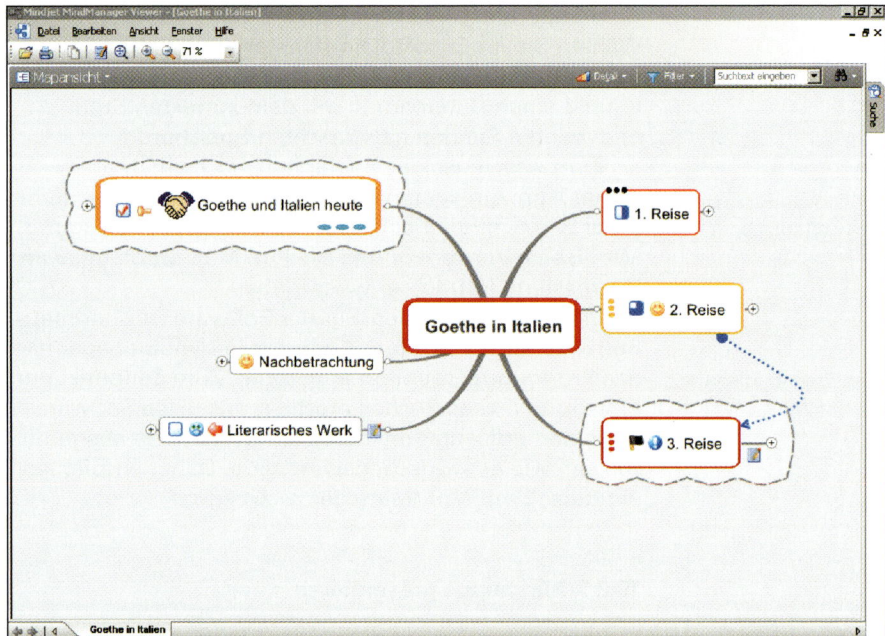

und präsentiert alle Unterzweige. Dabei wird die Map so verschoben, dass die bisher nicht sichtbaren Unterzweige im Präsentationsfenster geöffnet werden. Sie erkennen die Unterschiede in der Darstellung zwischen dem Bild auf dieser Seite und dem Bild auf der gegenüberliegenden Seite 337.

Das Bild auf Seite 337 zeigt den Zweig „Goethe und Italien heute" mit dem geöffneten Unterzweig „Museen > Gardasee". Wird dieser Unterzweig verlassen und mittels der Pfeiltasten auf „Goetheinstitute in Italien" gewechselt, wird der Zweig „Museen" beim Verlassen automatisch geschlossen.

Durch diese Darstellungstechnik wird immer der bei einer Präsentation gerade im Mittelpunkt stehende Zweig direkt dargestellt, die anderen Zweige sind nur unvollständig erkennbar. Veränderungen der Bildschirmdarstellungen während der Präsentation werden durch die Abbildungen verdeutlicht. Unterzweige werden bei der Nutzung der Pfeiltasten als Steuerungsinstrument automatisch geöffnet und geschlossen. Diese Präsentationstechnik erfordert etwas Übung und

MindManagerViewer ist auf der CD-ROM zur Installation für PC und Mac vorhanden.

Die Map „Goethe in Italien" ist auf der CD-ROM zum Nachschauen und Nachbauen abgelegt.

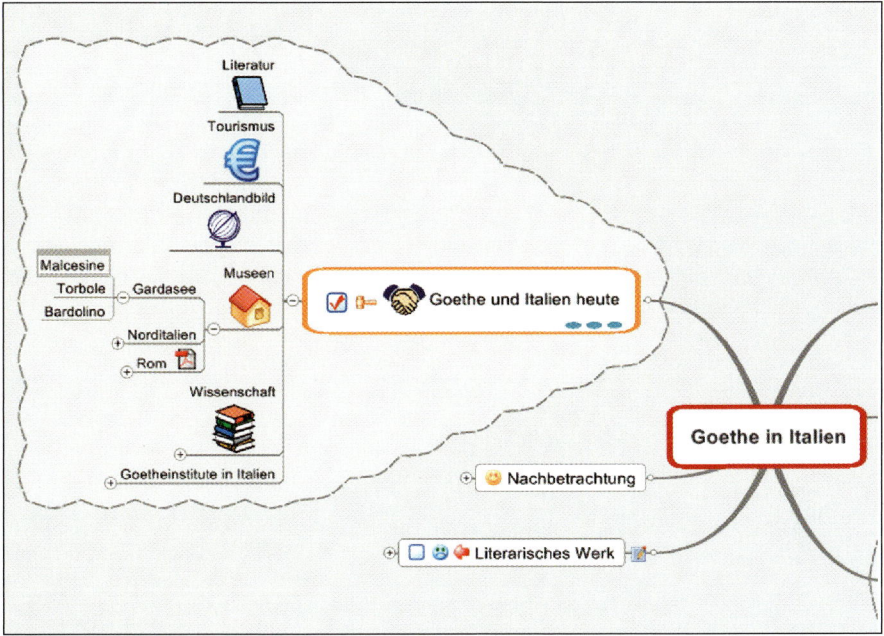

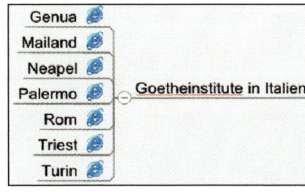

Weblinkdarstellung an
Zweigen

Geduld, ergibt aber wirkungsvolle Gesamtdar-
stellungen. Wird die Präsentation mit MindManager und nicht mit dem Viewer durchgeführt,
ergibt sich noch ein interessanter Aspekt: Im
Präsentationsmodus lassen sich Zweige sowie
Anmerkungen und Notizen einfügen, die sich
während der Präsentation eines Themas aus
dem Zuhörerkreis ergeben. Damit ist eine Mindmap ein
aktives Präsentationsinstrument, das bei Kreativprä-
sentationen als Werkzeug verwendet werden kann, um
Prozesse übersichtlich und für alle Teilnehmer nachvollziehbar voranzubringen sowie gegebenenfalls aktiv zu
erweitern.

Im oben sichtbaren und links geöffneten Unterzweig
„Goetheinstitute in Italien" ist durch die Symbolik im
geöffneten Zweig erkennbar, dass hier jeweils direkt
der Internet-Explorer mit einer Internetverbindung zum
Thema aufgerufen werden kann.

Ebenso wird im oberen Bild beim Zweig zum Thema
„Rom" verdeutlicht, dass eine PDF-Datei direkt aufgerufen werden kann. Erkennbar wird dies am PDF-Logo.

Checklisten

20. Checklisten

20.1 Kommunikation

Checkpoints	Bewertung	Notizen

Präsentation und Zielgruppe

	--	-	0	+	++
Kommunikationsziel klar formuliert	☐	☐	☐	☐	☐
Konzeption zielgruppenorientiert	☐	☐	☐	☐	☐
Zeitplan realistisch	☐	☐	☐	☐	☐
Texte zielgruppengerecht	☐	☐	☐	☐	☐
Medien zielgruppengerecht	☐	☐	☐	☐	☐

Inhalt und Gliederung

Thema eindeutig formuliert	☐	☐	☐	☐	☐
Inhalt selbst verstanden	☐	☐	☐	☐	☐
Gliederung sachlogisch	☐	☐	☐	☐	☐
Struktur zielführend	☐	☐	☐	☐	☐

Präsentation und Medien

	nein	ja
Präsentation geübt	☐	☐
Stichwortkärtchen erstellt	☐	☐
Medien einsatzbereit	☐	☐
Medien getestet	☐	☐
Raum bekannt und besichtigt	☐	☐
Handout erstellt	☐	☐

Anmerkungen

20.2 Farbe

Checkpoints	Bewertung					Notizen
Farbauswahl	--	-	0	+	++	
Farbwahl zielgruppenorientiert	☐	☐	☐	☐	☐	
Farbschema schlüssig	☐	☐	☐	☐	☐	
Farbwahl mediengerecht	☐	☐	☐	☐	☐	
Farbwahl themenbezogen	☐	☐	☐	☐	☐	
Farbige Schrift lesbar	☐	☐	☐	☐	☐	
Farben erkennbar	☐	☐	☐	☐	☐	
Farben unterscheidbar	☐	☐	☐	☐	☐	

Technische Parameter	nein	ja
Farbmodus RGB	☐	☐
Farbwerte definiert	☐	☐

20.3 Schrift

Checkpoints	Bewertung	Notizen

Schriftwahl

Bewertung: -- - 0 + ++

Checkpoint	--	-	0	+	++
Schrift zielgruppengerecht gewählt	☐	☐	☐	☐	☐
Schrift passend zum Inhalt	☐	☐	☐	☐	☐

Typografie

Checkpoint	--	-	0	+	++
Schriftgröße in guter Lesegröße	☐	☐	☐	☐	☐
Zeilenlänge korrekt	☐	☐	☐	☐	☐
Schriftauszeichnung klar strukturiert	☐	☐	☐	☐	☐
Schriftmischungen korrekt	☐	☐	☐	☐	☐
Satzarten einheitlich eingesetzt	☐	☐	☐	☐	☐
Farbwirkung optimal	☐	☐	☐	☐	☐

Schriftprojektion

Checkpoint	--	-	0	+	++
Lesbarkeit gegeben	☐	☐	☐	☐	☐
Lesekontrast gegeben	☐	☐	☐	☐	☐

Handschrift

Checkpoint	--	-	0	+	++
Lesbarkeit gegeben	☐	☐	☐	☐	☐
Gleichmäßiges Erscheinungsbild	☐	☐	☐	☐	☐

Rechtschreibung

Checkpoint	nein	ja
Korrektur gelesen und verbessert	☐	☐

20.4 Bild und Grafik

Checkpoints	Bewertung	Notizen

Visualisierung   -- - **0** + ++

Abbildungen notwendig   ☐ ☐ ☐ ☐ ☐

Abbildungen aussagekräftig   ☐ ☐ ☐ ☐ ☐

Abbildungen gut erkennbar   ☐ ☐ ☐ ☐ ☐

Technische Parameter   nein   ja

Farbmodus RGB   ☐   ☐

Auflösung mediengerecht   ☐   ☐

Dateiformat mediengerecht   ☐   ☐

Rechtliche Aspekte

Copyright geklärt   ☐   ☐

Erlaubnis zur Veröffentlichung   ☐   ☐

20.5 Layout

Checkpoints	Bewertung	Notizen

Planung Layout

           --   -   **0**   +   ++

Idee ist umgesetzt	☐ ☐ ☐ ☐ ☐
Skizze als Arbeitsgrundlage	☐ ☐ ☐ ☐ ☐
Farbgestaltung eindeutig	☐ ☐ ☐ ☐ ☐
Maßangaben erstellt	☐ ☐ ☐ ☐ ☐
Raumaufteilung harmonisch	☐ ☐ ☐ ☐ ☐

Schrift und Layout

Schriften definiert	☐ ☐ ☐ ☐ ☐
Buchstabenzahl/Zeile korrekt	☐ ☐ ☐ ☐ ☐

Format und Bild

Format mediengerecht	☐ ☐ ☐ ☐ ☐
Seiteneinstieg eindeutig	☐ ☐ ☐ ☐ ☐
Bildpositionen geprüft	☐ ☐ ☐ ☐ ☐
Bildunterschriften vorhanden	☐ ☐ ☐ ☐ ☐

Präsentationsaufbau

Titel formuliert und eindeutig	☐ ☐ ☐ ☐ ☐
Gliederung eindeutig	☐ ☐ ☐ ☐ ☐
Seitenreihenfolge korrekt	☐ ☐ ☐ ☐ ☐
Erscheinungsbild einheitlich	☐ ☐ ☐ ☐ ☐

20.6 Präsentationsmedium

Checkpoints	Bewertung		Notizen
Allgemein	**nein**	**ja**	
Beleuchtung getestet	☐	☐	
Bestuhlung vorbereitet	☐	☐	
Getränke usw. notwendig	☐	☐	
OH-Projektor/Beamer	**nein**	**ja**	
Mehrfachsteckdose, Verlängerungs-kabel notwendig und vorhanden	☐	☐	
Raumverdunklung möglich	☐	☐	
Projektionsfläche vorhanden	☐	☐	
Zeigestock/Laserpointer vorhanden	☐	☐	
Ersatzlampe/Ersatzgerät vorhanden	☐	☐	
OH-Projektor/Beamer getestet	☐	☐	
Schrift überall im Raum lesbar	☐	☐	
Handout vorbereitet	☐	☐	
Flipchart/Tafel/Metaplan/Plakat	**nein**	**ja**	
Stifte/Kreide vorhanden	☐	☐	
Moderationsmaterial (Kärtchen, Stifte, Nadeln) vorhanden	☐	☐	
Pinnwände ausreichend vorhanden	☐	☐	
Ersatzblock für Flipchart vorhanden	☐	☐	
Handschrift geübt, überall lesbar	☐	☐	

20.7 Software

Checkpoints	Bewertung		Notizen
Erstellung der Präsentation	nein	ja	**Bei „ja" lesen Sie...**
Präsentationssoftware gewählt	☐	☐	
• Impress	☐	☐	Kapitel 13
• PowerPoint	☐	☐	Kapitel 16
• Writer (OH-Folien)	☐	☐	Kapitel 14.3 und 14.4
• MindManager (Mindmap)	☐	☐	Kapitel 19
• Adobe Reader (PDF)	☐	☐	Kapitel 18
Präsentationssoftware installieren	☐	☐	Kapitel 12.2 bis 12.6
Bildbearbeitung erforderlich	☐	☐	Kapitel 17
Diagramme/Grafiken erforderlich	☐	☐	Kapitel 15.2
Handout erforderlich	☐	☐	
• aus Impress	☐	☐	Kapitel 13.5.2
• aus PowerPoint	☐	☐	Kapitel 16.5.2
• als PDF	☐	☐	Kapitel 18.2
Präsentationsmappe erforderlich	☐	☐	Kapitel 14.2
Vorbereitung der Präsentation			
Eigenes Laptop vorhanden	☐	☐	
Präsentation auf Fremdrechner	☐	☐	
• Software installieren	☐	☐	Kapitel 13.5.1 (Impress) bzw. 16.5.1 (PowerPoint)
• Präsentation auf CD/USB-Stick	☐	☐	
• Präsentation mit Beamer getestet	☐	☐	

20.8 Bewertung der Präsentation – Profil

Checkpoints	Bewertung	Notizen

Einzelne Aspekte	--	-	0	+	++
Fachlich fundiert	☐	☐	☐	☐	☐
Inhaltliche Schwierigkeit	☐	☐	☐	☐	☐
Sachlogisch gegliedert	☐	☐	☐	☐	☐
Schwerpunkte	☐	☐	☐	☐	☐
Spannungsbogen	☐	☐	☐	☐	☐
Orientierung für das Publikum	☐	☐	☐	☐	☐
Verständliche Sprache	☐	☐	☐	☐	☐
Lebendige Sprache	☐	☐	☐	☐	☐
Frei gesprochen	☐	☐	☐	☐	☐
Bewusste Gestik und Mimik	☐	☐	☐	☐	☐
Offene Körperhaltung	☐	☐	☐	☐	☐
Blickkontakt	☐	☐	☐	☐	☐
Publikum einbezogen	☐	☐	☐	☐	☐
Visualisierung	☐	☐	☐	☐	☐
Kompetenter Medieneinsatz	☐	☐	☐	☐	☐
Teilnehmerunterlagen	☐	☐	☐	☐	☐
Diskussion	☐	☐	☐	☐	☐

Gesamteindruck					
kompetent	☐	☐	☐	☐	☐
überzeugend	☐	☐	☐	☐	☐

20.9 Bewertung der Präsentation – Noten

Name: **Thema:**

Kriterien		sehr gut	1	2	3	4	5	6	ungenügend
Inhalt	50%	Inhalt richtig, vollständig, richtige Gewichtung der Inhalte.							Sachlich falsch, unvollständig, keine klare Trennung von wichtig und unwichtig.
Struktur		Klare Inhaltsstruktur, Darstellung korrekt und hilfreich, Leitfaden für Zuhörer nachvollziehbar.							Nicht erkennbar, verwirrend, Inhalt fehlt und ist nicht nachvollziehbar.
Sprache	25%	Verständlich, klar in Wortwahl und Ausdruck, guter spachlicher Satzbau.							Unverständlich, unsicher
Sprech-tempo, -weise		Klare deutliche Sprache, Lautstärke, Betonung, variable Intonation, wirksame Pausen.							Zu leise, zu langsam, zu schnell, zu monoton
Blick-kontakt		Kontakt zu Zuhörern hergestellt, alle wirkungsvoll angesprochen.							Nicht vorhanden, liest von Vorlage ab.
Gestik Mimik Haltung		Positiv, freundlich, wirkt authentisch, routiniert, offen, entspannt.							Verschlossen, blockt ab, stetig abgewandt, übertrieben, angespannt, überzeichnet.
Visualisierung Medieneinsatz	15%	Aussagekräftig, übersichtlich, hohe Lesbarkeit, klare grafische Struktur, Tabellen, Folien, Charts eindrucksvoll gestaltet und erstellt.							Keine, kaum Anschauungsmittel, unleserlich, falsche Darstellung und Medienverwendung. Fehlende Gestaltungsstruktur.
Kreativität	5%	Tolle Idee, kreative Darstellung, Gags in der Präsentation, gute Ansprache der Zuhörer							Zuhörerinteresse gering, keine Überraschungsmomente, phantasielos und langweilig.
Teamarbeit	5%	Unterstützt Gruppe aktiv, Abstimmung in der Gruppe positiv, hohe Teamfähigkeit							Eigenbrödler, ohne Bezug zum Team, wenig bzw. nicht kooperativ, in sich gekehrt.

Endnote Präsentation
(Gesamteindruck berücksichtigen!)

20.10 Bewertung der schriftlichen Ausarbeitung

Name: **Thema:**
_____

Schriftliche Darstellung der Präsentation
_____

1. Inhalt/Fachlichkeit

_____

2. Sprache

_____

3. Rechtschreibung

_____

4. Äußere Form

_____

Bewertet durch:
_____

Datum   Endnote schriftlich
_____

                                              Endnote Präsentation
_____

                                              Gesamtnote

_____

Bemerkungen
• Stärken
• Schwächen
• Empfehlungen
• Zielvereinbarung

20.11 Präsentationsanordnungen

Flipchart

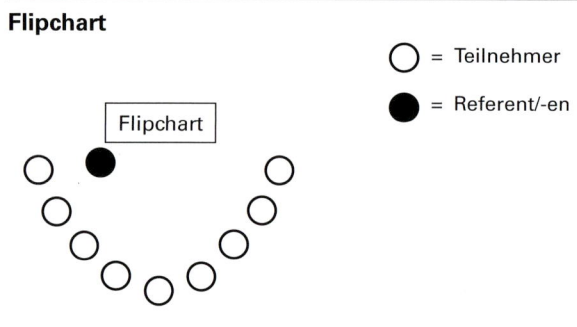

- Stühle im Halbkreis
- Teilnehmer haben alle Blickkontakt zueinander und zum Vortragenden
- Sehr kommunikative Sitz- und Präsentationsform
- Bewegung und Veränderung sehr schnell möglich
- Schreiben ist erschwert
- Bis 15 Personen

Pinnwand für Kleingruppen

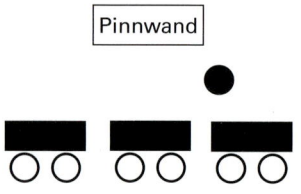 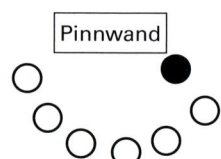

- Zentrierte Ausrichtung auf die Pinnwand
- Teilnehmerkonzentration auf Vortragenden
- Schreiben möglich
- Bewegung und Veränderung möglich
- Bis 10 Personen

Mehrere Pinnwände für Großgruppen

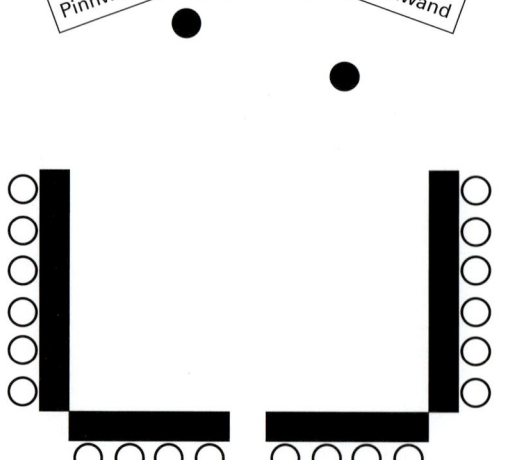

- Zentrierte Ausrichtung auf die Pinnwände
- Teilnehmerkonzentration auf ein oder mehrere Vortragende und die Präsentationsdarstellung
- Schreiben sehr gut möglich
- Bewegung und Veränderung ist bei günstiger Personenanzahl und Raumsituation unproblematisch
- Kommunikation in größeren Gruppen bedarf der Moderation
- 20 bis 28 Personen

OH-Projektion

- Typische Klassen-
raumsituation
- OH-Projektion lenkt
den Blick auf die
Projektion und den
Vortragenden
- Ungünstige Kom-
munikationsform,
da sich die Teilneh-
mer untereinander
nur bedingt sehen
- Schreiben sehr gut
möglich
- Bis 28 Personen

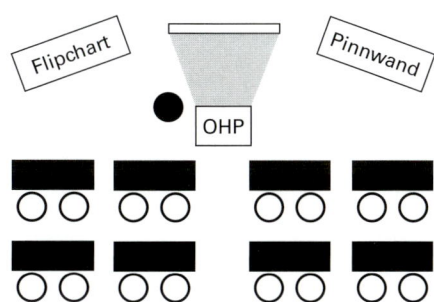

OH-Projektion und Whiteboard oder Tafel

- Teilnehmer haben
alle Blickkontakt zu-
einander und zum
Vortragenden
- Kommunikative
Sitz- und Präsenta-
tionsform
- Bewegung und
Veränderung ist mit
einigem Aufwand
denkbar
- Schreiben sehr gut
möglich
- Bis 28 Personen

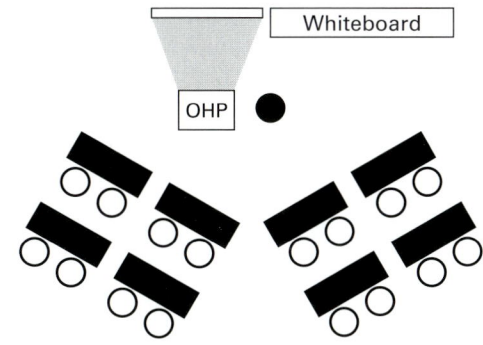

PC und Deckenbeamer

- Busbestuhlung
- Viele Teilnehmer
möglich
- Teilnehmer haben ein-
geschränkten Kontakt
zum Vortragenden bei
sehr großen Gruppen
- Kontakt der Teilneh-
mer untereinander
bei sehr großen
Gruppen schlecht
- Keine Bewegung und
Veränderung
möglich
- Schreiben ist er-
schwert, wenn keine
Tische in einem Vor-
tragssaal vorhanden
sind

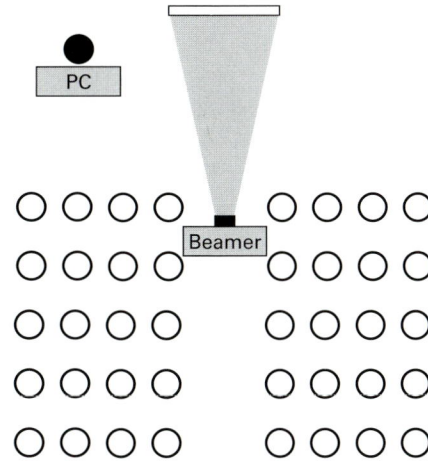

Anhang

Internetadressen

Kommunikation und Rhetorik
www.rhetorik.ch
www.schule-der-rhetorik.de
www.schulz-von-thun.de
www.teachsam.de/deutsch/d_rhetorik/rhe0.htm
www.uni-tuebingen.de/uni/nas/definition/rhetorik.htm

Gestaltung
http://de.wikipedia.org/wiki/Papierformat
www.ci-portal.de
www.dasauge.de/ressourcen/
www.metacolor.de
www.praesentationserfolg.ch/
www.typo-info.de
www.typolexikon.de/g/gestaltungsraster.html
www.typolis.de
www.typo-digital.de/typotut.htm

Bild- und Grafikarchive
www.aboutpixel.de
www.clipartsalbum.com
www.openclipart.org
www.photocase.de
www.pixelquelle.de
www.sxc.hu

Medien
www.metaplan.de
www.smartboard.de

Software
http://germany.trymicrosoftoffice.com/
http://freemind.sourceforge.net
www.adobe.com/de/products/
www.de.openoffice.org
www.firefox-2-0.de
www.gimp.org
www.info.hardcopy.de
www.mindjet.com/de/download/

Weitere Links
www.lehrer-online.de/dyn/15.htm
www.lehrerfortbildung-bw.de/werkstatt/
www.lehrerfortbildung-bw.de/kompetenzen/

Bücher

Ambrose, Gavin: *Grafikdesign – Grundmuster des kreativen Gestaltens*, Rowolth Verlag 2004, ISBN 3-4996-1243-7

Ang, Tom: *Digitale Fotografie für Einsteiger*, Dorling Kindersley Verlag 2003, ISBN 3-8310-0538-9

Böhringer, Joachim; Bühler, Peter; Schlaich, Patrick: *Kompendium der Mediengestaltung*, Springer-Verlag 2006, ISBN 3-540-24258-9

Böhringer, Joachim; Bühler, Peter; Schlaich, Patrick: *Projekte zur Mediengestaltung*, Springer-Verlag 2004, ISBN 3-540-44092-5

Brandt, Peter; Kamenz, Uwe: *Präsentationsgrafik*, C.H.Beck Verlag 1993, ISBN 3-42350-146-4

Bruno, Tiziana; Adamczyk, Gregor: *Karrierefaktor Körpersprache*, Haufe Verlag 2005, ISBN 3-448-06555-2

Bühler, Peter: *MediaFarbe*, Springer-Verlag 2004, ISBN 3-540-40688-3

Dittrich, Helmut: *Erfolgsgeheimnis Visualisierung*, WRS Verlag 1993, ISBN 3-8092-1029-3

Doelker, Christian: *Ein Bild ist mehr als ein Bild*, Klett-Cotta Verlag 1999, ISBN 3-608-91654-7

Flume, Peter: *Karrierefaktor Rhetorik*, Haufe Verlag 2005, ISBN 3-448-06194-8

Flume, Peter: *Rhetorik – live*, Haufe Verlag 2005, ISBN 3-448-06812-8

Forrsmann, Friedrich; de Jong, Ralf: *Detailtypografie*, Verlag Hermann Schmidt 2002, ISBN 3-87439-568-5

Frank, Hans-Jürgen: *Ideen zeichnen*, Beltz-Verlag 2004, ISBN 3-407-36421-0

Gugel, Günther: *Basis-Bibliothek Unterricht, Methoden-manual Neues Lernen*, Beltz-Verlag 2006, ISBN 3-407-25430-6

Hamann, Sabine: *Logodesign*, mitp-Verlag 2004, ISBN 3-8266-1413-5

Kellner, Hedwig: *Projekte präsentieren*, Hanser Verlag 2003, ISBN 3-446-22093-3

Krisztan, Gregor; Nesrin Schlempp Ülker: *Ideen visua-lisieren*, Verlag Hermann Schmidt 2004, ISBN 3-87439-442-5

Kunz-Koch, Christina Maria: *Geniale Projekte Schritt für Schritt entwickeln*, Orell Füssli Verlag 1999, ISBN 3-280-02740-3

Lenzen, Andreas: *Präsentieren – Moderieren*, Cornelsen-Verlag 2006, ISBN 3-589-23536-5

Lipp, Ulrich; Willi Hermann: *Das große Workshop-Buch*, Beltz-Verlag 1996, ISBN 3-407-36321-4

Maierhofer, Hans: *Die Kunst des schönen Schreibens. Schritt für Schritt erklärt*, Atelier Schriftkunst Regensburg 2005, ISBN 3-83109-038-6

Maxbauer, Andreas: *Praxishandbuch Gestaltungsraster*, Verlag Hermann Schmidt 2002, ISBN 3-87439-571-5

Molcho, Samy: *Alles über Körpersprache*, Mosaik Verlag 2001, ISBN 442-39047-8

Müller, Frank: *Basis-Bibliothek Unterricht, Selbststän-digkeit fördern und fordern*, Beltz-Verlag 2006, ISBN 3-407-25431-3

Osterberg, Jürgen: *GIMP 2*, dpunkt.verlag 2005, ISBN 3-89864-295-X

Pricken, Mario: *Kribbeln im Kopf, Kreativitätstechniken & Brain-Tools für Werbung und Design*, Verlag Hermann Schmidt 2004, ISBN 3- 87439-582-0

Seifert, Josef W.: *Visualisieren Präsentieren Moderieren*, Gabal Verlag 1998, ISBN 3-930799-00-6

Simon, Walter: *Gabals großer Methodenkoffer Grundlagen der Kommunikation*, Gabal Verlag 2004, ISBN 3-89749-434-5

Stähle, Walter: *Eine Anleitung zum Schreiben künstlerischer Schriften*, Frechverlag GmbH Stuttgart, ISBN 3-77240-645-9 (Nur noch gebraucht erhältlich)

Watzlawick, Paul; Beavin, Janet H.; Jackson, Don D.: *Menschliche Kommunikation*, Hans Huber Verlag 2003, ISBN 3-456-83457-8

Weidemann, Kurt: *Wo der Buchstabe das Wort führt*, Canz-Verlag 1997, ISBN 3-89322-521-8

Systemvoraussetzungen

Zur Installation der Software sind folgende Mindestvoraussetzungen erforderlich:

OpenOffice.org 2.1
Microsoft Windows 98, ME, NT (Service Pack 6), 2000, XP
Pentium-kompatibler PC, 64 MB RAM, 250 MB freier Festplattenplatz

GIMP 2.2
Microsoft Windows 98, ME, NT (Service Pack 4), 2000, XP
Pentium-kompatibler PC, 128 MB RAM

Adobe Reader 8.0
Microsoft Windows NT (Service Pack 4), XP, 2003 Server, Vista
Pentium III oder kompatibel, 128 MB RAM
110 MB freier Festplattenplatz

Mindjet MindManager 6.2
Microsoft Windows 2000, XP, 2003 Server
Pentium-kompatibler PC, 256 MB RAM, 40 MB freier Festplattenplatz